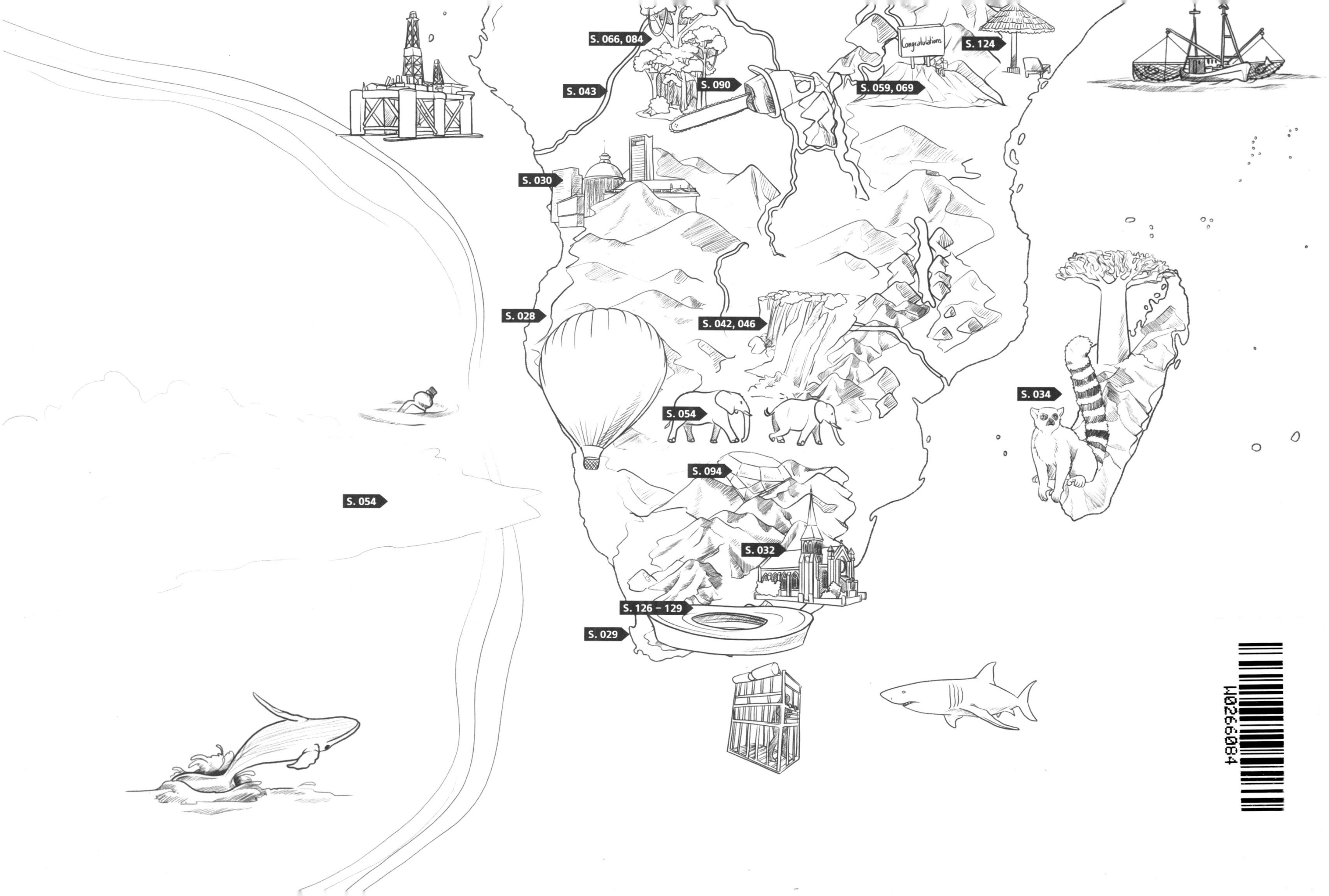

S. 066, 084
S. 043
S. 090
Congratulations
S. 124
S. 059, 069
S. 030
S. 028
S. 042, 046
S. 054
S. 034
S. 094
S. 054
S. 032
S. 126 – 129
S. 029

Tipps zur Arbeit mit deinem neuen Geographiebuch

Dein neues Geographiebuch verfolgt das Konzept eines Arbeitsbuches, wobei du dir dein Wissen mithilfe der zahlreichen Materialien erarbeiten kannst.
Nachfolgend wird dir der Aufbau des Buches vorgestellt.

3

Auftaktseiten
Jedes Hauptkapitel beginnt mit einer Auftaktseite. Das Großfoto macht neugierig und weckt Interesse für das Thema. Auf der Auftaktseite kannst du dich erstmalig mit dem Thema der Lerneinheit auseinandersetzen.

Arbeitsseiten
Auf den Arbeitsseiten erarbeitest du dir die Inhalte der einzelnen Themen. Die fett gedruckten Wörter sind **Fachbegriffe**. Ihre Bedeutung solltest du dir einprägen. Die Fachbegriffe werden in alphabetischer Reihenfolge auf den Seiten 156 bis 159 in einem Minilexikon erklärt.

M1 So sind die Materialien auf den Seiten gekennzeichnet. Zu ihnen zählen Grafiken, Tabellen, Fotos, Quellen- und Arbeitsstexte.

INFO Die Info-Kästen auf den Arbeitsseiten enthalten Zusatzinformationen, die das Verständnis von bestimmten Zusammenhängen erleichtern.

PROBIER´S AUS! Diese Kästen bieten Vorschläge, etwas selbst auszuprobieren bzw. zu erkunden.

1 Mithilfe der Aufgaben kannst du dir die Inhalte der einzelnen Themen erarbeiten.

E Dieses Zeichen vor einer Aufgabe bedeutet, dass es sich um eine Expertenaufgabe handelt. Diese sind zur vertiefenden Behandlung eines Themas gedacht. Sie sind manchmal etwas schwieriger und nicht immer allein mit dem Buch lösbar.

S. 143 Der blaue Pfeil hinter einer Aufgabe verweist dich auf die entsprechende Methodenseite im Anhang. Dort ist die Methode Schritt für Schritt erläutert, die du zur Lösung der Aufgabe benötigst.

* Aufgaben mit einem Stern besitzen Starthilfen. Solltest du Schwierigkeiten mit der Lösung der Aufgabe habe, findest du im Anhang einen kleinen Denkanstoß zur richtigen Lösung.

schueler.diercke.de | **100800**-282 Unten auf den Doppelseiten findest du einen Atlas-Link. Durch Eingabe des Karten-Codes unter der Adresse ***schueler.diercke.de*** gelangst du auf die passende Seite im aktuellen DIERCKE Weltatlas. Dort erhältst du Informationen zu den Karten sowie weiterführende Materialien.

Methodenseiten
Auf diesen Seiten erhältst du eine Einführung in wichtige Methoden des Geographieunterrichts. Die blauen Kästen sind die „Gebrauchsanweisungen“ für die Anwendung der Methoden.

S. 102 **Vorderer Buchinnendeckel**
Die schwarzen Pfeile auf dieser Seite verweisen auf passende Seiten im Buch.

1

2

3

4

5

6

1. Bewegung und Aufbau der Erde

Touristen beobachten den Ausbruch des Kilauea auf Hawaii.

Das Gradnetz der Erde

Als das Luxuspassagierschiff Titanic im Jahr 1912 in Seenot geriet, fuhr nach Aussenden des SOS-Signals die Carpathia mit Volldampf auf die angegebene Position. Wie konnte dieses Schiff die Titanic mitten im Ozean finden?

1. Das Gradnetz ermöglicht die Orientierung auf der Erde:
   a) Beschreibe den Aufbau des Gradnetzes der Erde (M2, M3, Info).
   b) Vergleiche Merkmale der Breiten- und Längenkreise (M2, M3).
   E c) Begründe, warum die Einheit Grad bei der Bezeichnung der Breitenkreise und Meridiane verwendet wird (Info, Atlas, Internet).
   d) Benenne den Meridian, der durch die Stadt Nischni Tagil im Ural verläuft (Atlas). S. 146

2. Die Lage eines Ortes kann mit dem Gradnetz beschrieben werden: S. 146
   a) Beschreibe die Lage der Titanic zum Zeitpunkt des Untergangs (M1, Atlas).
   b) Benenne die Koordinaten des Start- und geplanten Zielhafens der Titanic (M1, Atlas).

3. Kapitän Knut Knutsen erleidet Schiffbruch. Mehrere Schiffe bieten ihre Hilfe an: S. 146
   a) Verfasse ihre Funksprüche mit den jeweiligen Koordinaten (M4).
   b) Bestimme das Schiff, das Kapitän Knutsen als erstes zur Hilfe kommen kann (M4).

4. Auch die Ausdehnung eines Gebietes kann mit Gradangaben bestimmt werden. Finde folgende Länder (Atlas):
   a) 19°n. Br. – 37°n. Br.; 9°w. L. – 11°ö. L.
   b) 30°s. Br. – 35°s. Br.; 52°w. L. – 58°w. L.

INFO

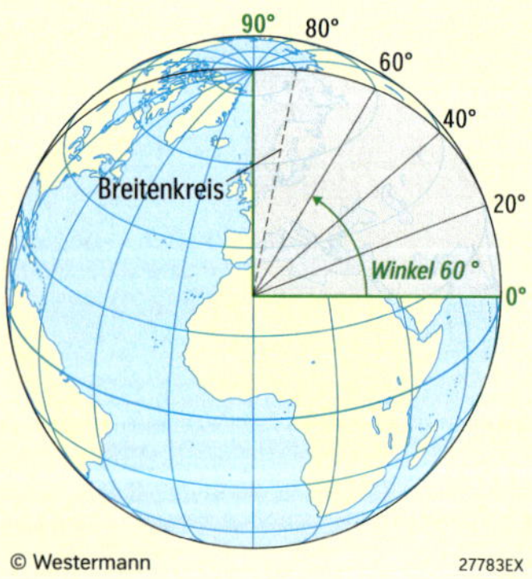

Angaben in Gradzahlen

Die Koordinaten zur Lagebestimmung werden in Grad angegeben. Die Bezeichnung der Einheit stammt aus der Winkelmessung. Für die genaue Ortsbestimmung wird ein Grad in 60 Bogenminuten und eine Bogenminute in 60 Bogensekunden unterteilt.
Eine Lageangabe könnte zum Beispiel lauten: 23° 6′ 45′′. Man spricht dies: 23 Grad, 6 Bogenminuten, 45 Bogensekunden.

Am 10. April 1912 startete die Titanic, das größte Luxuspassagierschiff der damaligen Zeit, ihre Jungfernfahrt in Southampton (Südengland) mit dem Ziel New York (USA). Doch am 15. April um 0:15 Uhr sendete die Titanic ein Notsignal unter Angabe ihrer Koordinaten. Das Schiff war gegen einen Eisberg geprallt und drohte zu sinken. Zum Zeitpunkt des Unglücks befand sich die Titanic am Schnittpunkt des 43. Breitenkreises auf der Nordhalbkugel und des 50. Meridians westlich des Nullmeridians. 700 Passagiere konnten noch gerettet werden, 1 517 Menschen fanden den Tod.

M1 Hilferuf im Atlantik

Um die Lage eines Ortes genau bestimmen zu können, wurde das **Gradnetz** entwickelt. Mit dessen Hilfe wird die Erde mit einem gedachten Netz von Linien überzogen, den **Breiten-** und **Längenkreisen**. Dieses Netz wird in Atlaskarten als ein Koordinatensystem aus nahezu waagerecht und senkrecht verlaufenden Linien angegeben. Das Gradnetz stellt auch die Grundlage für die Koordinatenangabe in Navigationssystemen, z. B. in GPS-Geräten, dar.
Die Zählung der **Meridiane** (halbe Längenkreise) beginnt im Londoner Stadtteil Greenwich. Hier verläuft der Nullmeridian. Diese Regelung wurde von Geographen im Jahr 1884 festgelegt.
Eine geographische Ortsangabe besteht somit immer aus zwei Koordinaten: der nördlichen bzw. südlichen Breite und der östlichen bzw. westlichen Länge. Die Breite wird immer zuerst genannt. Für die Beschreibung der Ausdehnung eines Gebietes werden jeweils die entferntesten Punkte im Gradnetz angegeben.

M2 Die Breiten- und Längenkreise der Erde

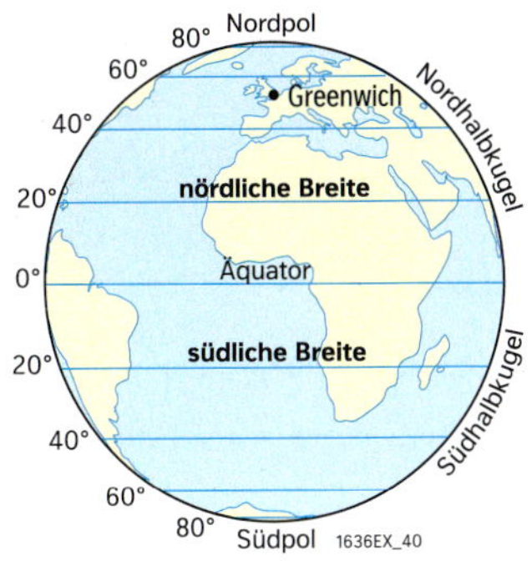

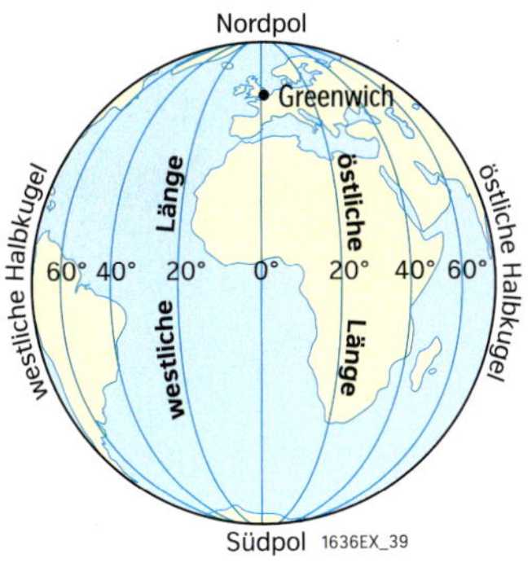

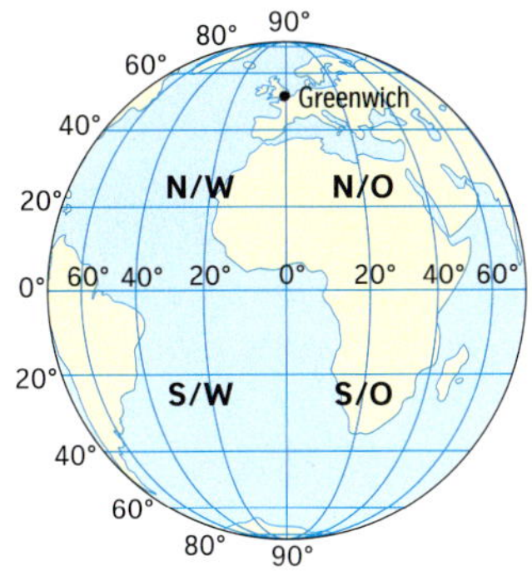

Breitenkreise
- verlaufen parallel zueinander;
- haben immer den gleichen Abstand voneinander (111 km);
- sind unterschiedlich lang

Der Äquator ist der längste Breitenkreis. Er ist 40075 km lang und teilt die Erde in eine Nord- und eine Südhalbkugel. Es gibt je 90 Breitenkreise nördlich und südlich des Äquators. Die beiden Pole (90° n. Br. / s. Br.) sind Punkte.

Längenkreise
- führen über beide Pole;
- haben nicht immer den gleichen Abstand zueinander;
- sind gleich lang

Halbe Längenkreise heißen Meridiane. Es gibt 180 Längenkreise und 360 Meridiane. Vom Nullmeridian werden je 180 Meridiane nach Ost/West gezählt. Der 180. östliche und westliche Meridian fallen zusammen.

Lagebestimmung
- Breiten- und Längenkreise bilden ein Koordinatensystem;
- die Breiten- und Längenkreise stehen senkrecht aufeinander

Die geographische Breite ist der in Grad gemessene Abstand eines Ortes zum Äquator. Die geographische Länge ist der in Grad gemessene Abstand zum Nullmeridian.

M3 Das Gradnetz der Erde und Lagebestimmung

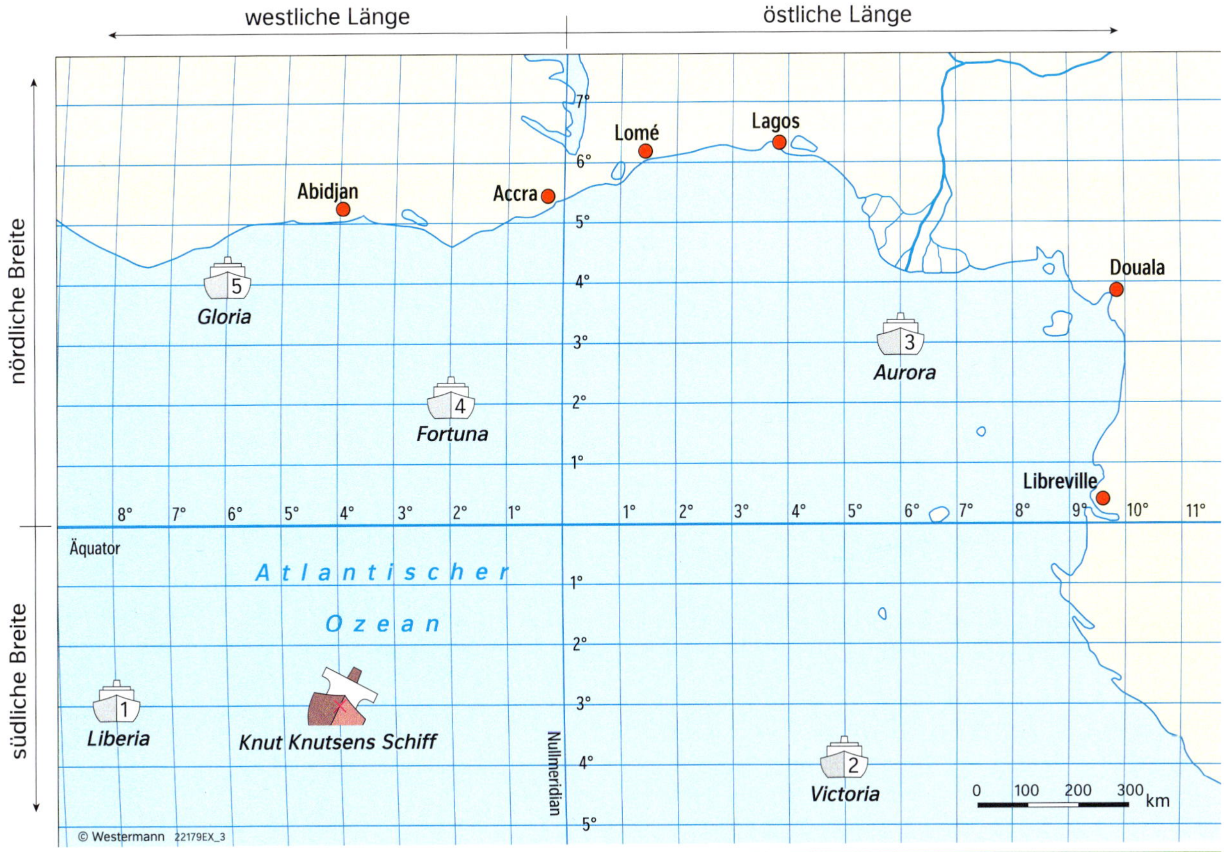

M4 Ein Schiffsunglück im Atlantischen Ozean – fünf mögliche Rettungsschiffe

Die Zeitzonen der Erde

Paul und seine Schwester Lilly wohnen in Leipzig. Sie möchten die Eröffnungsveranstaltung der Olympischen Spiele in Tokio im Fernsehen ansehen. Diese wird mit Beginn um drei Uhr nachts live übertragen. Werden die Olympischen Spiele wirklich mitten in der Nacht in Tokio eröffnet?

1. Die unterschiedlichen Zeitangaben auf der Erde entstehen durch die Erdrotation:
* a) Erkläre, warum an allen Orten eines Längenkreises dieselbe Uhrzeit ist (M3 – M5).
b) Begründe, warum es unterschiedliche Zeitzonen auf der Erde gibt (M3 – M5, Internet).
c) Erkläre, warum Japan auch als Land der aufgehenden Sonne bezeichnet wird (M1, M2, M6). Begründe dabei auch, warum die Olympischen Spiele in Tokio nicht nachts beginnen.

2. Ermittle die Zeitunterschiede (Probier´s aus!):
a) Nenne die Zeitunterschiede zwischen Berlin und: New York, Moskau, Los Angeles, London, Hongkong (M5).
b) Ordne den Uhren in M6 die folgenden Orte zu: New York, Moskau, Los Angeles, London, Hongkong (M5, M6).
c) Gib für diese Orte die Lage im Gradnetz der Erde an (M6, Atlas).

3. Bei einer Kreuzfahrt durch Ozeanien kann man problemlos zweimal Silvester feiern:
a) Erläutere, ob diese Aussage richtig ist (M7).
E b) Begründe, warum die Datumsgrenze in den Pazifik verlegt wurde (M5, M7, Atlas, Internet).

M1 Tag-Nacht-Grenze über Europa

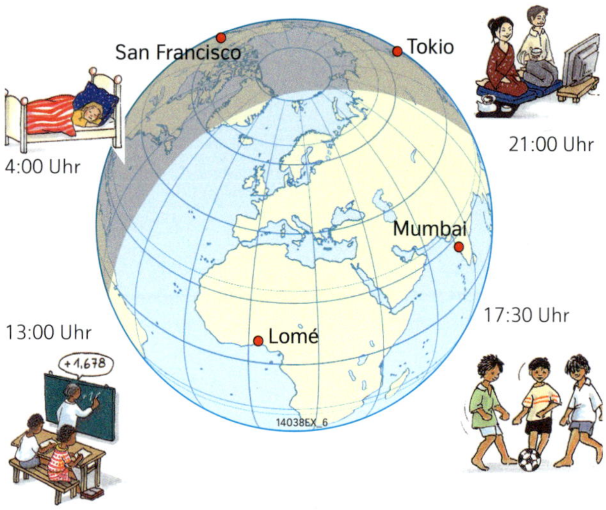

M2 Zur selben Zeit auf der Erde

Wenn wir in Deutschland Mittagspause halten, gehen andere Menschen bereits schlafen oder stehen gerade auf. Die Tageszeit richtet sich nach dem Sonnenstand. Der Zeitpunkt, an dem die Sonne am höchsten über dem Horizont steht, ist 12 Uhr Mittags. An allen Orten eines Längenkreises ist zur selben Zeit Mittagszeit (12 Uhr). Davon abgeleitet heißen die halben Längenkreise Meridiane oder Mittagslinien. Der Zeitunterschied zwischen zwei Meridianen beträgt 4 Minuten. Jeder Ort auf der Erde hat deshalb seine eigene Zeit, die sogenannte wahre Ortszeit.

M3 Die wahre Ortszeit

Solange sich Menschen früher nur im langsamen Tempo von einem Ort zum anderen bewegen konnten, genügte die wahre Ortszeit. Würden unsere Uhren heute nach der jeweiligen Ortszeit gehen, gäbe es jedoch ein großes Durcheinander. Deshalb beschloss die Meridian-Konferenz im Jahr 1884, die Erde in 24 **Zeitzonen** einzuteilen. Diese sind jeweils 15 Meridiane breit. Der Zeitunterschied zwischen zwei Zonen beträgt in der Regel eine Stunde, wobei aber Ländergrenzen beachtet wurden. Länder mit großer Ost-West-Ausdehnung haben an mehreren Zeitzonen Anteil. Da dort unterschiedliche Zeiten auch wirtschaftliche und technische Probleme bringen, gelten für einige Staaten aus diesem Grund auch Sonderzeitzonen. Die Zeitzone, durch die der Nullmeridian verläuft, wird Westeuropäische Zeit oder koordinierte Weltzeit genannt. Deutschland liegt in der Mitteleuropäischen Zeitzone (MEZ). In der Zeit von März bis Oktober gilt bei uns derzeit noch die Sommerzeit – die Uhr wird eine Stunde vorgestellt.

M4 Die Zeitzonen

Zonenzeit

20.30 Zwischenzeit mit direkter Angabe der Uhrzeit

MEZ Mitteleuropäische Zeit

M5 Die Zeitzonen der Erde

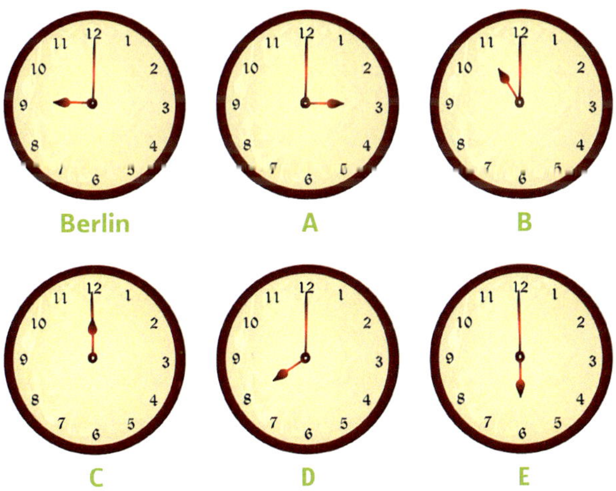

M6 Wie spät ist es in ...?

PROBIER'S AUS!

Berechne die Zeitunterschiede zwischen zwei Orten.

1. Stelle fest, in welchen Zeitzonen die beiden Orte liegen (M5).
2. Ermittle, wie viele Stunden zwischen den Zeitzonen liegen.
3. Wenn du die genaue Zeit der einen Zone kennst, kannst du die in der anderen Zeitzone berechnen. Liegt die zweite Zone westlich, muss man die Stunden subtrahieren, liegt sie östlich, wird addiert.

Wenn es in Deutschland am Donnerstag, dem 31. Dezember, 12:00 Uhr ist, dann ist ...

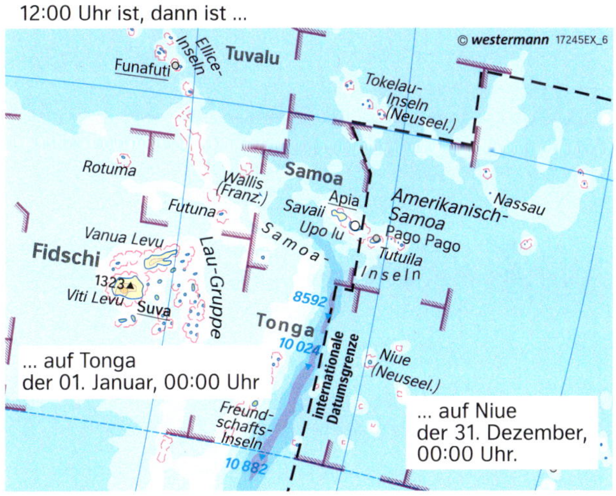

Die **Datumsgrenze** verläuft etwa entlang des 180. Längengrades durch den Pazifik. Westlich der Datumsgrenze hat bereits der nächste Tag begonnen, während östlich noch der letzte Tag zählt. Man kann dort also bei einer Reise von Ost nach West einen Tag in Bezug auf das Datum überspringen.

In Ozeanien kann man an zwei Tagen in Folge zweimal Silvester feiern. Dazu bieten Reiseveranstalter eine Tour über die Datumsgrenze an: Zunächst begrüßen die Gäste auf Tonga mit als Erste auf der Erde das neue Jahr. Am 1. Januar überfliegen sie die Datumsgrenze in östliche Richtung. Auf der Insel Niue ist noch der 31. Dezember. Somit können sie nochmals, und das als Letzte auf der Erde, in das neue Jahr starten.

M7 Datumsgrenze

Beleuchtungszonen und thermische Jahreszeiten

Lilly zeigt Paul nach den Sommerferien ihre Fotos. Paul hat nur seine Fotos vom Winterurlaub auf seinem Handy. Beim Vergleich stellen sie fest, dass es im Winter viel eher dunkel wird. Wie entstehen unsere Jahreszeiten?

1. Die Stellung der Erdachse bei der Erdrevolution hat Auswirkungen auf das Klima im Jahresverlauf:
a) Erläutere die Begriffe Erdrotation und Erdrevolution (M2).
b) Beschreibe die Neigungsrichtung der Erdachse zur Erdbahnebene. Fertige dazu eine Skizze an (M5).
c) Begründe die stärkere Erwärmung der Südhalbkugel im Dezember (M2, M5).
d) Begründe die unterschiedlichen Temperaturen im Juni und Dezember (M2, M3).

2. Der Einfallswinkel der Sonnenstrahlung auf die Erdoberfläche hat einen entscheidenden Einfluss auf deren Beleuchtung und Erwärmung:
a) Beschreibe die unterschiedlichen Beleuchtungszonen der Erde (M5).
b) Erkläre die Begriffe Zenitstand und Wendekreis (M1, M2, M4).
c) Beschreibe den scheinbaren Sonnenverlauf im Jahresverlauf (M1, M2, M4).

3. Arbeite mit dem Modell in M6:
a) Skizziere es in dein Heft.
b) Ordne die genannten Begriffe den Phasen I bis IV zu und trage sie in dein Heft ein.

* **4.** Die Tageslängen sind auf der Erde zu verschiedenen Jahreszeiten unterschiedlich. Begründe die unterschiedlichen Tageslängen auf der Nordhalbkugel und am Äquator (M1 – M6).

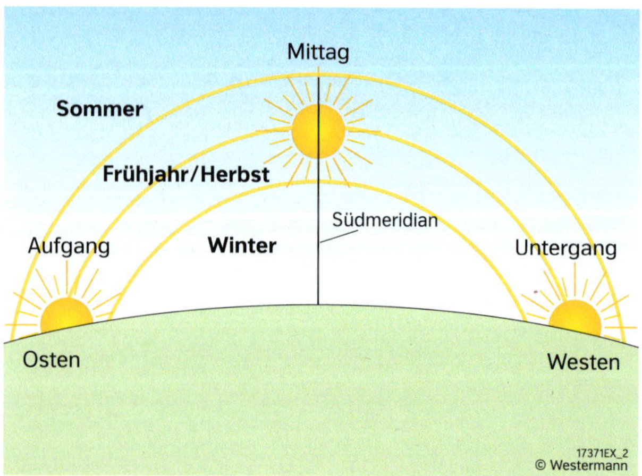

M1 Die tägliche scheinbare Bahn der Sonne über den Horizont

Die Erde bewegt sich mit etwa 30 Kilometer pro Sekunde auf einer elliptischen Bahn um die Sonne. Diese Bewegung nennt man Erdrevolution. Für einen Umlauf benötigt die Erde 365 Tage und sechs Stunden. Weil ein Kalenderjahr aber nur 365 Tage lang ist, wird alle vier Jahre ein zusätzlicher Tag, der 29. Februar, eingefügt. Man spricht von einem Schalttag. Die Bewegung der Erde um ihre eigene Achse nennen wir die Erdrotation. Dabei steht die Erdachse nicht senkrecht, sondern sie ist um 66,5° zur Erdbahnebene bzw. um 23,5° zur Senkrechten der Erdbahnebene geneigt. Beim Umlauf der Erde um die Sonne bleibt ihre Neigungsrichtung gleich. Dadurch ist im Juni die Nordhalbkugel von der Sonne intensiver bestrahlt und wird stärker erwärmt. Die dadurch auftretenden **thermischen Jahreszeiten** entstehen somit aufgrund von drei Bedingungen:

1. der Bewegung der Erde um die Sonne
2. der Neigung der Erdachse
3. der gleichbleibenden Stellung der Erdachse bei der Erdrevolution im Weltraum

Steht die Sonne über einem Punkt der Erde senkrecht, steht sie im **Zenit**. Durch die Erdrevolution ändert sich auch der Zenitstand der Sonne: Er wandert scheinbar im Jahresverlauf zwischen den **Wendekreisen** (23,5° Süd bis 23,5° Nord).

M2 Wie entstehen die Jahreszeiten?

Einfallswinkel der Sonnenstrahlen	Temperatur im Juni
etwa 42°	1,1 °C
etwa 62°	15,7 °C
etwa 66°	27,9 °C
Einfallswinkel der Sonnenstrahlen	**Temperatur im Dezember**
0°	-24,0 °C
etwa 15°	2,9 °C
etwa 67°	29,2 °C

M3 Einfallswinkel der Sonnenstrahlung und Temperaturen

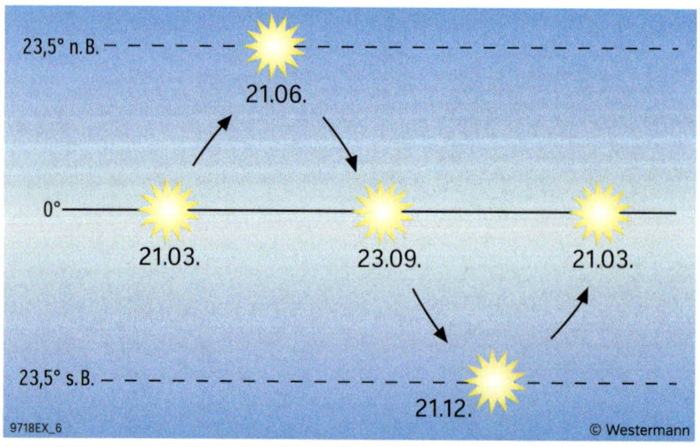

M4 Scheinbare Wanderung des Zenitstandes der Sonne

Polarzone: kein Zenitstand; Sonnenstrahlen treffen höchstens in flachem Winkel auf die Erdoberfläche. zwei Jahreszeiten: Polartag, Polarnacht	am Nordpol ein halbes Jahr Tag (Polartag) und ein halbes Jahr Nacht (Polarnacht)
emäßigte Zone: kein Zenitstand, es gibt hreszeiten; Sonnenstrahlen treffen in flachem s steilem Winkel auf die Erdoberfläche.	lange Tage im Sommer, kurze Tage im Winter
Nur in der **Tropenzone** kann die Sonne im Zenit stehen. Sonnenstrahlen fallen in steilem bis senkrechtem Winkel auf die Erde. Es gibt keine thermischen Jahreszeiten.	fast immer 12 Stunden Tag und 12 Stunden Nacht
emäßigte Zone: kein Zenitstand, es gibt hreszeiten; Sonnenstrahlen treffen in flachem s steilem Winkel auf die Erdoberfläche.	lange Tage im Sommer, kurze Tage im Winter
Polarzone: kein Zenitstand; Sonnenstrahlen treffen höchstens in flachem Winkel auf die Erdoberfläche. Zwei Jahreszeiten: Polartag, Polarnacht	am Südpol ein halbes Jahr Tag (Polartag) und ein halbes Jahr Nacht (Polarnacht)

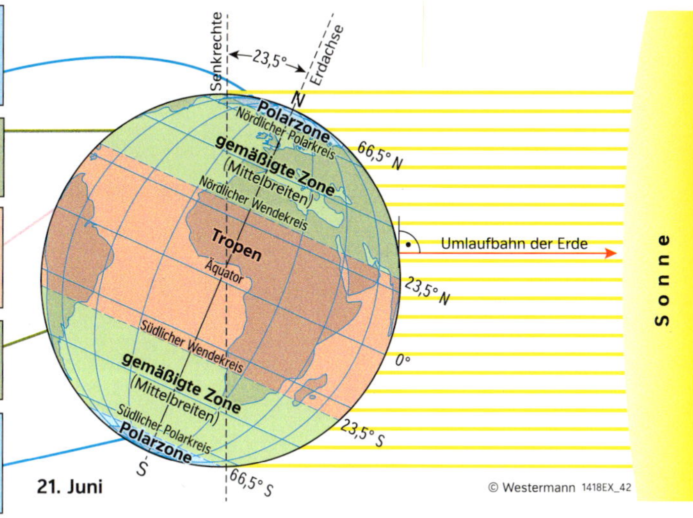

M5 Beleuchtungszonen der Erde (dargestellt ist die Situation am 21. Juni, wenn die Sonne am Nördlichen Wendekreis im Zenit steht und am Nördlichen Polarkreis für 24 Stunden nicht untergeht)

23. September

21. Dezember

21. Juni

20. März

Frühlingsanfang

Winteranfang

Herbstanfang

Sommeranfang

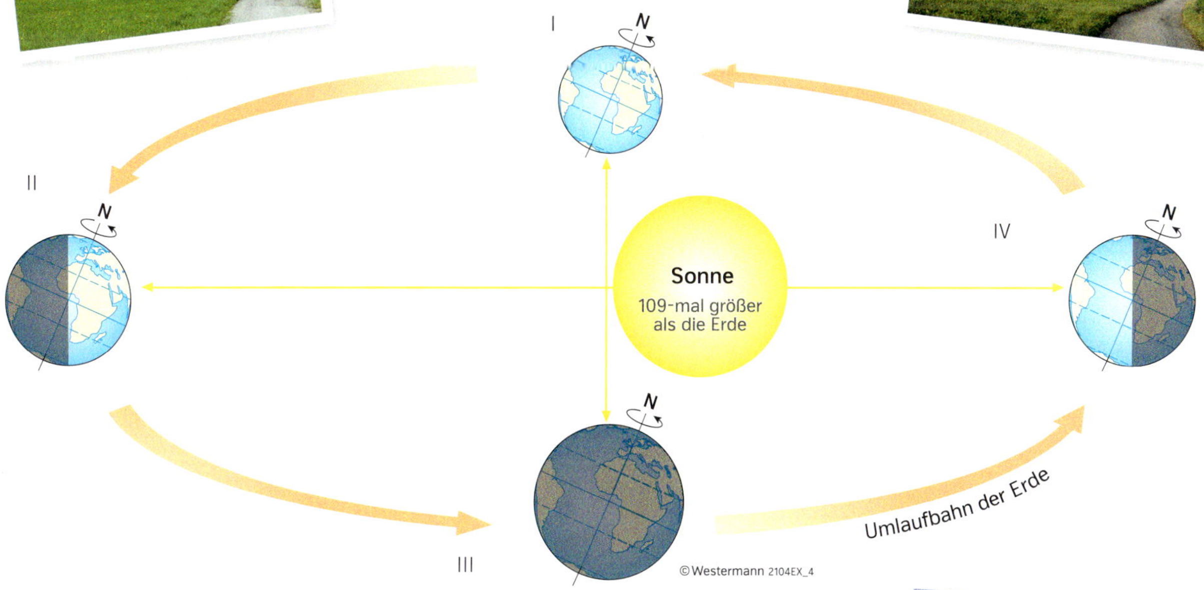

Zenitstand der Sonne am südlichen Wendekreis

Zenitstand der Sonne am Äquator

Zenitstand der Sonne am nördlichen Wendekreis

Zenitstand der Sonne am Äquator

23,5°

Planet

Erdrotation

Stern

M6 Die Entstehung der thermischen Jahreszeiten

Erdbebenereignisse – auch in Deutschland?

Wusstet ihr, dass Deutschland in sechs Erdbeben-Risikozonen aufgeteilt wird? Der größte Teil des Landes gilt als sicher. Im Vogtland hingegen werden Beben mit einer gewissen Stärke erreicht. Spannend dabei ist, dass mit der Vermessung der Erdbebenwellen sogar ein Blick in das Erdinnere ermöglicht werden kann. Wie ist die Erdbebengefährdung in Deutschland zu bewerten?

1. Die Charakterisierung auftretender Erdbeben erfolgt durch die Messung von Erdbebenwellen:
   a) Beschreibe die Messung der Erdbebenwellen (M1, M2, Probier´s aus!).
   b) Erkläre die Entstehung von Erdbeben (M2, M3).
   c) Erläutere die Ausbreitung von Erdbebenwellen (M3, M6).

2. Recherchiere die Stärken der auftretenden Erdbeben weltweit (M7, Internet).

3. Wir hören oft in den Medien Berichte über das Auftreten größerer Schäden bei Erdbeben:
   a) Lokalisiere die Lage von Gebieten auf der Erde mit einer Erdbebengefährdung (M5, Atlas).
   b) Nenne Gefahren, die von Erdbeben ausgehen können (M6, M7, Internet).

4. Auch in Deutschland treten Erdbeben auf:
   a) Beschreibe die unterschiedliche Erdbebengefährdung in Deutschland (M4, Info).
   E b) Schätze die Erdbebensituation in Sachsen ein (M4, Info).

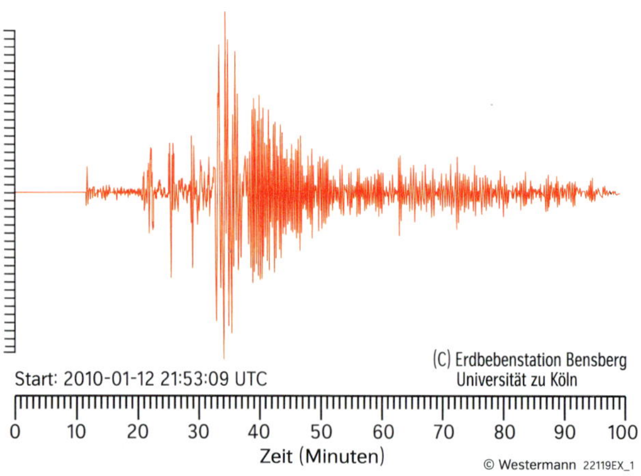

M1 Das Seismogramm – Aufzeichnung von Erdbebenwellen in einer seismischen Messstation in Haiti am 12.01.2010 mit der Stärke 7

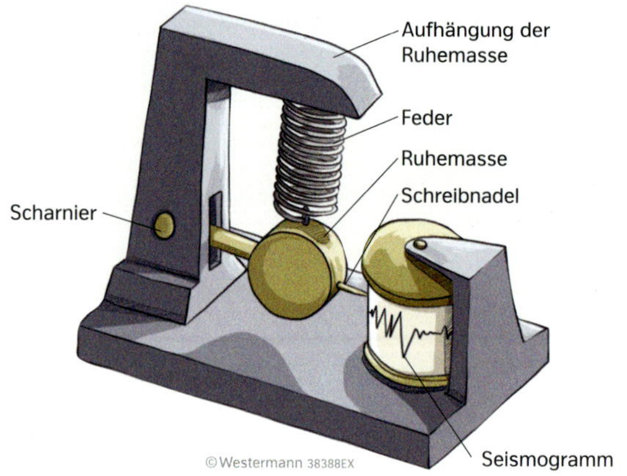

Durch Erschütterungen im Erdinneren verursachte Erdbebenwellen werden im Seismographen durch die Bewegung einer frei pendelnden Nadel aufgezeichnet.

M2 Aufzeichnung von Erdbebenwellen mit dem Seismographen

PROBIER´S AUS!

Experiment zur Funktionsweise eines Seismographen
Legt ein Blatt Papier auf den Tisch. Stelle mit Abstand zwei Stühle auf den Tisch. Befestigt den Zeigestock mit Tesafilm auf den Stühlen. Bindet einen Faden an das Schlampermäppchen und dann an den Zeigestock. Das Mäppchen darf den Boden nicht berühren. Klebt einen Stift an das Mäppchen, sodass die Spitze das Papier berührt. Im Anschluss simuliert ihr Erschütterungen durch das Bewegen des Tisches. Haltet dabei die Stühle so fest, dass sie nicht vom Tisch fallen.

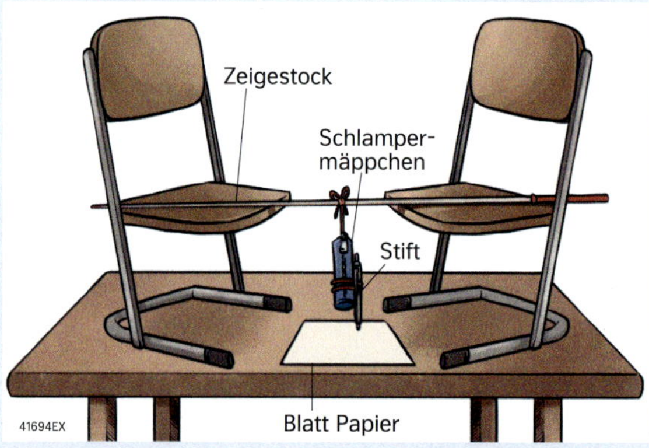

INFO

Stärke von Erdbeben
Die Stärke (Magnitude) misst man mit folgenden Werten:
bis 1: nur von Instrumenten messbar
2 – 3: von Menschen nur leicht spürbar
4 – 5: leichte Beschädigungen
6 – 7: große Schäden
ab 8: sehr zerstörerisches Erdbeben

Erdbeben sind gefürchtete Naturereignisse. Sie kündigen sich nicht an und treffen die Bewohner daher oft unvorbereitet. Erdbeben entstehen durch Bewegungen im Erdinneren, wodurch Spannungen entstehen. Werden die Spannungen zu groß, dann bebt die Erde. Dies dauert meist wenige Sekunden bis zu wenigen Minuten. Dabei können aber ganze Städte zerstört werden. Vom Hypozentrum (Erdbebenherd im Erdinneren) breiten sich Erdbebenwellen in alle Richtungen aus. Diese Wellen werden mit einem Seismogramm aufgezeichnet. Der Bereich, an dem die Erdbebenwellen die Erdoberfläche erstmals erreichen, heißt Epizentrum. So können beispielsweise an Messstationen in Sachsen Erdbeben mit Ausgangspunkt in Indonesien aufgezeichnet werden. Die Stärke eines Erdbebens wird mit einem Seismographen gemessen. Die sogenannte Magnitude als Zahl gibt die Stärke des Erdbebens an.

M3 Was ist ein Erdbeben?

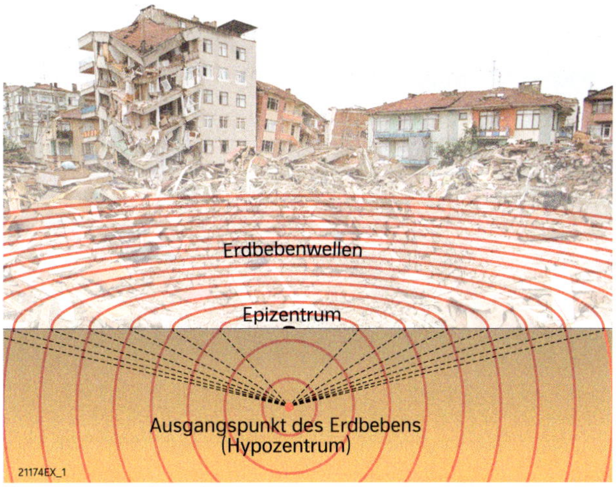

M6 Ausbreitung von Erdbebenwellen

Jahr	Ort/Gebiet	Opferzahl	Stärke
1755	Lissabon	42 000	8,5
1906	San Francisco	1 000	7,8
1976	Tagshan	240 000	
1988	Armenien	25 000	6,9
1993	Indien	30 000	
1995	Kobe, Osak	5 500	7,2
1999	Türkei	20 000	
2001	Indien	100 000	
2003	Iran	36 000	
2006	Indonesien	5 000	
2015	Nepal	8 800	7,8

M7 Schwere Erdbeben in der Erdgeschichte

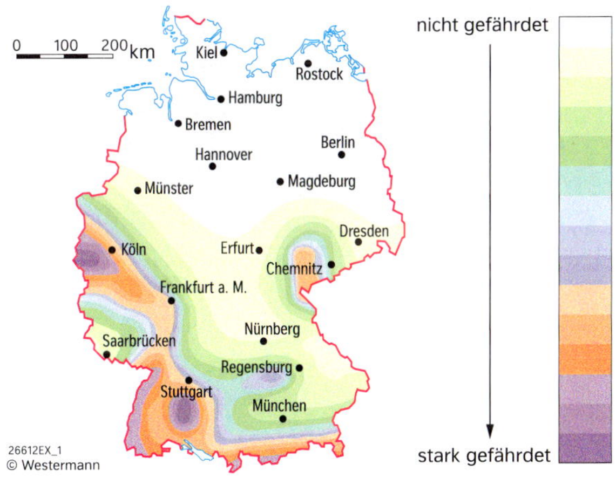

M4 Erdbebengefährdung in Deutschland

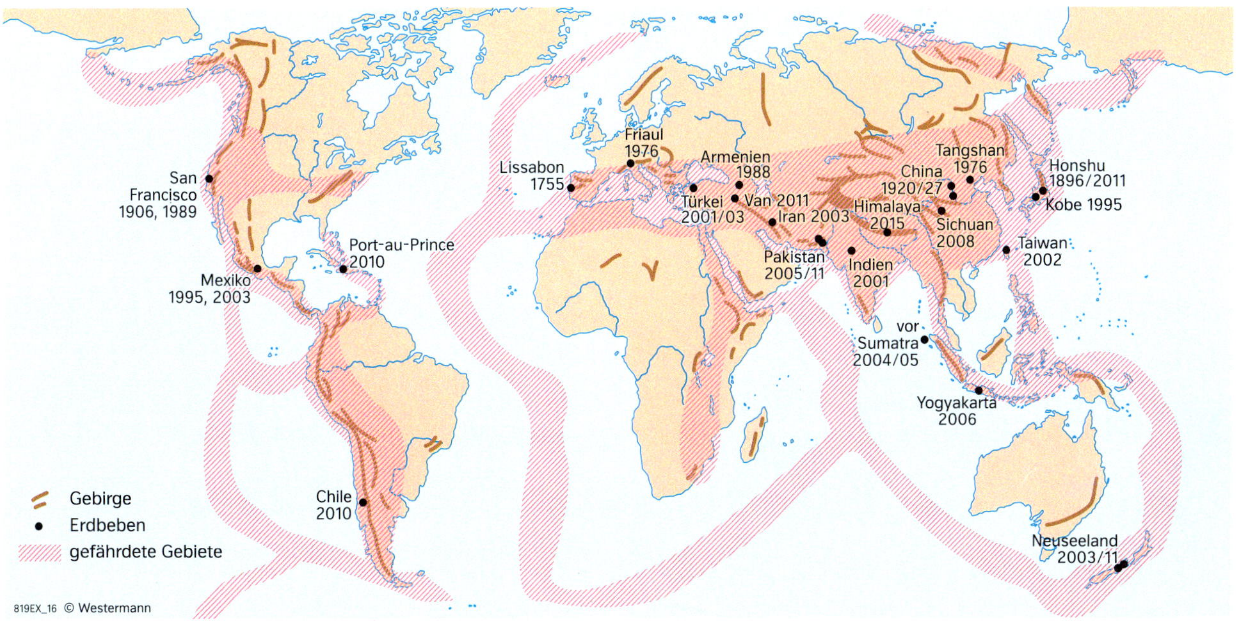

M5 Durch Erdbeben gefährdete Gebiete auf der Erde

Der Schalenaufbau der Erde

Erdbeben hängen mit dem Schalenaufbau der Erde zusammen. Spannend ist deshalb auch die Frage, wie die Erde im Inneren beschaffen ist. Bohrungen für einen Blick in das Erdinnere erreichen jedoch nur eine Maximaltiefe von etwa zwölf Kilometern. Dort trifft man auf heißes Gestein, das sich verformt. Welche unterschiedlichen Eigenschaften des Erdinneren gibt es noch auf der Reise zum Mittelpunkt der Erde und wie kann man diese ermitteln?

1. Beschreibe den Schalenaufbau der Erde mit wesentlichen Merkmalen der Schalen (M2 – M6, Info). Fertige dazu eine Tabelle an.

Schalenbezeichnung	Tiefe	Aggregatzustand	weitere Merkmale

2. Die Erdkruste wird oft als Haut auf der Erdoberfläche bezeichnet:
a) Begründe diese Aussage (Info, M4).
b) Erläutere die Begriffe Erdkruste, Lithosphäre, Asthenosphäre (Info, M4, M6).
c) Beschreibe die unterschiedlichen Eigenschaften der kontinentalen und ozeanischen Erdkruste (M4).

E **3.** Erkläre anhand des Dichteprofils der Erde, wie sich die Änderung der Ausbreitungsgeschwindigkeit der seismischen Wellen in den Erdschalen beschreiben lässt (Info, M2, M3).

M1 Geschmolzenes Gestein tritt an die Erdoberfläche – Basaltlava am Kilauea-Vulkan, Hawaii

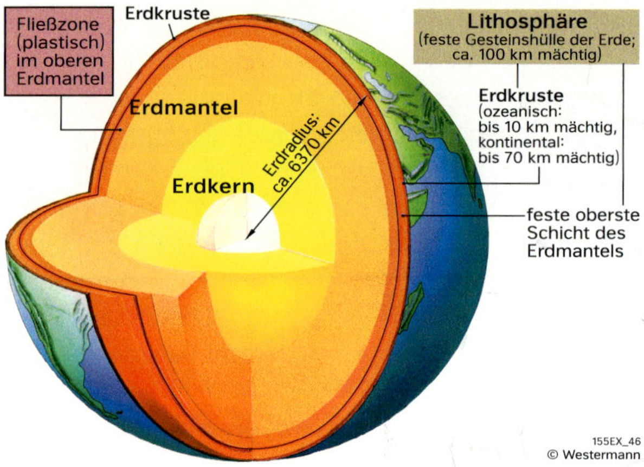

Der Schalenaufbau der Erde wurde mittels Messungen von Erdbebenwellen, sogenannter seismischer Messungen, charakterisiert. Dies wurde möglich, da sich die Ausbreitungsgeschwindigkeit der Erdbebenwellen in bestimmten Tiefen ändert. Die Ursache liegt in der Veränderung der Zusammensetzung und Dichte des dort jeweils vorhandenen Gesteins, in welchem sich die Erdbebenwellen bewegen.

M2 Seismische Messungen für den Blick in das Erdinnere

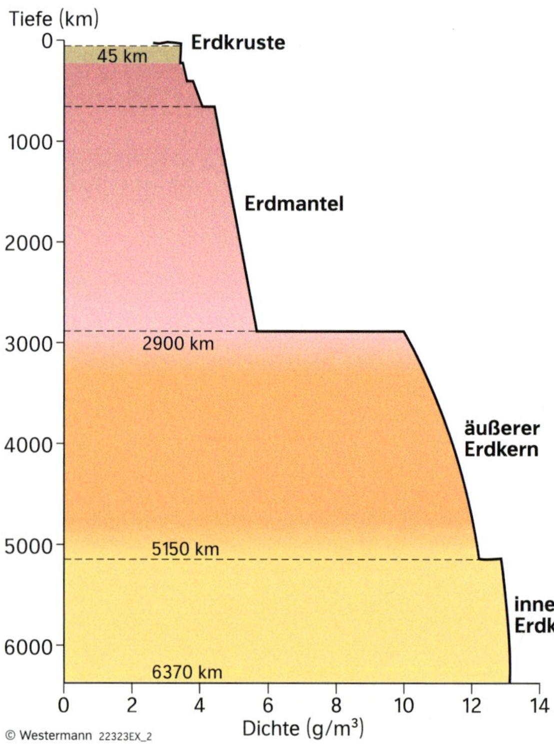

Das Dichteprofil der Erde zeigt in bestimmten Tiefen eine deutliche Veränderung an. Diese Veränderung zeichnet der Schalenaufbau der Erde nach.

M3 Dichteprofil der Erde

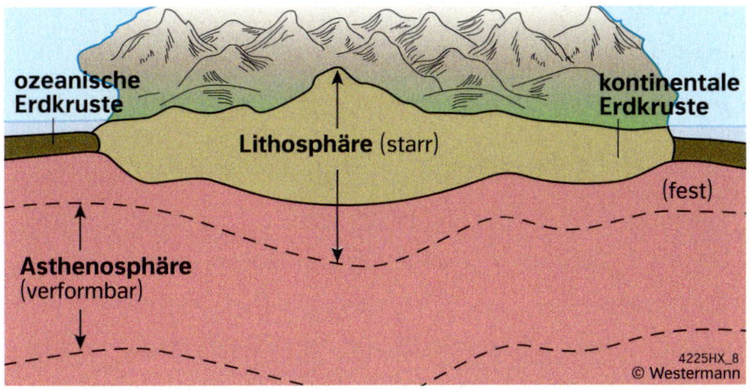

ozeanische Erdkruste	kontinentale Erdkruste
• bildet den Untergrund der Ozeane • 5-10 km mächtig • besteht oft aus Basalt • höhere Dichte als kontinentale Kruste	• bildet den Untergrund der Kontinente • 37-70 km mächtig • besteht oft aus Granit

M4 Aufbau und Eigenschaften der Erdkruste

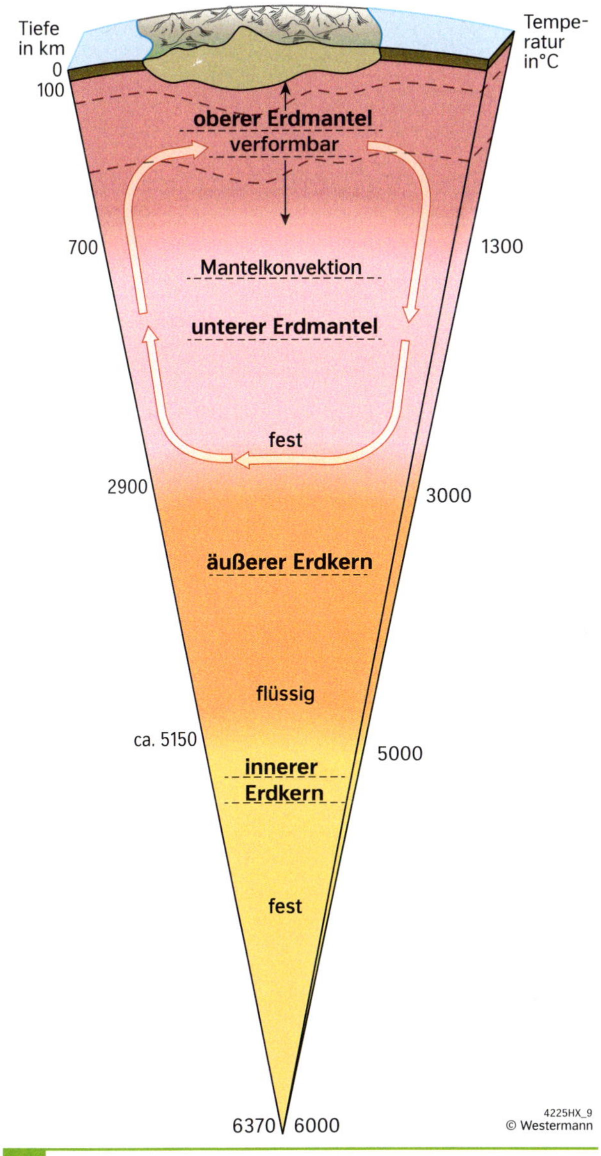

M5 Schalenaufbau der Erde

INFO

Der Aufbau der Erde

Die Erde besteht aus Schalen mit unterschiedlichen Eigenschaften: **Erdkern**, **Erdmantel** und **Erdkruste**. In den verschiedenen Schalen befinden sich sowohl verformbares als auch festes Gestein. Diese Eigenschaften werden durch zunehmenden Druck und Temperaturen bis zum Erdmittelpunkt bestimmt. Unterschieden werden der innere, wahrscheinlich feste und der äußere, flüssige Erdkern. Der äußere Erdkern wird vom darüberliegenden Erdmantel abgegrenzt. Über dem Erdmantel folgt die Erdkruste. Die oberste Schicht des Erdmantels besteht ebenfalls aus festem Gestein. Sie bildet zusammen mit der Erdkruste die **Lithosphäre** (feste Gesteinshülle) der Erde. Sie ist in Lithosphärenplatten gegliedert. Unterhalb dieser Schicht liegt eine Zone mit verformbarem Gestein, die **Asthenosphäre**. Dieses plastische Material wird langsam durch Konvektionsströme im Erdmantel umgewälzt (**Mantelkonvektion**).

Erdkruste
- Die Erdkruste besteht aus festen Gesteinen.
- Lithosphäre: Erdkruste und oberster Teil des Erdmantels sind in Platten gegliedert.
- Unterscheidung zwischen ozeanischer und kontinentaler Erdkruste

oberer Erdmantel
- Die Gesteine sind bis in 100 km Tiefe fest und bilden gemeinsam mit der Erdkruste die Lithosphäre – die feste Gesteinshülle der Erde.
- Darunter folgt eine verformbare Gesteinsschicht (Astenosphäre), sie ist wenige 100 km dick.
- Darunter ist der Erdmantel wieder fest

unterer Erdmantel
- Die Gesteine besitzen einen hohen Anteil von Eisen und sind fest. Sie sind verformtbar.
- Der untere Erdmantel wird vom Erdkern erwärmt.
- Dadurch steigt heißes Magma auf.

äußerer Erdkern
- Der äußere Erdkern besteht aus Eisen und Schwefel.
- Er ist wahrscheinlich flüssig (metallisch).

innerer Erdkern
- Der innere Erdkern besteht aus Eisen und Nickel.
- Er ist aufgrund des extrem hohen Drucks fest.

M6 Merkmale der Schalen der Erde

Das Puzzle der Kontinentalplatten

Auf einer Versammlung der Geologischen Vereinigung am 06.01.1912 stellte der junge Wissenschaftler Alfred Wegener eine Idee vor: Die Kontinente wandern. Fast alle anwesenden Wissenschaftler lehnten Wegeners Theorie ab. Erst Ende der 1960er-Jahre wurde die Theorie der Kontinentaldrift von John T. Wilson endgültig bewiesen. Welche Erkenntnisse hatten die beiden Forscher zum Beweis für ihre Theorie?

1. Die Lithosphäre ist in Platten gegliedert:
a) Erkläre den Begriff Lithosphärenplatten (M2, M3).
b) Beschreibe die Stellung der Lithosphärenplatten in unterschiedlichen Zeiten der letzten 250 Millionen Jahre (Atlaskarte: Erde – Erdgeschichte und Kontinentaldrift).
c) Erkläre, wie sich Alfred Wegener die Bewegung der Kontinente vorgestellt hat (M1).
d) Nenne Lithosphärenplatten, die sowohl aus ozeanischer als auch kontinentaler Kruste bestehen (M3, S. 17/M4).

2. Den Vorgang der Bewegung der Lithosphärenplatten nennt man Plattentektonik:
a) Führe das Experiment durch. Beschreibe deine Beobachtungen (Probier´s aus!).
✶ b) Erläutere die Ursachen der Plattenbewegungen (M2, M5).

3. Prozesse der Mantelkonvektion:
a) Beschreibe die Antriebskräfte der Plattentektonik anhand der Begriffe Riftzone und Divergenz sowie Subduktionszone und Konvergenz von Platten (M4, M5).
b) Vergleiche die Theorie von Wegener mit der Theorie der Plattentektonik (M3).
E ✶ c) Erläutere, was Wegener nicht erklären konnte (M3).

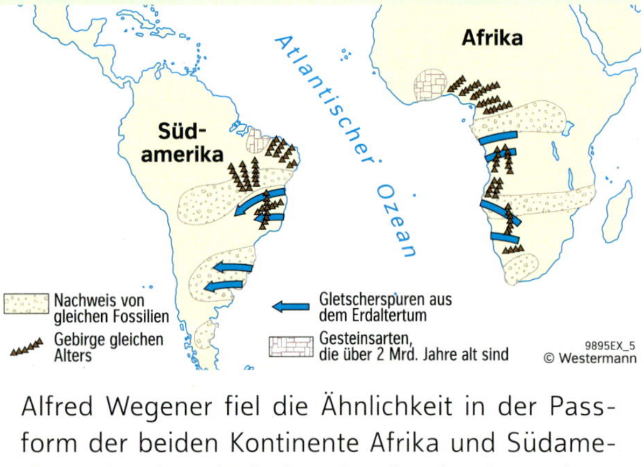

Alfred Wegener fiel die Ähnlichkeit in der Passform der beiden Kontinente Afrika und Südamerika auf. Bei geologischen Studien fand er weitere enge Zusammenhänge. Daraus schlussfolgerte er, dass die Kontinente einmal zusammenhingen.

M1 Spuren der Kontinentaldrift

Die Theorie der **Plattentektonik** besagt, dass die Lithosphäre aus sieben großen und 18 kleineren Teilstücken, den Lithosphärenplatten, besteht, die wie ein „Puzzle" zusammengesetzt sind. Sie bewegen sich (Drift) mit unterschiedlicher Geschwindigkeit auf der Asthenosphäre. Die einzelnen Platten bestehen zumeist sowohl aus Anteilen der Kontinente als auch Bereichen der Ozeane. Einzelne Platten haben nur Anteile am Meeresboden, z. B. die Pazifische Platte. Für die Plattengrenzen können drei Typen unterschieden werden: Plattengrenzen mit konvergierenden Platten, divergierenden Platten und Transformstörungen. Dabei bewegen sich die Platten aufeinander zu, voneinander weg oder aneinander vorbei. Erdbeben und vulkanische Aktivität stellen Auswirkungen der Bewegungen von Lithosphärenplatten dar. Auch Gebirgsbildungen sind auf Plattenbewegungen zurückzuführen.

M2 Plattenbewegungen

PROBIER´S AUS!

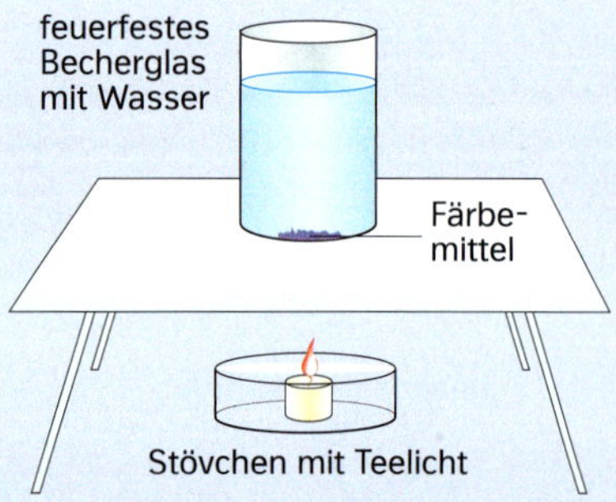

Experiment zur Veranschaulichung der Mantelkonvektion

Unterschiedlich hohe Temperaturen und der gewaltige Druck im Bereich des oberen Erdmantels bewirken, dass Konvektionsströme entstehen. Dies kannst du mit einem Experiment verdeutlichen: Fülle einen Topf mit gefärbtem Wasser und lege auf die Oberfläche des Wassers zwei Holzscheite nebeneinander. Die Holzscheite sollen die Lithosphärenplatten symbolisieren; das Wasser den oberen Bereich des Erdmantels. Wenn du anschließend das Wasser im Topf erhitzt, steigt es auf. Beobachte, was mit den Holzscheiten passiert! Diese Bewegungen werden ebenfalls Konvektionsströme genannt. Ähnlich verhält es sich im Erdmantel. Vom Erdinneren her wird die Gesteinsschmelze (das Magma) erhitzt. Sie gerät in Bewegung. Durch die Konvektionsströme (Mantelkonvektion) bewegen sich die auf der Gesteinsschmelze treibenden Lithosphärenplatten.

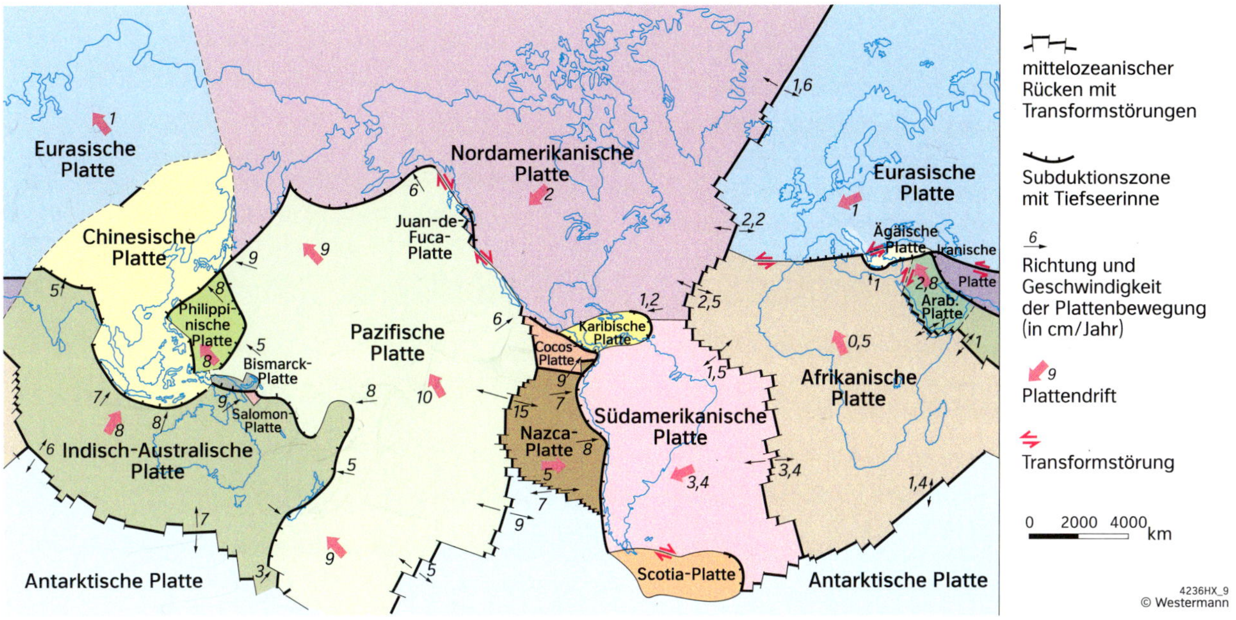

M3 „Das Plattenpuzzle" der Erde. Die Pfeile kennzeichnen die Bewegungsrichtung der Plattendrift. Anders als Wegeners Theorie der Kontinentaldrift (Kontinentenverschiebung) begründet die Theorie der Plattentektonik einer Verschiebung der Lithosphärenplatten.

Plattengrenze	Riftzone	Subduktionszone	Transformstörung
Bewegung der Platten	← → driften auseinander (Divergenz)	→ ← driften aufeinander zu (Konvergenz)	→ ← driften aneinander vorbei
Entwicklung der Lithosphäre	Neubildung von Erdkruste	Abbau von Erdkruste	Erhaltung
Lage	mittelozeanische Rücken Grabenbrüche	Faltengebirge, Tiefseerinnen	Querbrüche, am Rift

M4 Bewegungsrichtungen von Platten und Vorgänge an den Plattenrändern

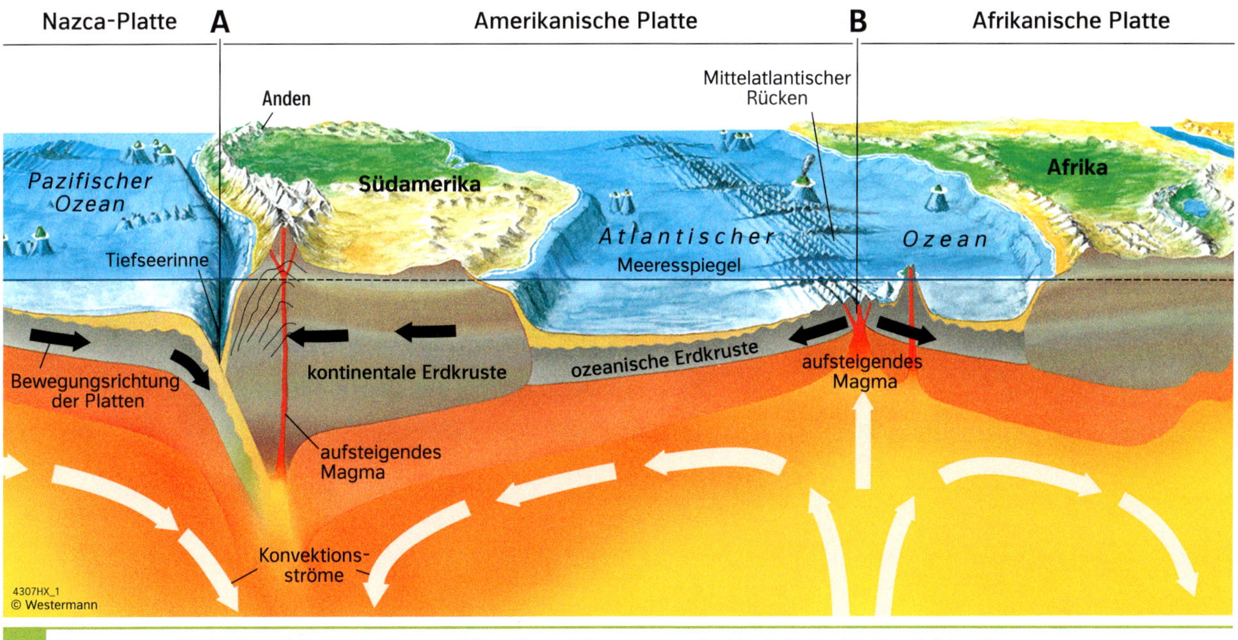

M5 Bewegung der Lithosphärenplatten und ihre Auswirkungen – ein Modell der Plattentektonik

Ozeane entstehen und werden geschlossen

Die an der Küste Brasiliens lebenden Meeresschildkröten schwimmen, einem angeborenen Zwang folgend, jährlich etwa 1500 km über den Atlantik, um ihre Eier an den Stränden der Insel Ascension abzulegen. Wieso nehmen die Schildkröten diesen weiten Weg auf sich?

1. Erkläre, warum an einigen Stellen der Erde ständig neue Erdkruste entsteht und an anderen wieder abgebaut wird (M1, M6).

2. Riftzonen – Kruste entsteht:
✶ a) Beschreibe die Merkmale eines mittelozeanischen Rückens (M1 – M4).
b) Beschreibe, wie die Gebirge am Meeresboden entstanden sind (M1, M3, M4).
E c) Erkläre, wo sich die älteren Gesteine in den Ozeanbecken befinden (M1, M3).
d) Benenne für jeden Ozean einen mittelozeanischen Rücken (Atlas).

3. Subduktion – Kruste verschwindet:
a) Erkläre den Begriff Subduktion (M5, M6, M8).
b) Erläutere die Entstehung der Peru-Chile Tiefseerinne (M5 – M8).
c) Nenne Beispiele für Tiefseerinnen in den Ozeanen (M7, Atlas).

4. Ascension war vor 100 Millionen Jahren eine dem Kontinent Südamerika vorgelagerte Insel. Erkläre, warum die Meeres-Schildkröte noch heute durch den Atlantik schwimmt (M1 – M4).

M2 Riss durch Island – Plattenbewegung am Pingvellir

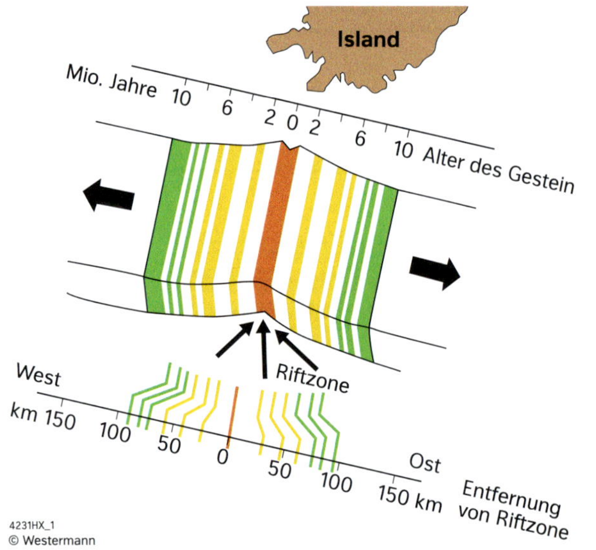

M3 Ergebnisse der Ozeanbodenforschung

Plattenbewegung voneinander weg: Divergenz

Die **mittelozeanischen Rücken** stellen eine Dehnungszone dar, in der ständig neue Erdkruste entsteht. Infolge der erhöhten Wärmezufuhr aus dem Erdmantel wölbt sich hier die Erde auf. Dies ist mit einem Aufreißen der Erdoberfläche verbunden. Es bildet sich eine tiefe Spalte, aus der Lava quillt. Diese lagert sich an beiden Seiten des mittelozeanischen Rückens ab. So wird neue Erdkruste gebildet. Das Alter des Ozeanbodens nimmt mit zunehmender Entfernung von den Rifts zu. Die Lithosphärenplatten driften auseinander (Divergenz), ein Ozean entsteht. So konnten sich am Boden der Ozeane bis zu 4000 m hohe Gebirgsketten bilden.

M1 Vorgänge zur Entstehung neuer Erdkruste

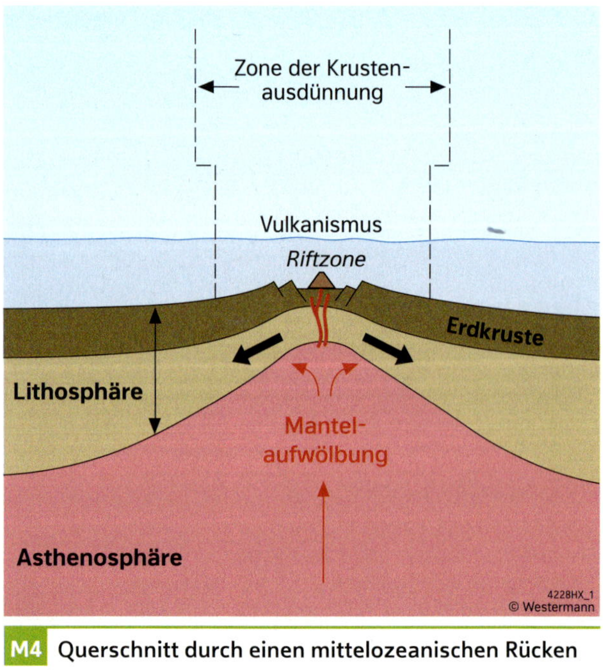

M4 Querschnitt durch einen mittelozeanischen Rücken

M5 Die Anden – Zeugen von Subduktionsprozessen

Plattenbewegung aufeinander zu: Konvergenz

Bewegen sich zwei Platten aufeinander zu, sprechen wir von Konvergenz. Wenn sie aufeinandertreffen beziehungsweise sich im weiteren Verlauf übereinander schieben, taucht die ozeanische Platte mit höherer Dichte unter die kontinentale Platte ab. Diesen Prozess nennt man **Subduktion**. Die abtauchende Platte kann dabei den Rand der kontinentalen Platte mit in die Tiefe ziehen. Es entsteht eine **Tiefseerinne**. Dort schmilzt in der Tiefe das Gestein und wird zu Magma. In Spalten dringt Magma bis an die Plattenoberfläche vor und baut Vulkane auf. Passiert das weit vor einer Küste, erheben sich im Laufe der Zeit vulkanische Inseln bzw. Inselbögen über der Meeresoberfläche.

M6 Vorgänge an den Subduktionszonen

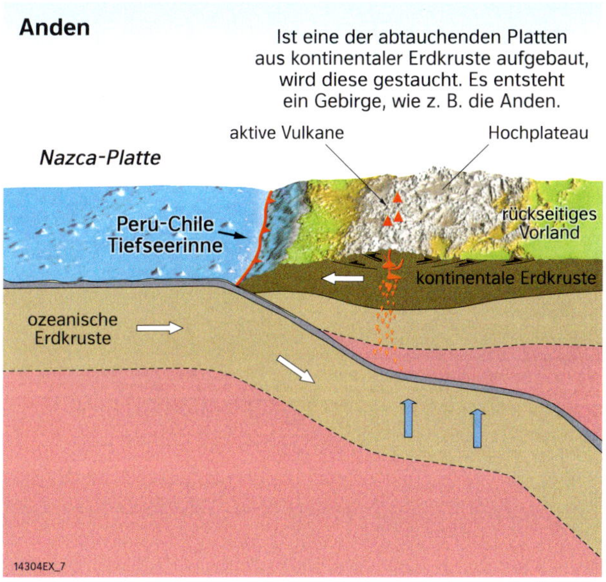

M8 Subduktion an der Südamerikanischen Platte

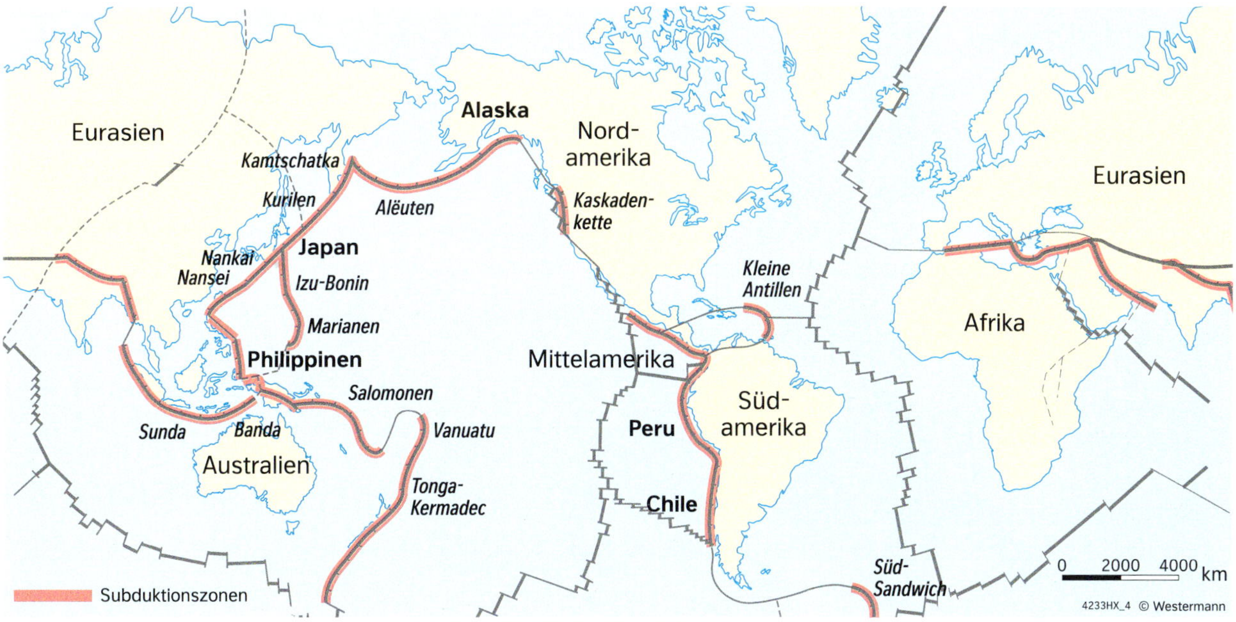

M7 Die Lage der Subduktionszonen

Rund um den Pazifischen Ozean liegt die geologisch aktivste Zone der Erde, der Pazifische Feuerring. Hier reihen sich auf einer Länge von 40 000 km insgesamt 475 aktive Vulkane und 70 Prozent aller aktiven und erloschenen Vulkane der Erde aneinander. Wie ist das zu erklären?

1. Erdbeben und Vulkane sind ein Risiko für die betroffenen Gebiete:
  a) Beschreibe, wie Vulkane entstehen (M1, M3).
  b) Nenne Gefahren, die Vulkanausbrüche für den Menschen darstellen (M1, M2).
  c) Vergleiche den Aufbau eines Schildvulkans und eines Schichtvulkans (M1).
  * d) Fertige Skizzen zu einem Schild- und einem Schichtvulkan an (M1).

2. Zahlreiche Vulkane reihen sich wie an einer Perlenschnur rings um den Pazifischen Ozean:
  a) „Der Pazifische Feuerring ist ein Pulverfass." Begründe diese Aussage (M2, M3).
  E b) Erkläre die Bedeutung des Schalenaufbaus der Erde für die Entstehung von Vulkanen (M3, S. 17/ M5).
  c) Ordne die Forschungsstationen den jeweiligen Lithosphärenplatten zu (M3).

3. Hotspot-Vulkane liegen fernab der Plattengrenzen:
  a) Erkläre die Bezeichnung Hotspot (M4, M5).
  b) Erläutere die Entstehung der Inselkette Hawaii (M5).
  E c) „Anhand der Lage und des Alters der Hawaii-Inseln lässt sich beweisen, in welche Richtung sich die Pazifische Platte bewegt." Begründe diese Aussage (M5, Atlas).
  d) Überprüfe, welche dieser Inseln/ Inselgruppen, Berge/ Gebirge Hotspot-Vulkane sind: Kapverden, Tahiti, Vesuv, Osterinsel, Kerguelen, Elbrus, Tibesti (Atlaskarte: Erde – Erdbeben und Vulkanismus).

„Merapi" nennen die Einheimischen auf der dicht besiedelten Insel Java (Indonesien) einen der rund 30 aktiven Vulkane. Die Übersetzung bedeutet „Feuerberg". Dieser Vulkan ist in den letzten 400 Jahren häufiger ausgebrochen. Eine Augenzeugin berichtet: „Ich hatte tief geschlafen, als ich durch ein lautes Grollen und ein Rütteln meines Bettes wach wurde. Da wusste ich sofort, dass der Merapi wieder ausbricht. Als mein Mann und ich aus dem Haus eilten, sah ich eine riesige Rauchwolke über dem Merapi stehen. Mit Tüchern schützten wir uns vor dem vulkanischen Staub und Gasen. Überall hörte ich panisch schreiende Menschen. Wir alle liefen um unser Leben. Nach etwa 10 Minuten erreichten wir die Notunterkunft mitten im Dorf. Dort hatten bereits die meisten Dorfbewohner Schutz gesucht. Wir hatten Angst. Erst in den frühen Morgenstunden kam der Merapi wieder zur Ruhe. Als es hell wurde, trauten wir unseren Augen nicht: Die Häuser, Straßen und Felder waren mit einer zehn Zentimeter dicken grauen Ascheschicht bedeckt. Das ganze Dorf lag unter einer schwarzen, dichten Wolke. Die Sonne war verdunkelt, es war ungewöhnlich heiß. Auf den Weiden sahen wir totes Vieh, das erstickt oder verbrannt war."

M2 **Ausbruch des Merapi**

Vulkane sind eine große Naturgefahr und stellen gleichzeitig einen Beweis für die Bewegung der Lithosphärenplatten und die Vorgänge im Erdinneren dar. Sie entstehen durch das Aufsteigen von verformbarem Gestein (Magma) bis an die Erdoberfläche. Austretende Gesteinsschmelze wird als Lava bezeichnet. Die mit dem Austritt von Lava verbundenen Begleiterscheinungen wie die Eruption von Gasen, vulkanischen Aschen und vulkanischen Gesteinen wird als Vulkanismus bezeichnet. Vulkanismus tritt zumeist in Gebieten mit Plattenbewegungen an den Rändern der Lithosphärenplatten auf. Vulkane werden nach der Art der Eruption und dem äußeren Erscheinungsbild unter anderem in Schichtvulkane und Schildvulkane unterschieden. Bei **Schildvulkanen** tritt dünnflüssige Lava an die Oberfläche. Die Lava kann schnell über große Entfernungen fließen. Der Vulkankegel eines Schildvulkans ist flach und großflächig. Bei **Schichtvulkanen** wechseln sich Lava und Asche Schicht für Schicht ab. Hier wird durch Gase das Material herausgeschleudert. Es bildet sich oft ein steiler Vulkankegel.

M1 **Vulkane – Magma gelangt an die Oberfläche**

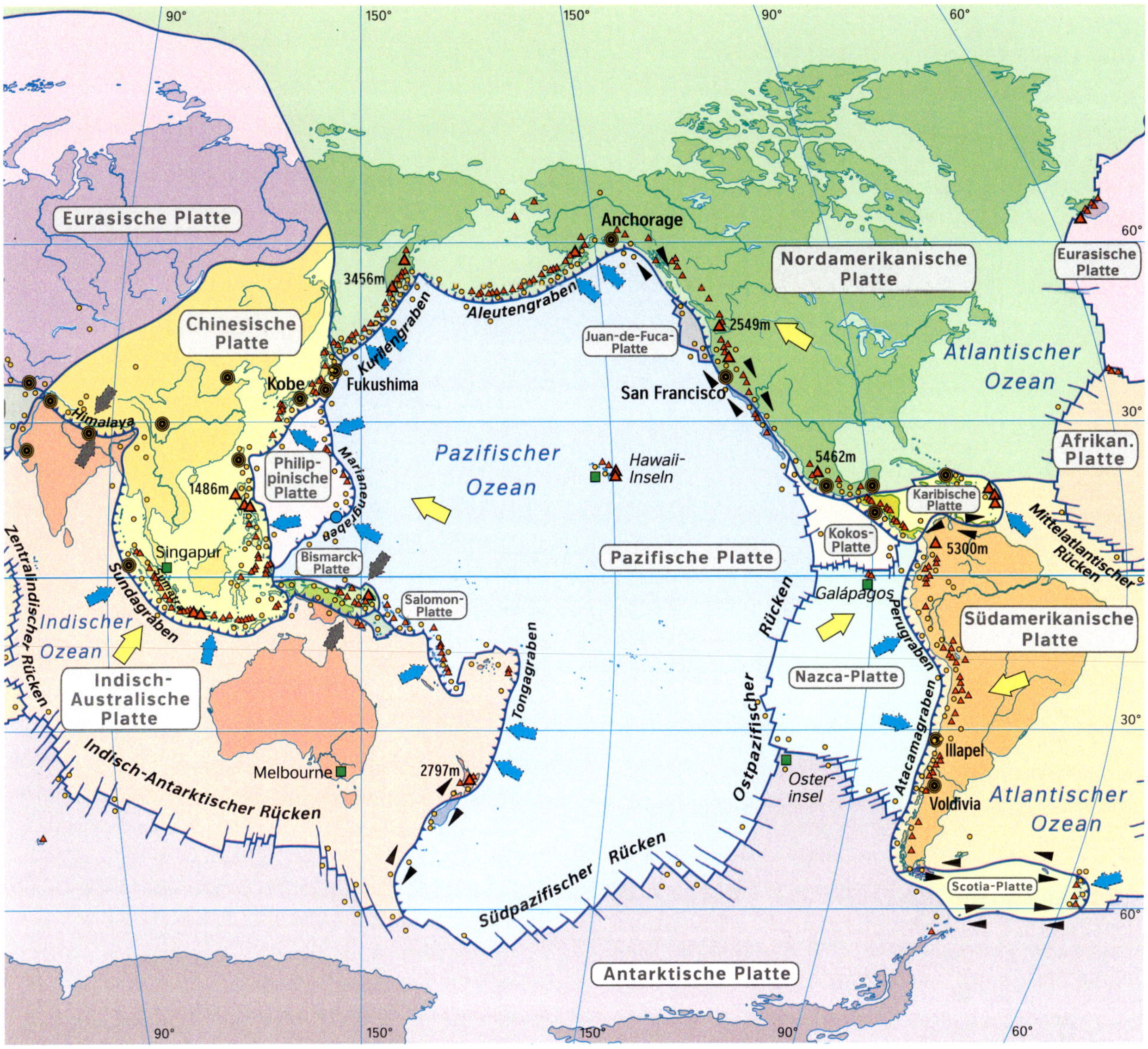

- Vulkan
- große Vulkantätigkeit im 20. Jahrhundert
- Erdbeben
- größeres Erdbeben (Auswahl)
- Subduktionszone
- mittelozeanischer Rücken
- Forschungsstationen
- größte Meerestiefe der Welt
- Bewegungsrichtung der Platten
- Platten driften auseinander (ozeanischer Rücken)
- Platte taucht ab (Tiefseerinne)
- Platten bewegen sich aufeinander zu
- Platten bewegen sich aneinander vorbei

0 1000 2000 km

Station	Verlagerung pro Jahr und Richtung
Osterinsel (Chile)	7 cm nach Nordosten
Galápagos (Ecuador)	5 cm nach Osten
Melbourne (Australien)	6 cm nach Norden
Hawaii (USA)	6 cm nach Nordwesten
Singapur (Singapur)	4 cm nach Südosten

M3 Der Pazifische Feuerring – eine Zone mit intensiver Vulkantätigkeit; Forschungsstationen und ihre jährliche Verlagerung

Neben den auftretenden Vulkanen an den Plattengrenzen gibt es fernab der Palttengrenzen befindliche Vulkane, die **Hotspot**-Vulkane. An dort vorkommenden Schwachstellen der Erdkruste kann heißes Magma aus dem Erdinneren aufsteigen und die Erdkruste langsam aufschmelzen. Wenn das Magma die Erdoberfläche erreicht hat, entsteht ein neuer Vulkan. Ein Hotspot bleibt ortstreu, das heißt, er bewegt sich nicht. Die Platte über der Schwachstelle ist jedoch in Bewegung, der Vulkan erlischt mit der Zeit. Über einen langen Zeitraum entstehen so neue Vulkane und auch Vulkanketten, wie z. B. die Hawaii-Inseln.

M4 Hotspot-Vulkane

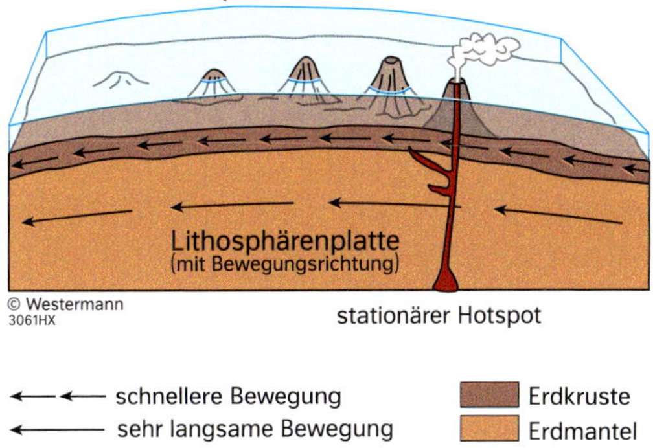

M5 Hotspot-Vulkanismus

Zusammenfassung: Bewegung und Aufbau der Erde

M1 Ausschnitt von Afrika im Gradnetz

Der Gradnetz der Erde

Das Gradnetz setzt sich aus Längen- und Breitenkreisen zusammen. Halbe Längenkreise heißen Meridiane. Die Längen- und Breitenkreise bilden ein Koordinatensystem. Die Lage eines Ortes wird durch seine geographische Breite und Länge angegeben. Dies ermöglicht die Orientierung auf der Erde.

Die Zeitzonen der Erde

Zwischen Sonnenauf- und -untergang durchläuft die Sonne am Himmel scheinbar eine bogenförmige Bahn über dem Horizont. Der Zeitpunkt, an dem sie am höchsten steht, ist 12 Uhr mittags. Jeder Ort auf der Erde hat in Abhängigkeit von seiner geographischen Länge seine eigene Zeit, die wahre Ortszeit. Der Zeitunterschied zwischen zwei benachbarten Meridianen beträgt vier Minuten. Um die Bestimmung der Zeitdifferenzen zwischen zwei Orten zu vereinfachen, wurden Zeitzonen eingeführt. Der Zeitunterschied zwischen zwei Zonen beträgt eine Stunde.

Die Jahreszeiten der Erde

Die Erde steht nicht senkrecht, sondern sie ist um 23,5° gegenüber der Senkrechten zur Erdbahnebene geneigt. Beim Umlauf um die Sonne bleibt ihre Neigungsrichtung gleich. Im Laufe eines Jahres verändern sich so der Einfallswinkel der Sonneneinstrahlung und die Beleuchtungsverhältnisse. Es kommt daher zur Herausbildung unterschiedlicher Beleuchtungszonen und zur Entstehung von thermischen Jahreszeiten.

Der Schalenbau der Erde

Die Erde besteht aus einem festen Erdkern, einem Erdmantel und der Erdkruste. Es wird zwischen ozeanischer und kontinentaler Erdkruste unterschieden. Den größten Teil des Erdkörpers nimmt der Erdmantel ein. Der Mittelpunkt der Erde ist 6370 km von der Erdoberfläche entfernt. Die Lithosphäre umfasst den obersten, festen Bereich des Erdmantels und die Erdkruste. Sie ist in Lithosphärenplatten gegliedert. Unter der Lithosphäre liegt in 100 km Tiefe die Asthenosphäre. Hier wird verformbares Material langsam umgewälzt. Durch diese Mantelkonvektion wird Energie aus dem Inneren der Erde nach außen transportiert.

Bewegungen der Erdplatten

An den Plattengrenzen sind die aktivsten Stellen der Lithosphäre. Diese lassen sich in drei Typen einteilen: Riftzonen, Subduktionszonen und die Transformstörungen. An Riftzonen bewegen sich die Platten voneinander weg (Divergenz). Es entstehen mittelozeanische Rücken. An Subduktionszonen bewegen sich Platten aufeinander zu (Konvergenz). Es entstehen Tiefseerinnen und Gebirge. An den Plattengrenzen häufen sich Erdbeben und Vulkane. Es werden unter anderem Schild- und Schichtvulkane unterschieden.

Fachbegriffe

Gradnetz
Längenkreis
Breitenkreis
Meridian
Zeitzone
Datumsgrenze
thermische Jahreszeit
Zenit
Wendekreise
Erdkern
Erdkruste
Erdmantel
Lithosphäre
Asthenosphäre
Mantelkonvektion
Plattentektonik
mittelozeanischer Rücken
Subduktion
Tiefseerinne
Vulkan
Schildvulkan
Schichtvulkan
Hotspot

Teste dich 1 – Bewegung und Aufbau der Erde

Entscheide, welche der gegebenen Antworten die richtigen sind. Am Ende jedes Tests kannst du deine Lösungen mit dem QR-Code oder dem Webcode (Eingabe des Codes auf der Internetseite www.westermann.de) überprüfen.

WES-115502-001

1. Das Gradnetz der Erde

a) Benenne die Bestandteile des Gradnetzes in M1: ○ Längenkreis ○ Breitenkreis

b) Ermittle in M1 die geographische Lage von Mogadischu: __° __, __° __ und Abidjan: __° __, __° __

c) Ermittle den Zeitunterschied zwischen diesen Orten (Atlas): __ Stunden

d) Lilly findet auf dem Dachboden ihrer Großeltern eine alte Schatzkarte, auf der Folgendes steht: „Auf dem Gipfel des Berges, wo sich der Äquator und der 30. Grad östlicher Länge treffen, findest du eine kleine Hütte, in der ein wertvoller Schatz verborgen ist. Ermittle den Berg auf der Karte in M1. ______________

2. Setze die folgenden Begriffe in die Lücken ein.

(a) Erdinneren (b) Epizentrum (c) Magnitude (d) Spannungen (e) Bewegungen (f) Hypozentrum (2x) (g) Erdbebenwellen (h) Erdkruste (i) Seismographen

Erdbeben entstehen durch ______________ im ____________. Dies geschieht so ruckartig, dass dabei gewaltige ______________ entstehen und freigesetzt werden. Der Ort, wo dies passiert, liegt tief unten in der ____________. Er wird als ____________________ bezeichnet. Direkt über diesem Punkt treten an der Erdoberfläche die größten Zerstörungen auf. Man nennt diese Stelle ________________. Hier treffen die ________________, die sich vom ____________________ in alle Richtungen ausbreiten, am schnellsten ein. Die Stärke eines Erdbebens wird mit dem __________________ gemessen. In der Fachsprache wird die Stärke eines Erdbebens mit dem Begriff ______________ angegeben.

3. Der Schalenbau der Erde

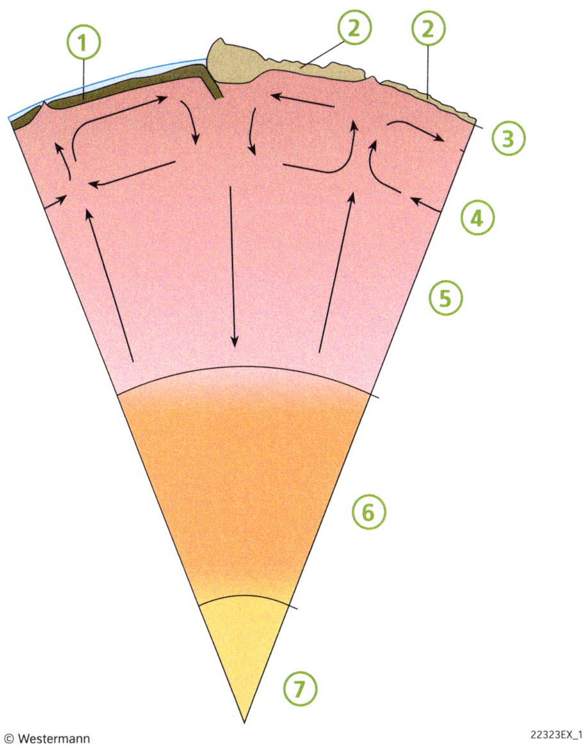

a) Ordne die Begriffe den Ziffern in der Abbildung zu.

○ oberer Erdmantel
○ äußerer Kern
○ ozeanische Erdkruste
○ unterer Erdmantel
○ kontinentale Erdkruste
○ innerer Kern
○ Erdkruste

b) Entscheide dich! Berichtige die falschen Aussagen.

Der Erdmantel ist flüssig.	A richtig	B falsch
Die Matelkonvektion findet in der Erdkruste statt.	A richtig	B falsch
Der innere Erdkern ist fest.	A richtig	B falsch
Die Lithosphäre umfasst den oberen Erdmantel und die Erdkruste.	A richtig	B falsch
Der Mittelpunkt der Erde liegt in 9730 km Tiefe.	A richtig	B falsch

Für Geographieentdecker!

Sammle Informationen über Erdbeben und Vulkanausbrüche in jüngster Zeit, zum Beispiel zu deren Lage im Gradnetz der Erde, deren Stärke und Auswirkungen. Erkläre, wie und warum sich die betroffenen Lithosphärenplatten bewegen. Gestalte ein Lapbook oder eine Präsentation. Stelle die Ergebnisse in deiner Klasse vor.

2. Afrika im Überblick

Fußball spielende Kinder in einem Dorf in Botsuana

Eines der trockensten Gebiete der Erde am Ozean gelegen? Schnee am Äquator? Ein Leberwurstbaum? Was zunächst abwegig klingt, gibt es in Afrika zu entdecken und macht mit vielen weiteren Besonderheiten die Faszination des Kontinents aus. Wohin müssen Touristen reisen, um das und die Vielfalt Afrikas erleben zu können?

1. Arbeit mit dem Atlas:
   a) Ermittle die Lage Afrikas im Gradnetz. S. 146
   b) Fertige eine kartografische Skizze zur Lage Afrikas hinsichtlich begrenzender Gewässer und angrenzender Kontinente an. Trage die auf dieser Doppelseite genannten Touristenziele ein. S. 149
   c) Nenne Millionenstädte Afrikas (M6, M7).
   d) Nenne die höchsten Erhebungen Afrikas.

2. Besonderer Naturraum:
   a) Beschreibe Besonderheiten des Naturraumes Afrikas (M1, M5, M8, M10).
   b) Erkläre, warum
   - Schnee am Äquator liegen kann (M8, Atlas).
   - ein Aufenthalt unter dem Leberwurstbaum gefährlich werden kann (M10).
   - E die Wüste Namib trotz ihrer Lage am Ozean eines der trockensten Gebiete ist (M1, Atlas, Internet).

3. Fertige eine Präsentation an. Wähle aus:
   a) KAZA – größtes Naturschutzgebiet Afrikas (M2, M3).
   b) Die Big Five Afrikas (M2, M5, Internet).

Die Wüste Namib gehört zu den trockensten Gebieten der Erde, obwohl sie direkt an den Atlantik grenzt. Tiere wie der Nebeltrinker-Käfer haben sich den extremen Bedingungen angepasst. Der Käfer fängt mit angehobenem Hinterteil die kleinen Wassertröpfchen aus dem oft vorhandenen Nebel auf. Sie laufen dann hinunter zum Mund, sodass der Käfer sie trinken kann.

M1 Ballonfahrt über der Namib

M2 Auf einer Bootssafari im KAZA-Naturschutzgebiet

Jedes Jahr reisen über 65 Mio. Touristen nach Afrika, um zum Beispiel auf Safaris einzigartige Landschaften und die besondere Tier- und Pflanzenwelt zu erkunden sowie Städte und historische Stätten zu besichtigen und Kulturen kennenzulernen. Zeugen des Lebens der Menschen vor Tausenden Jahren sind unter anderem Felsmalereien. Die mit ca. 73000 Jahren weltweit älteste abstrakte Zeichnung befindet sich in einer Höhle in Südafrika.
Besonders beliebt bei Touristen sind die zahlreichen Nationalparks und anderen Schutzgebiete Afrikas. Das größte zusammenhängende, grenzüberschreitende Naturschutzgebiet Kavango-Zambesi, kurz KAZA, wurde 2011 von fünf Staaten im südlichen Afrika eingerichtet. Rund zwei Millionen Menschen leben im KAZA. Sie betreiben Landwirtschaft, Fischerei und Jagd. Der Tourismus bietet viele Arbeitsplätze für die ansässige Bevölkerung.

M3 Afrika als beliebtes Touristenziel

M4 Fels- und Höhlenmalerei – Zeugen der Vergangenheit

M5 Die Big Five Afrikas als Touristenattraktion, von denen Urlauber unbedingt Fotos machen wollen

M6 Blick über die Innenstadt Kairos

Die ägyptische Hauptstadt Kairo ist mit fast 21 Millionen Einwohnern die bevölkerungsreichste Stadt Afrikas. Sie breitet sich immer weiter in Richtung Wüste aus. Um Kairo zu entlasten, wird gegenwärtig in der Wüste, nahe Kairo, eine neue Hauptstadt, Neu Kairo, gebaut.

Der bei Touristen sehr beliebte Ort Kapstadt erhielt diesen Namen wegen seiner Nähe zum Kap der Guten Hoffnung. Als Wahrzeichen der Stadt gilt der Tafelberg, der vorwiegend aus Sandstein besteht. Er bietet einen schönen Blick über die Stadt.

M7 Blick vom Tafelberg auf Kapstadt

Nahe Kairo befindet sich ein Touristenmagnet Afrikas: die ägyptischen Pyramiden. Millionen Urlauber besuchen jedes Jahr die zu den ältesten Bauwerken der Menschheit gehörenden Zeugen einstiger **Hochkultur** in Afrika. Die Pyramiden sind das einzige der sieben antiken Weltwunder, das noch erhalten ist.

M9 Touristen besichtigen ägyptische Pyramiden.

Das Mount Kenia-Massiv ist das zweithöchste Afrikas. Die Massai bezeichnen das Massiv vulkanischen Ursprungs treffend als „schwarz-weißen Berg". Das dunkle vulkanische Gestein und die mit Schnee und Gletschern bedeckten höchsten Gipfelbereiche bilden einen auffälligen Kontrast.

M8 Auf Trekkingtour am Mount Kenia

Nach einer afrikanischen Weisheit ist ein Aufenthalt unter dem Leberwurstbaum nicht empfehlenswert. Entweder können einen die wie hängende Würste aussehenden, sieben bis zwölf Kilogramm schweren Früchte erschlagen. Oder Elefanten, die diese Früchte fressen, beanspruchen diesen Platz für sich.

M10 Leberwurst am Baum?

Unsere Vorstellungen von Afrika

Amalias Vater war für zwei Monate auf Dienstreise in Luanda, der Hauptstadt Angolas. Dort hat das Unternehmen, in dem er arbeitet, seit einigen Jahren eine Niederlassung. Wieder zu Hause in Leipzig berichtet der Vater von den vielen neuen Eindrücken, die er während seiner Zeit in Angola gesammelt hat. Was Amalia hörte, entsprach aber so gar nicht ihrem Bild von Afrika. Woran lag das?

1. Verorte Luanda auf einer Karte (M1, Atlas).
2. Unterschiedliche Bilder von Afrika:
   a) Beschreibe:
   - die Eindrücke von Amalias Vater, die er in Angola gesammelt hat (M1 – M3, Info).
   - Amalias ursprüngliche Vorstellungen von Afrika (M4, M5).

   b) Vergleiche Amalias Vorstellungen von Afrika und die Berichte ihres Vaters mit deinen Vorstellungen (M1 – M4).
3. Erkläre, wodurch Amalias und deine Vorstellungen von Afrika geprägt werden (M5 – M8).
4. * Überprüfe, inwieweit der Internetartikel das von den Medien vermittelte Afrika-Bild widerspiegelt (M5, M6, M8).
5. Medienberichte zu Afrika auswerten:
   a) Stelle deiner Klasse einen aktuellen Medienbericht zu Afrika vor (Internet):
   - Quelle/Datum des Artikels
   - Überschrift
   - kurze Inhaltsangabe
   - Welches Bild von Afrika wird vermittelt?

   b) Ermittelt in der Klasse die Anzahl der vorgestellten positiven und negativen Medienberichte zu Afrika.

   c) Vergleiche das Ergebnis mit der Umfrage in M8.

M1 Skyline von Luanda

Obwohl Amalias Vater vom Flug und der Dienstreise noch etwas müde war, berichtete er seiner Tochter von Angola: „Die meiste Zeit hatte ich in Luanda zu tun. Mehr als acht Millionen Menschen leben dort. Die Stadt ist voller Kontraste. Einerseits gibt es Viertel mit vielen modernen Hochhäusern, wo aber meist keine Angolaner wohnen. Es ist einfach zu teuer. Das musste ich selbst erfahren. Die Monatsmiete für mein Zwei-Raum-Apartment betrug 6 000 €, ein Liter Milch kostete fast 2,80 € und das Fastfood-Hamburger-Menü 13 €. Meine Kollegen sagten, dass Luanda für Ausländer die teuerste Stadt der Welt sein soll. Andererseits habe ich auch viel Armut in Slums der Stadt gesehen. Dort leben Menschen in einfachsten, selbstgebauten Hütten.
Auf den Wochenendtouren habe ich traumhafte Landschaften und viele freundliche Menschen getroffen. Am Straßenrand verkauften oft Einheimische ihre Produkte. Mit den drei Frauen auf dem Foto habe ich mich unterhalten und ihr frisches Obst und Gemüse gekauft... So, aber jetzt bin ich müde. Morgen erzähle ich dir mehr."

M2 Amalias Vater berichtet von Angola.

INFO

Start-Ups in Angola
In den letzten Jahren hat die Gründung von Unternehmen mit neuartigen Geschäftsideen, sogenannten Start-Ups, zugenommen. Damit stiegen auch die Arbeitsplatzangebote für junge Angolaner. Sie erarbeiten Lösungen und Anwendungen, insbesondere für die Bereiche Transport, Lieferdienste und Onlinehandel. Ein Online-System, das lokale Produzenten von landwirtschaftlichen Produkten und Kunden venetzt, hat seine Mitgliederzahl innerhalb von zwei Jahren von 250 auf 36 000 erhöhen können.

M3 Unterwegs in Angola

M4 Amalias Vorstellung von Afrika

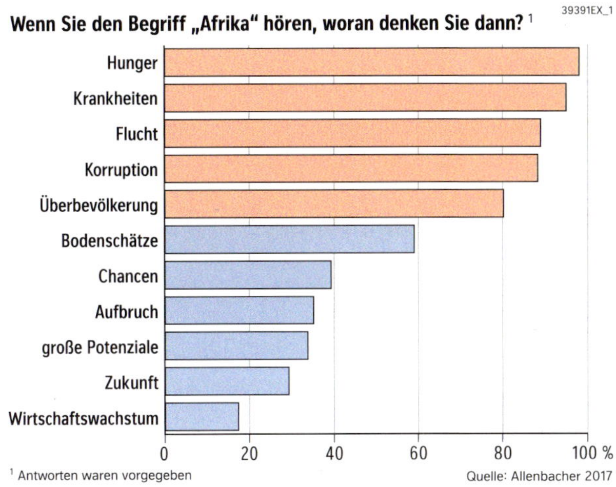

M7 Umfrage zu Vorstellungen von Afrika

Amalia hatte ganz andere Vorstellungen von Afrika. An Wolkenkratzer wie in Luanda und fröhliche Menschen dachte sie nicht.

Wie wir über Dinge denken, die wir selbst nicht gesehen oder erlebt haben, hängt davon ab, was wir über sie aus Erzählungen von unseren Mitmenschen oder aus den Medien erfahren. Wenn wir Fakten einseitig vermittelt bekommen, ist das Bild entsprechend unvollständig. Wir halten es dennoch für wahr. Bilder von Krieg, Armut und Umweltzerstörung, die in uns Emotionen hervorrufen, prägen sich besonders stark in unser Gedächtnis ein. Medien zeigen oft Bilder, die etwas Sensationelles vermitteln, während die Tourismusbranche mit Fotos von zufriedenen Menschen und schönen Landschaften wirbt.

M5 Wodurch wird unser Bild von Afrika geprägt?

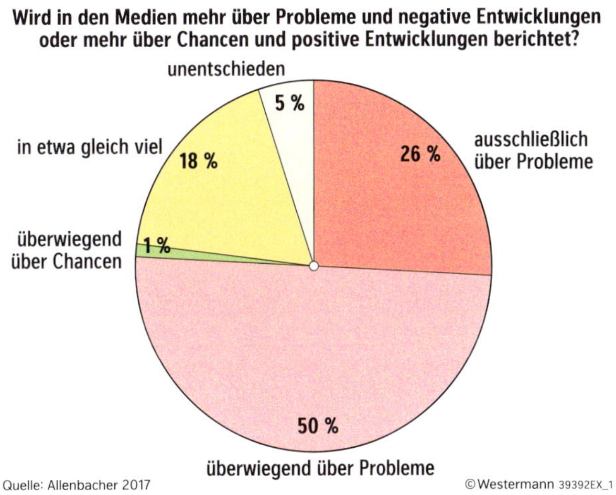

M8 Umfrage zur Wahrnehmung der Medienberichterstattung

neuesausallerwelt.de/afrika/kenia-von-heuschreckenplage-ereilt   Afrika news

Kenia von Heuschreckenplage ereilt

Es ist die schlimmste Heuschreckenplage seit 70 Jahren in Kenia. Von den zwölf Heuschreckenschwärmen im Norden des Landes hat einer fast die Größe des Saarlandes. Hunderte Millionen Heuschrecken fressen am Tag so viel, wie für die Ernährung von 35 000 Menschen notwendig wäre. Wenn sie binnen weniger Minuten Felder, Weiden und die sonstige Vegetation kahlgefressen haben, ziehen die Insekten weiter, bis zu 150 km am Tag. Die Heuschreckenplage hat besonders für die Bevölkerung im ländlichen Raum katastrophale Auswirkungen. Die Lebensgrundlage vieler Millionen Menschen wird zerstört. Massive Ernteausfälle führen zum Mangel an Tierfutter und Nahrungsmitteln für die Bevölkerung. Mehr als 25 Mio. Menschen im Osten Afrikas sind vom Hunger bedroht. Viele Menschen sehen als letzten Ausweg nur die Flucht aus ihrer Heimat.

M6 Medienbericht zur Heuschreckenplage 2020 in Kenia

Afrika – staatenreichster Kontinent der Erde

Die interessanten Berichte ihres Vaters haben Amalia neugierig gemacht. Sie wollte nun mehr über Afrika erfahren. Bei ihrer Internetrecherche fand sie beispielsweise heraus, dass Afrika der staatenreichste Kontinent der Erde ist, und dass sich darunter auch das jüngste Land der Erde befindet. Aber wie viele Staaten sind es denn nun genau und welcher ist der jüngste?

1. Staaten Afrikas im Überblick:
   a) Ermittle die genaue Anzahl der afrikanischen Staaten (M2, Atlas).
   b) Vergleiche diese mit der Anzahl der Staaten auf anderen Kontinenten (Atlas).
   c) Nenne den jüngsten Staat der Erde (M3).

2. Staaten Afrikas im Detail:
   a) Nenne drei flächengroße und -kleine Länder Afrikas sowie drei Staaten mit hoher bzw. geringer Bevölkerungsdichte. Fertige dazu eine Tabelle an (M1, Atlaskarte: Afrika – Bevölkerung).
   b) Ordne diesen Staaten ihre Hauptstadt und Flagge zu (M2, Atlas).
   c) Ergänze die ausgewählten Strukturdaten afrikanischer Staaten. Vergleiche sie untereinander und mit denen von Deutschland (M1, Atlas).

3. Weise nach, dass Afrika ein kulturell vielfältiger Kontinent ist (M3 – M5, Atlas).

4. Bevölkerung Afrikas:
   a) Beschreibe die Bevölkerungsverteilung Afrikas (Atlaskarte: Afrika – Bevölkerung).
   b) Vergleiche die Daten zur Bevölkerung Afrikas mit denen anderer Kontinente (M7).
   c) Werte die Statistik zum Anteil hungernder Menschen in Afrika aus (M8).
   d) Erkläre mögliche Ursachen für die Entwicklung der Lebenserwartung und Sterberate in Botsuana (M6, M9).

M2 Flaggen afrikanischer Staaten

Afrika ist mit rund 30 Mio. km² der zweitgrößte Kontinent der Erde. Die afrikanischen Länder weisen sehr unterschiedliche Flächenanteile auf. Algerien nimmt mit 2,3 Mio. km² die größte Fläche ein. Die Seychellen sind hingegen mit 458 km² nur etwas größer als das Bundesland Bremen. Mit dem Südsudan hat Afrika den weltweit jüngsten Staat. Er wurde erst 2011 gegründet.
Der Kontinent ist durch eine große kulturelle Vielfalt geprägt. Diese spiegelt sich in den rund 3000 Volks- und Stammesgruppen und mehr als 2000 unterschiedlichen Sprachen wider. Sie ergibt sich aber auch aus den europäischen Einflüssen sowie den vorherrschenden Religionen. Der Norden Afrikas ist vorwiegend durch den Islam geprägt. Im mittleren und südlichen Afrika, dem **subsaharischen Raum**, dominiert das Christentum.

M3 Viele Staaten und Kulturen

	Einwohner in Mio.	Fläche in Mio. km²	Bevölkerungsdichte (Einw./km²)	Stadtbevölkerung (%)	Lebenserwartung (Jahre)	Bevölkerung <15 Jahre in %	Alphabetisierungsrate in %
Maximalwert in Afrika	203 (Nigeria)	?	669 (Mauritius)	89 (Gabun)	77 (Algerien)	50 (Niger)	95 (Äquatorialguinea)
Minimalwert in Afrika	0,09 (Seychellen)	?	3 (Namibia)	13 (Burundi)	53 (Lesotho)	18 (Mauritius)	22 (Tschad)
Deutschland (zum Vergleich)	83	?	?	77	81	11	99

M1 Strukturdaten ausgewählter afrikanischer Staaten (2020)

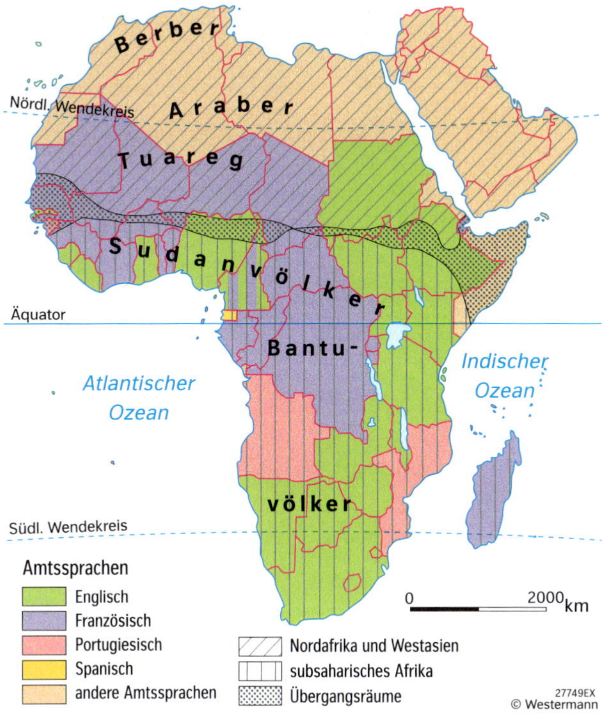

M4 Völker und Sprachen

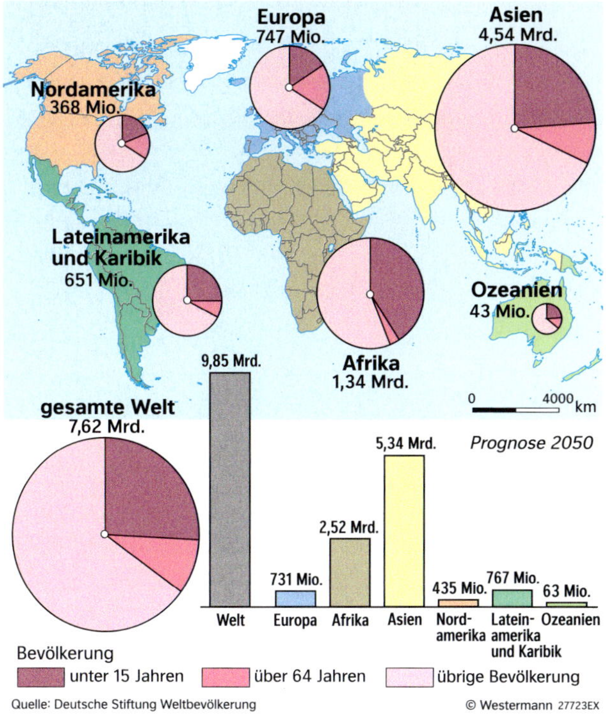

M7 Die Bevölkerungszahlen im weltweiten Vergleich, 2020 (Kreisdiagramme) und Prognose für 2050 (Balkendiagramm)

In der D. R. Kongo leben etwa 87 Mio. Menschen. Sie gehören rund 250 verschiedenen Volksgruppen an. Rund 80 Prozent zählen zu Bantugruppen wie den Luba, Kongo und Mongo sowie 18 Prozent zu verschiedenen Sudanvölkern. Zudem leben bis zu 50 000 Twa und rund 20 000 Europäer, vor allem Belgier, im zweitgrößten Land Afrikas. Neben der Amtssprache Französisch und den vier Nationalsprachen Lingala, Swahili, Kikongo und Tshiluba werden 200 weitere Sprachen in dem Land gesprochen. Der swahilische Ausspruch „Hakuna Matata", was sinngemäß „kein Problem" bedeutet, wurde durch den Film „König der Löwen" weltbekannt. Aber auch die kongolesische Rumba, auch Soukous genannt, ist in der internationalen Musik- und Tanzszene ein Begriff.

M5 Kulturelle und sprachliche Vielfalt in der Demokratischen Republik Kongo (D. R. Kongo)

2005	2010	2015	2020
21%	19%	20%	21%

M8 Anteil hungernder Menschen in Afrika (gerundet)

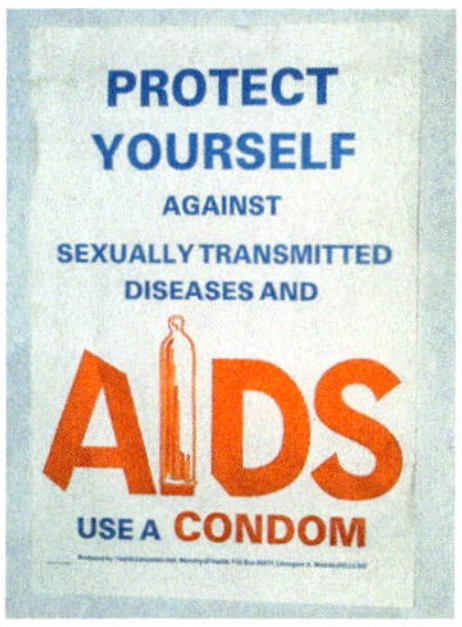

Ende der 1990er-Jahre waren bis zu 40 Prozent der Bevölkerung Botsuanas mit HIV infiziert. Um das Jahr 2000 starben rund hunderttausend Menschen an Aids. Das führte dazu, dass zunehmend junge, gut ausgebildete Arbeitskräfte für die Entwicklung des Landes fehlten. Daher beschloss die Regierung ein staatliches Aufklärungs- und Therapieprogramm zur Bekämpfung der Krankheit. Die Bevölkerung wird umfangreich über HIV/Aids aufgeklärt. In den zahlreich errichteten Gesundheitsstationen erhalten Betroffene kostenfreie Medikamente und werden betreut. Die Erfolge sind messbar. 2020 waren nur noch 20 Prozent der Bevölkerung mit HIV infiziert. Die Zahl der Neuinfektionen sank zwischen 2005 und 2018 von 18 000 auf 9 000. Auch die durch Aids bedingten Todesfälle sind stark rückläufig, von 33 000, dem Höchststand im Jahr 2003, auf 5 000 in 2020.

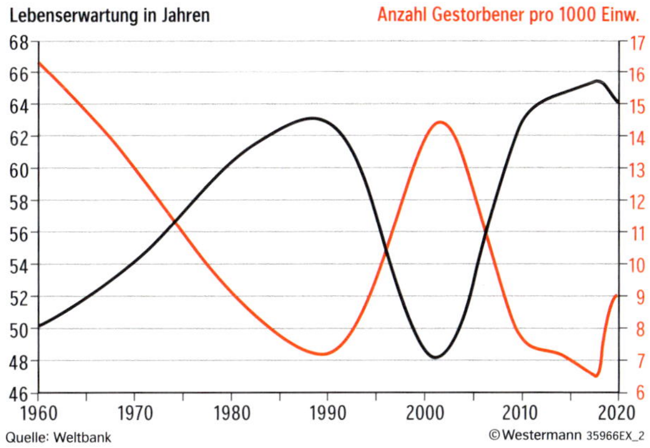

M6 Lebenserwartung und Sterberate in Botsuana

M9 HIV/Aids in Botsuana

Die Staaten Afrikas sind durch vielfältige natürliche, wirtschaftliche und kulturelle Besonderheiten gekennzeichnet. Die Besonderheit eines Landes ist zum Beispiel der Pfefferanbau, die eines anderen Landes der Baumwollanbau. Ein weiterer Staat möchte sich sogar eine neue Hauptstadt bauen. Um welche afrikanischen Staaten handelt es sich und welche weiteren Besonderheiten haben sie zu bieten?

1. Das Land, wo der Pfeffer wächst:
a) Nenne das Land, in das du in Afrika gehen müsstest, um dort zu sein, wo der Pfeffer wächst (M2, M3, Atlas).
b) Ordne dem Land die Flagge zu (S. 32/M2, Atlas).
c) Beschreibe Besonderheiten des Landes (M2, M3, Atlas).

2. Baumwolle in Benin:
a) Beschreibe die Lage des Landes (Atlas).
b) Ordne Benin die Flagge zu (S. 32/M2).
c) Erläutere die Aussage, dass das Leben der Menschen Benins am Baumwollfaden hängt (M1, M4).

3. Ein neuer Staat in Afrika:
* a) Fertige einen Steckbrief zum Südsudan an (M5, M7, M8, Atlas, Internet).
b) Erkläre, weshalb die junge Mutter aus dem Südsudan flüchten musste (M6).
c) Beschreibe mögliche Erlebnisse auf ihrer Flucht nach Uganda (M6).
d) Erkläre, weshalb bisher noch nicht mit dem Bau der neuen Hauptstadt für den Südsudan begonnen wurde (Info).

M1 Frauen beim Baumwollpflücken in Benin

M2 Affenbrotbaum (Baobab) und Lemuren auf Madagaskar

Bis zu einer großen Insel südöstlich von Afrika müsstest du gehen, um dorthin zu gelangen, wo der Pfeffer wächst. Das sind rund 10000 Kilometer. Der Inselstaat ist reich an Gewürzen wie dem grünen Pfeffer und Gewürznelken. Heute wird hier vor allem Vanille produziert und exportiert.
Die Insel besitzt auch ein großes Potenzial für den Tourismus. Sie ist durch eine vielgestaltige Landschaft gekennzeichnet. Ein Großteil der dort lebenden Pflanzen und viele Tiere sind nur auf dieser Insel zu finden. Lemuren, das sind Feuchtnasenaffen, leben ausschließlich dort. Von den sieben Arten des Baobabs existieren sechs nur in diesem Land. Der Inselstaat bietet zudem herrliche Traumstrände zum Erholen.

M3 Wo der Pfeffer wächst ...

In den 1960er-Jahren begann Benin mit dem Anbau von Baumwolle. Damals stieg die weltweite Nachfrage nach diesem pflanzlichen Rohstoff. So erhoffte sich das Land hohe Einnahmen aus dem Verkauf der Baumwolle. Heute stammen drei Viertel der Exporterlöse aus dem Baumwollexport. Viele Beniner leben vom Baumwollanbau und stehen damit in großer Abhängigkeit vom Weltmarkt und den Anbaubedingungen. Sinkende Weltmarktpreise für Baumwolle oder eringere Ernteerträge führen zu Einnahmeausfällen. Die Existenzgrundlage vieler Menschen Benins ist gefährdet, weil der Baumwollanbau oft die einzige Verdienstmöglichkeit der Familien darstellt. Der Anbau von Baumwolle hat auch schwere Umweltschäden zur Folge. So wird zum Beispiel das Wasser durch den Einsatz giftiger Pflanzenschutzmittel verschmutzt.

M4 Benin hängt am Baumwollfaden ...

M5 Menschen feier Staatsgründung des Südsudans

Am 9. Juli 2011 war es soweit: Nach einem jahrzehntelangen Bürgerkrieg löste sich der christlich geprägte Südsudan vom vorwiegend muslimischen Norden Sudans und feierte seine Unabhängigkeit. Damit ist der Südsudan der jüngste Staat der Erde. In dem Binnenstaat, der fast doppelt so groß wie Deutschland ist, leben 14,3 Mio. Menschen. Laut der Verfassung gilt Englisch als Amtssprache. Dennoch sind auch alle einheimischen Sprachen als Unterrichtssprachen zugelassen. Die Hauptstadt Juba befindet sich im Süden des Landes am Bahr al-Jabal, der flussabwärts als Weißer Nil bezeichnet wird.

M7 Die Republik Südsudan – jüngster Staat der Erde

Rund ein Drittel der Bevölkerung Südsudans sind auf der Flucht. Viele von ihnen suchen Schutz in den Nachbarländern. So auch diese junge Frau, die mit ihrer kleinen Tochter jetzt in Uganda lebt. Sie berichtet: „Wir hatten nach der Unabhängigkeit eine so große Hoffnung auf Frieden und bessere Lebensbedingungen. Stattdessen bekämpfen sich nun die Leute, die vorher zusammen für die Unabhängigkeit gekämpft haben. Selbst Kinder müssen als Soldaten in diesen Bürgerkrieg ziehen. Es geht nur um Macht und Kontrolle von Rohstoffen. Wir haben viel Erdöl. Andere Staaten sind davon reich geworden. Bei uns ruiniert der Bürgerkrieg die Wirtschaft und unsere Lebensgrundlage als Bauern. Der Anteil hungernder Menschen steigt immer mehr. Dazu werden Angehörige meines Volkes verfolgt und getötet, wie auch mein Mann. Ich musste fliehen. Es ist so traurig zu erleben, wie all unsere Hoffnungen zerstört werden. Obwohl es immer mal wieder Friedensabkommen gab, geht der Bürgerkrieg weiter. Jetzt hoffe ich nur, dass meine Tochter mal ein besseres Leben hat."

M6 Eine junge Südsudanesin berichtet.

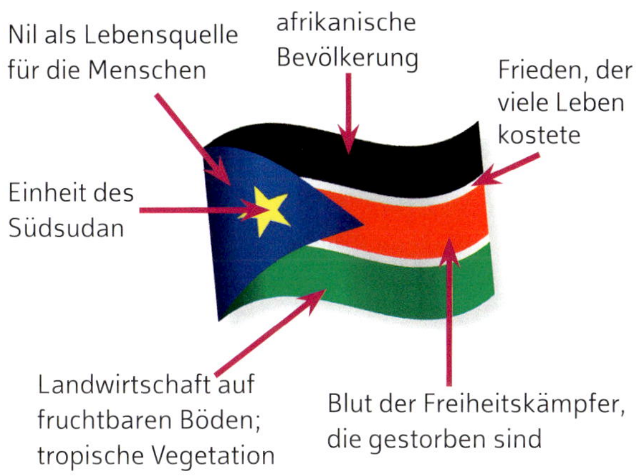

M8 Symbolgehalt der Flagge des Südsudan

INFO

Ramciel City – neue Hauptstadt für den Südsudan

Bereits in der Verfassung ist eine neue Hauptstadt festgeschrieben. Sie soll zentraler im Landesinnern liegen. Der Name Ramciel bedeutet sinngemäß „Ort, an dem sich die Nashörner treffen". In diesem entlegenen Gebiet leben kaum Menschen, gibt es weder Straßen noch eine Stromversorgung. Da der Südsudan aber zu den ärmsten Staaten der Erde gehört, wird eine Finanzierung des Großprojektes nur mit ausländischer Hilfe möglich sein und die Verschuldung des Landes weiter erhöhen.

Bereits lange bevor Europäer den afrikanischen Kontinent erkundeten, existierten dort hochentwickelte Kulturen und mächtige Königreiche. Ein Herrscher eines dieser Reiche gilt bis heute als reichster Mensch aller Zeiten. Wer war dieser Mensch und wo finden sich Spuren der wechselvollen Geschichte des Kontinents im heutigen Afrika?

1. Frühe Geschichte Afrikas:
- a) Erkläre, warum die Geschichte Afrikas nicht erst mit dem Betreten des Kontinents durch Europäer begann (M1 – M3, Info).
- b) Nenne einstige bedeutende Königreiche Afrikas (M1, Atlaskarte: Afrika 15.-17. Jahrhundert).
- c) Erstelle einen Steckbrief zum reichsten Menschen aller Zeiten (M1, M2, Internet).

2. Europas Interesse an Afrika:
- a) Begründe das Interesse europäischer Staaten an Afrika (M2, M4).
- b) Erkläre mögliche Probleme des Sklavenhandels für die Entwicklung Afrikas (M4, M7).

E **3.** Afrika wird kolonialisiert:
- a) Verfasse einen Lexikonbeitrag zur Berliner Westafrika-Konferenz 1884/1885 (M5, M8, Internet).
- b) Erkläre Folgen der Gründung von Kolonien durch europäische Staaten (M7, M8, Atlas).

4. Neuanfang freier Staaten in Afrika:
- a) Beschreibe Chancen und Probleme für die Entwicklung afrikanischer Staaten nach ihrer Unabhängigkeit (M6, M9).
- E b) Begründe, warum das Jahr 1960 als „Afrikanisches Jahr“ bezeichnet wird (Atlas).
- c) Nenne mögliche Ursachen für gegenwärtige Konflikte in Afrika (M9).

* **5.** Fertige einen einfachen Zeitstrahl zur Geschichte Afrikas an (M1 – M9, Info, Atlas).

INFO

Spuren frühester Menschheitsgeschichte

Wissenschaftler aus Leipzig entdeckten vor wenigen Jahren bei Ausgrabungen in Marokko Knochenreste und Steinwerkzeuge. Sie sind mindestens 300 000 Jahre alt. Die bisher ältesten derartigen Funde gehören zum damals dort lebenden, frühen Homo sapiens, dem „klugen, vernünftigen Menschen“. Er besiedelte den ganzen Kontinent. Aber bereits lange vorher entwickelte sich der Homo habilis, der „geschickte Mensch“, in Afrika. Teilweise mehr als zwei Millionen Jahre alte Funde belegen das.

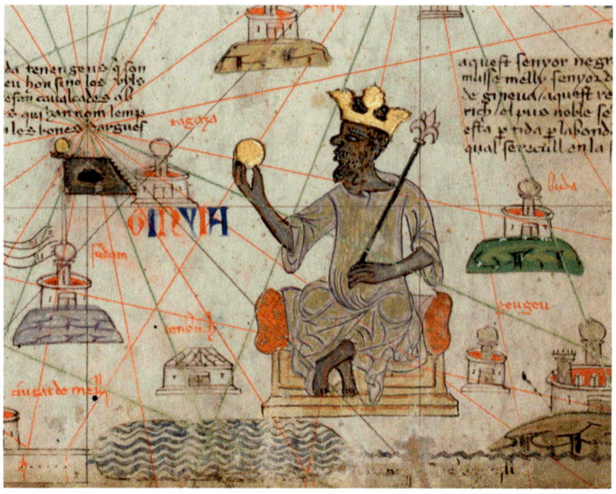

M1 Mansa Musa I., König von Mali

Afrika ist ein Kontinent mit einer langen Geschichte. So existierten beispielsweise im heutigen Ghana bereits vor 40 000 Jahren erste Siedlungen. Während des europäischen Mittelalters entstanden im westlichen Afrika bedeutende Großreiche und Küstenkönigreiche. In den Städten blühten der Handel und das Handwerk, sodass einige Menschen zu großem Reichtum kamen. König Mansa Musa I., der in der ersten Hälfte des 14. Jahrhunderts lebte, gilt als reichster Mensch aller Zeiten. Sein Vermögen entsprach umgerechnet über 370 Mrd. Euro und basierte auf den großen Vorkommen an Gold und anderen Bodenschätzen in seinem Königreich.
Mit der Entdeckung des Seeweges nach Indien 1498 begann die Erkundung der afrikanischen Westküste durch die Europäer. Häfen und Handelsposten wurden eingerichtet. Die Portugiesen handelten von Ghana aus vor allem mit Gold, Elfenbein und Gewürzen.

M2 Aus der frühen Geschichte Westafrikas

M3 Die mehr als 3 400 Jahre alte Karnak-Tempelanlage bei Luxor – Zeuge einstiger Hochkulturen im alten Ägypten

www.diercke.de | 100800-146-01, 146-3, 146-4

Um 1500 interessierten sich portugiesische Kaufleute in Ghana auch für eine andere „Ware“, den Menschen. Ab 1505 begannen umfangreiche Sklaventransporte. Ghana war mehr als drei Jahrhunderte der größte Sklavenumschlagplatz Afrikas. Vom 16. bis 19. Jahrhundert wurden rund 15 Millionen Afrikaner versklavt und als billige Arbeitskräfte zur Arbeit in Bergwerken und auf Plantagen nach Amerika verschifft. In diesem Zeitraum lebten zwischen 90 und 100 Millionen Menschen in Afrika.
Die vorwiegend jungen, arbeitsfähigen Menschen wurden vor ihrer Verschiffung in Sklavenburgen gefangen gehalten. Ihnen wurde mit einer heißen Eisenstange ein Zeichen auf die Brust gebrannt. Auf meist überfüllten, rund 30 Meter langen und acht Meter breiten Schiffen lagen 650 Menschen zusammengepfercht übereinander. Viele von ihnen starben bereits auf der Überfahrt nach Amerika.

M4 Sklavenhandel in Westafrika

M5 Berliner Westafrika-Konferenz 1884/85

1957 war Ghana das erste Land im subsaharischen Raum, das seine politische Unabhängigkeit erlangte. Die Umbenennung des Staates von „Goldküste“ in Ghana, nach dem einst mächtigen Reich Ghana, sollte ein Zeichen für das endgültige Ende der Kolonialzeit sein. Viele weitere Staaten Afrikas folgten dem Beispiel Ghanas. Das Jahr 1960 ging als „**Afrikanisches Jahr**“ in die Geschichte ein. Oft blieben die jungen Staaten jedoch wirtschaftlich von den ehemaligen Kolonialmächten abhängig.
Bis heute ist die historische Entwicklung Ghanas eng mit dem **Bodenschatz** Gold verbunden. Doch seit 2007 Erdöl vor der Küste Ghanas entdeckt wurde, gibt es ein „neues Gold“, das neue Hoffnungen für das Land weckt. Da sich aber vorwiegend ausländische Firmen Förderrechte gesichert haben, besteht die Gefahr einer verstärkten Abhängigkeit von anderen Ländern und dem **Rohstoff** Erdöl.

M6 Aufbruch in eine neue Zeit

M7 Ehemalige Sklavenburg Elmina (Ghana)

Mit der Gründung erster **Kolonien** begann die Zerstörung afrikanischer Herrschafts- und Wirtschaftsstrukturen. So machte zum Beispiel Großbritannien Ghana zur Kolonie „Goldküste“. Ende des 19. Jahrhunderts erfolgte auf der Berliner Westafrika-Konferenz, auch Kongo-Konferenz genannt, die endgültige koloniale Aufteilung des Kontinents unter den europäischen Mächten. Die Grenzziehung wurde ohne Rücksicht auf damals bestehende geographische Grenzen oder solchen zwischen verschiedenen Volksgruppen vorgenommen. Viele Kolonien entwickelten sich zu billigen Rohstofflieferanten für die Kolonialmächte.

M8 Kolonialisierung in Afrika

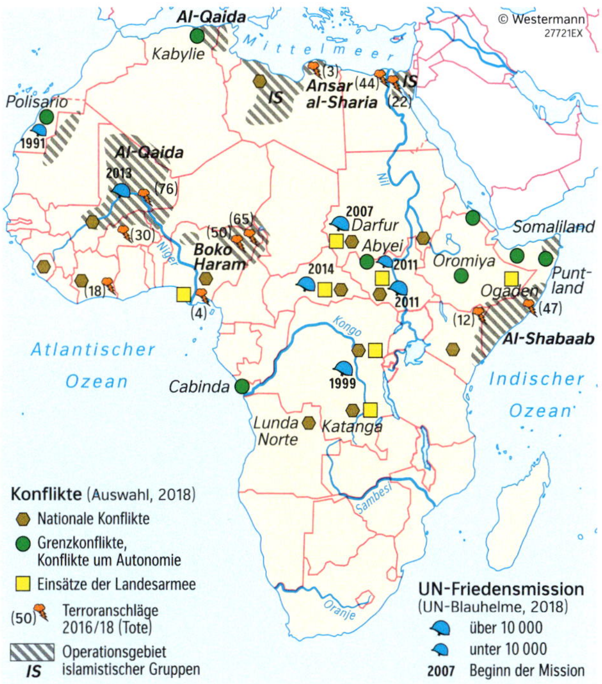

M9 Konflikte in Afrika (Auswahl, 2018)

Wirtschaft Afrikas im Überblick

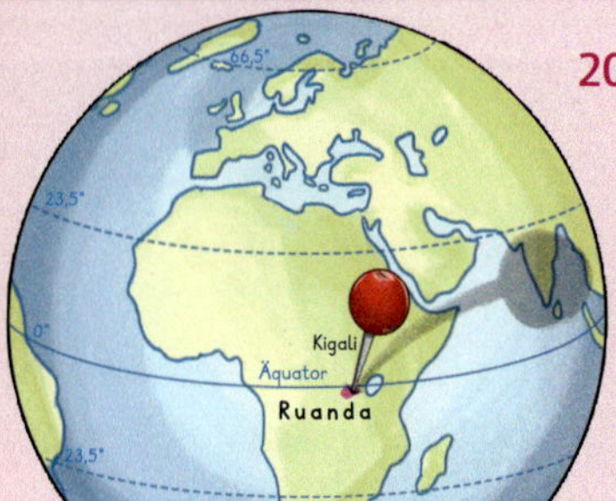

2019 gehörten fünf afrikanische Länder, darunter Ruanda, zu den Top 10 der Welt mit dem höchsten Wachstum der Wirtschaftsleistung. Dennoch ist die gesamte Wirtschaftsleistung Afrikas gering. Welche Gründe gibt es dafür und wie versucht beispielsweise Ruanda seine Wirtschaft weiterzuentwickeln?

1. Weise nach, dass Afrika ein rohstoffreicher Kontinent ist und zudem große Potenziale zur Erzeugung von Strom aus erneuerbaren Energien hat (Atlas).

2. Wirtschaftliche Entwicklung Afrikas:
   a) Vergleiche das BIP pro Kopf afrikanischer Länder untereinander mit dem von Deutschland und den USA (M2).
   b) Beschreibe die Einbindung Afrikas in den Welthandel sowie die Zusammensetzung ein- und ausgeführter Warenmengen (Atlaskarte: Erde – Welthandel).
   c) Werte den Anteil von Rohstoffen am Warenexport afrikanischer Staaten aus (M1).
   d) Erläutere mögliche Gründe dafür, dass Afrika trotz Rohstoffreichtums noch weit hinter der Wirtschaftsleistung anderer Regionen zurückliegt (M1 – M4, Atlas).

* **3.** Bewerte die wirtschaftliche Entwicklung Ruandas hinsichtlich Stärken und Schwächen (M5 – M10, Atlas).

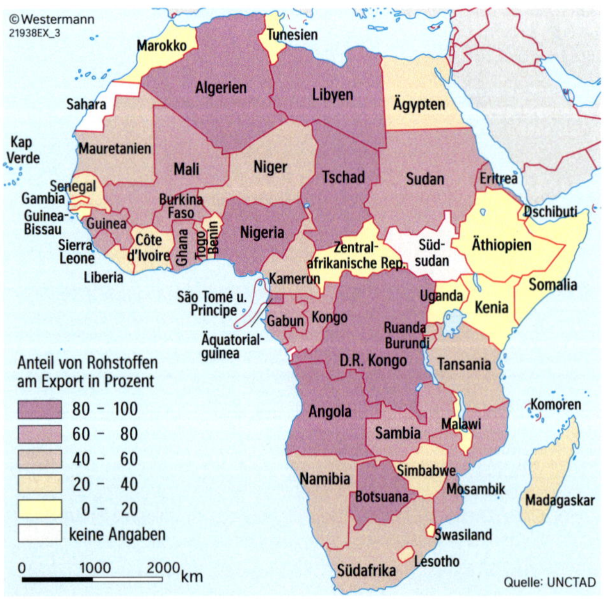

M1 Anteil von Rohstoffen am Export afrikanischer Staaten (2018)

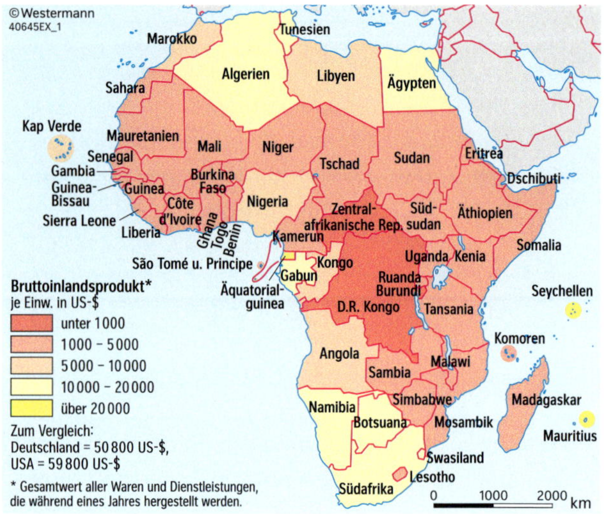

M2 BIP pro Kopf der afrikanischen Staaten (2018)

Im Vergleich zu anderen Regionen der Erde ist die Leistungsfähigkeit der Wirtschaft Afrikas noch gering. 17 Prozent der Weltbevölkerung erzeugen nur drei Prozent der weltweiten Wirtschaftsleistung.

Afrika verfügt über viele Rohstoffe. Da ein Großteil davon exportiert wird, sind die afrikanischen Staaten stark vom Weltmarkt abhängig. Dies bremst die Entwicklung und Modernisierung der heimischen Industrie. Daher müssen Fertigprodukte teuer importiert werden, was die Verschuldung einzelner Länder erhöht. Weitere Hemmnisse der wirtschaftlichen Entwicklung sind ein nicht ausreichendes Verkehrsnetz sowie die mangelnde Energieversorgung trotz des riesigen Potenzials an **erneuerbaren Energien** wie Wasserkraft und Sonnenenergie.

China ist in den vergangenen Jahren ein wichtiger Handelspartner Afrikas geworden. Einerseits investiert das Land in Wirtschaftsprojekte. Andererseits sichert sich China so Rohstoffquellen und Absatzmärkte.

M3 Hemmnisse für die wirtschaftliche Entwicklung

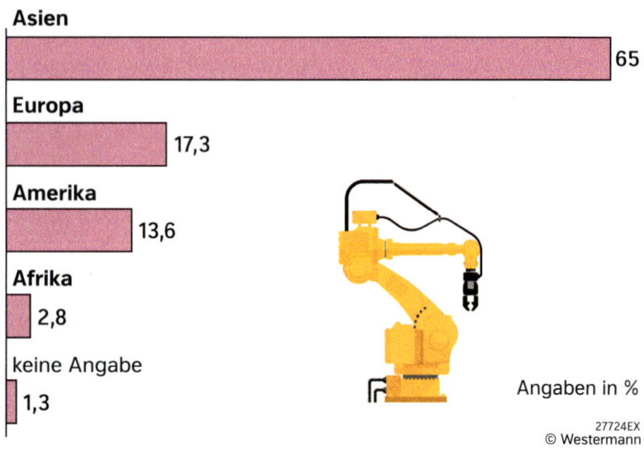

M4 Anteil der in der Industrie eingesetzten Roboter weltweit

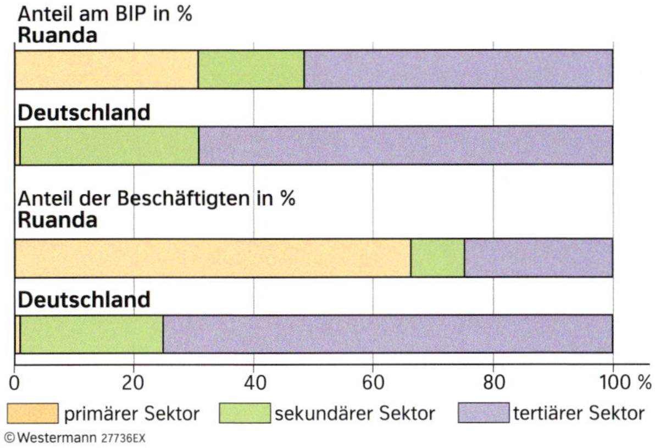

M5 Wirtschaftsbereiche in Ruanda und Deutschland (2019)

M8 Auf einer Baustelle in Ruanda

statistischer Wert	2015/2016	2018/2019
Bevölkerung in Mio.	11,5	12,9
Geburten je Frau	3,8	4,0
Lebenserwartung bei Geburt in Jahren	66,6	67,5
Alphabetisierungsrate in %	71	73
Anteil der Ausgaben für Bildung am BIP in %	5	3
Anzahl eingeschriebener Studierender	77 120	80 773
BIP in Mrd. US-$	8,3	10,2
Pro-Kopf-Einkommen in US-$	1 800	1 959
Anteil der Bevölkerung mit Anschluss an Trinkwasser-versorgung in %	76	78
Anzahl Mobilfunkverträge je 100 Einwohner	77	79
Armut: Anteil Menschen mit < 1,90 US-$ pro Tag in %	55	39
HDI Rang (von 189) Index der menschlichen Entwicklung (Platz 1 = sehr hohe, Platz 189 = sehr geringe Entwicklung)	159	157

M6 Ausgewählte Daten zu Ruanda

Seit den 1990er-Jahren hat Ruanda verschiedene Programme zur Entwicklung des Landes aufgelegt. So wird beispielsweise die Digitalisierung vorangetrieben mit dem Ziel, Ruanda von einem Agrarland zu einer wissensbasierten Dienstleistungsgesellschaft zu führen. Dafür gibt es viele junge Menschen als potenzielle Arbeitskräfte. Aber immer noch dominieren die Land- und Bauwirtschaft. Rund drei Viertel der Bevölkerung leben von der Landwirtschaft, ca. 50 Prozent der Exporterlöse stammen von agrarischen Produkten wie Kaffee und Tee. Die Binnenlage und das fehlende Schienennetz sind Nachteile für den Warenhandel. So erfolgt der Gütertransport hauptsächlich mit Lkw, was die Produkte verteuert. Seit einigen Jahren ist die Einfuhr von genutzter Kleidung verboten, um die heimische Textilindustrie zu stärken. Durch „Made in Rwanda" wird die Verarbeitung lokaler Produkte gefördert, wodurch neue Arbeitsplätze im nichtlandwirtschaftlichen Bereich entstehen.

Aber auch in dem kleinen ostafrikanischen Land sind eine nicht ausreichende Stromversorgung und fehlende Verkehrswege Hindernisse auf dem eingeschlagenen Wachstumskurs.

M9 Ruanda auf Wachstumskurs?

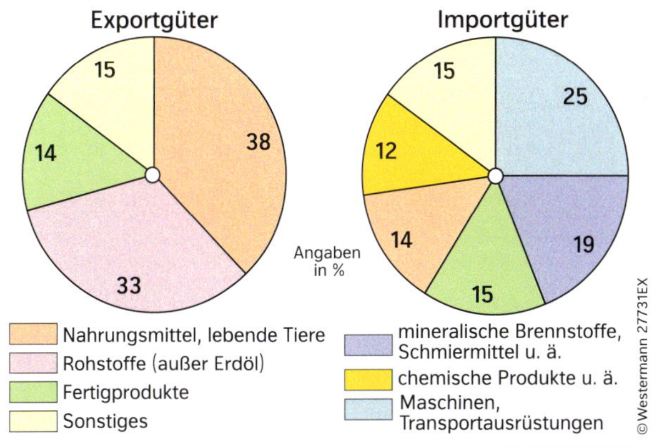

M7 Export-/Importstruktur Ruanda (2019)

M10 Zentrale Trinkwasserstelle in einem Dorf in Ruanda

Der Kontinent Afrika zeichnet sich durch eine kompakte Gestalt und eine wenig gegliederte Küstenlinie aus. Beim Blick auf eine physische Karte fallen eine fast regelhafte Gliederung des Reliefs und im wahrsten Sinne des Wortes herausragende Großlandschaften auf. Um welche handelt es sich und inwiefern kann von einer „einfachen" Reliefgliederung gesprochen werden?

1. Becken- Schwellen-Struktur:
   a) Erkläre die Begriffe Becken und Schwelle (M1, M3).
   b) Beschreibe das Becken-Schwellen-Relief Afrikas (M1, M3, M4, Atlas).
   c) Benenne die in M4 markierten Becken und Schwellen (Atlas).
   d) Zeichne ein Profil von Bengasi (Libyen) zum Kap Agulhas (Südafrika) entlang 20° östlicher Länge (M4, Atlas). S. 147

2. Herausragende Großlandschaften:
   a) Verorte die genannten Großlandschaften mit den höchsten Erhebungen des Kontinents (M1 – M3, M5 – M7, Atlas).
   b) Nenne jeweils deren höchste Erhebung (Atlas).
   c) Vervollständige die Übersicht zu Merkmalen und Besonderheiten dieser Großlandschaften (M2, M3, M5 – M7, Atlas).

Großlandschaft	Merkmale/Besonderheiten
Drakensberge	

   d) Erkläre Einflüsse plattentektonischer Vorgänge auf das Relief Afrikas (M5 – M7, Atlaskarte: Erde – Erdbeben und Vulkanismus).

3. Lege zusammenfassend dar, weshalb von einer „einfachen" Reliefgliederung gesprochen werden kann (M1 – M7, Atlas).

M2 Blick auf das „Amphitheater" in den Drakensbergen (Südafrika)

Afrikas Relief ist klar gegliedert. Typisch für die Oberflächengestalt des Kontinents ist die Wechselabfolge von **Becken** und **Schwellen**. Bei den Schwellen handelt es sich um langgestreckte Höhenzüge. Becken sind meist von Schwellen eingeschlossene, also tiefer gelegene Landschaften. Das Kongobecken und das Kalaharibecken sind komplett von Schwellen umrahmt. Reichen diese bis an die Küste, bezeichnet man sie als Randschwellen. Sie fallen oft steil zum Meer ab.

Die höchste und größte **Randschwelle** Südafrikas sind die Drakensberge mit zahlreichen Schluchten und schroffen Felsformationen. Als besondere Attraktion für Touristen gilt das „Amphitheater", eine fast acht Kilometer lange und rund 1 000 m senkrecht aufragende Felswand. Teile der Drakensberge gehören seit dem Jahr 2000 zum UNESCO-Welterbe.

M3 Das Relief Afrikas

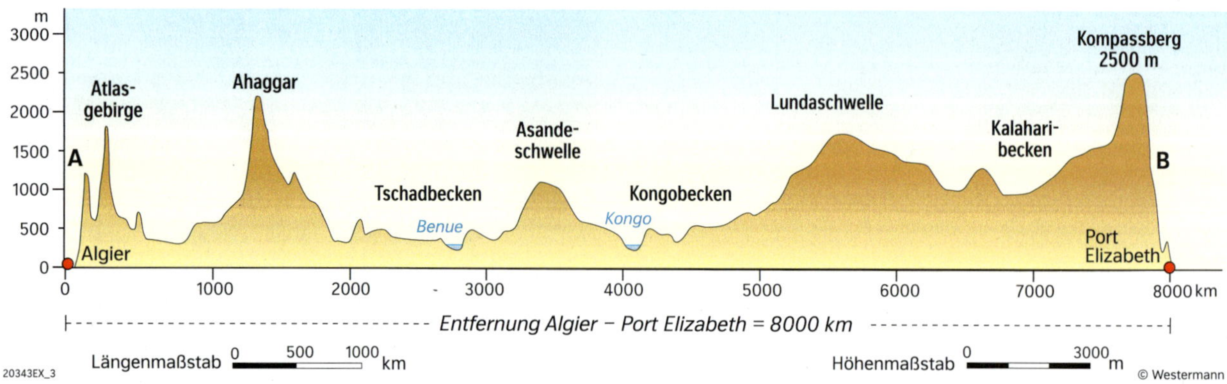

M1 Profil von Algier nach Port Elizabeth

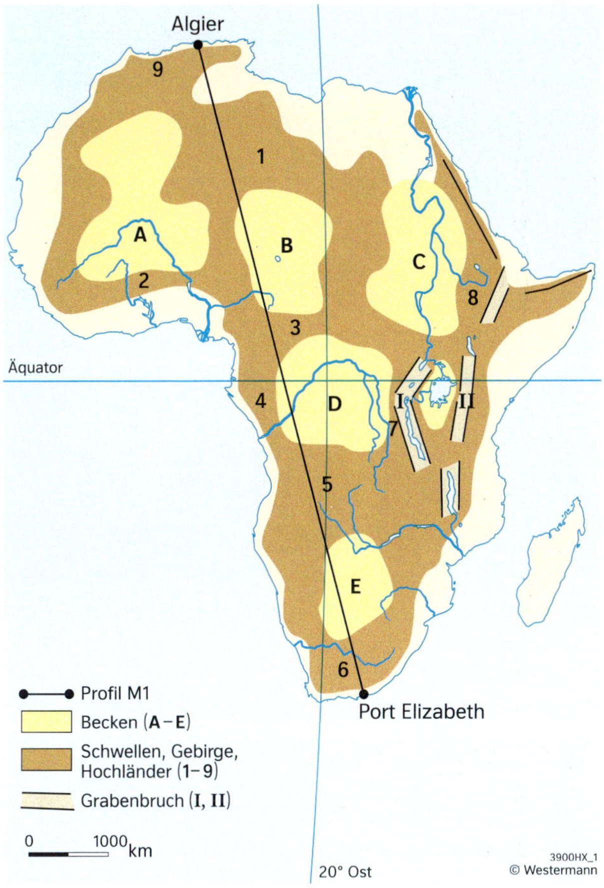

M4 Reliefgliederung Afrikas

Im Norden Afrikas erstreckt sich das rund 2000 km lange und 300 km breite Atlasgebirge als markantes Hochgebirge. Seine Entstehung ist auf plattentektonische Vorgänge zurückzuführen, die bis heute andauern. An der Subduktionszone von Afrikanischer und Eurasischer Platte heben sich das Atlasgebirge sowie auch Hochgebirge im Süden Europas heraus.

M5 Das Atlasgebirge – ein Hochgebirge in Nordafrika

M6 Erta Ale – „Berg, der raucht“, Vulkan im Nordosten Äthiopiens

Im Osten Afrikas befindet sich das größte **Grabenbruchsystem** der Erde. Es besteht aus dem Ostafrikanischen und Zentralafrikanischen Graben und weist die höchsten Erhebungen des Kontinents auf. Zahlreiche aktive Vulkane machen deutlich, dass auch in diesem Teil die Lithosphäre in Bewegung ist. Wissenschaftler haben festgestellt, dass hier die festländische Erdkruste aufbricht.

Der Ostafrikanische Graben verläuft durch das Hochland von Äthiopien. Auch hier gibt es Vulkane und Erdbeben. Typisch für das Hochland sind die Plateaubereiche zwischen 2000 m bis 3000 m Höhe. Diese weisen einerseits tief eingeschnittene Flusstäler auf, wie zum Beispiel das des Blauen Nil. Andererseits werden sie von Gebirgszügen überragt, die mehr als 4000 m hoch sind.

M7 Im Ostafrikanischen Graben

Dass der Nil als einer der beiden längsten Flüsse der Erde gilt, wissen die meisten. Aber Afrikas Flüsse und Seen bieten noch mehr Interessantes. Welche Superlative und Besonderheiten kennzeichnen das Gewässernetz des Kontinents?

* **1.** Relief und Gewässernetz beeinflussen sich:
a) Erkläre, wie das Relief das Gewässernetz beeinflusst (M2, M3, Atlas).
b) Beschreibe, wie umgekehrt auch die Gewässer das Relief verändern (M2, M3).

2. Arbeit mit dem Atlas:
a) Beschreibe den Verlauf großer Flüsse Afrikas (M5).
b) Benenne zwei Becken- und Grabenseen.
c) Finde eine weitere Art von Seen und zwei Beispiele dazu (M4).

3. Superlative und Außergewöhnliches:
a) Beschreibe verschiedene Superlative sowie Außergewöhnliches zum Gewässernetz Afrikas (M1 – M8, Info, Atlas).
b) Verorte auf einer Karte Fremdlingsflüsse Afrikas (Info, Atlas).
c) Beschreibe naturräumliche Merkmale des Okavango-Binnendeltas und dessen Nutzung durch den Menschen (M1, Info, Atlaskarte: Afrika – Okavango Binnendelta).

4. Vergleiche Merkmale des Kongo und Nil (M4, M5, M7, M8, Atlas).

5. Der Tschadsee verändert sich:
a) Beschreibe die Veränderungen der Wasserfläche des Tschadsees (M6).
E b) Erkläre mögliche Ursachen dafür (M6).

M2 Die Victoriafälle aus dem Flugzeug betrachtet

Die Reliefgegebenheiten haben Einfluss auf das Gewässernetz Afrikas. Die Schwellen sind Quellbereiche von Flüssen, die dann in die Becken fließen. Hier entstehen mitunter runde, flache Beckenseen. In Abhängigkeit vom Gesteinsuntergrund haben einige Flüsse Täler durch Randschwellen geschaffen. In eingeengten Flussbetten erhöht sich die Fließgeschwindigkeit und damit auch die abtragende Kraft der Flüsse. An manchen Stellen müssen sie größere Höhenunterschiede als Wasserfälle überwinden. Die Tugela-Fälle in Südafrika sind mit fast 950 m die weltweit zweithöchsten.
Im Osten Afrikas befinden sich langgestreckte Grabenseen. Sie gehören zu den größten und tiefsten Seen und markieren den Verlauf des Ostafrikanischen Grabenbruchsystems.

M3 Vielfältiges Gewässernetz Afrikas

Das Okavangobecken liegt im Norden von Botsuana. Die durch den Fluss Okavango geschaffene einzigartige Landschaft ist das weltgrößte **Binnendelta**. Es hat sich im Landesinneren und nicht an der Meeresküste gebildet. Das Gebiet gehört zum Weltnaturerbe.
Die dort in großer Zahl lebenden Flusspferde hinterlassen auf ihren Wanderungen schmale Pfade im Schilf, die aus der Luft wie dünne Adern aussehen. Über diese wird das Okavango-Binnendelta breitgefächert bewässert. Für Bootssafaris sind sie beliebte „Hippo-Highways".

M1 Im Okavango-Binnendelta

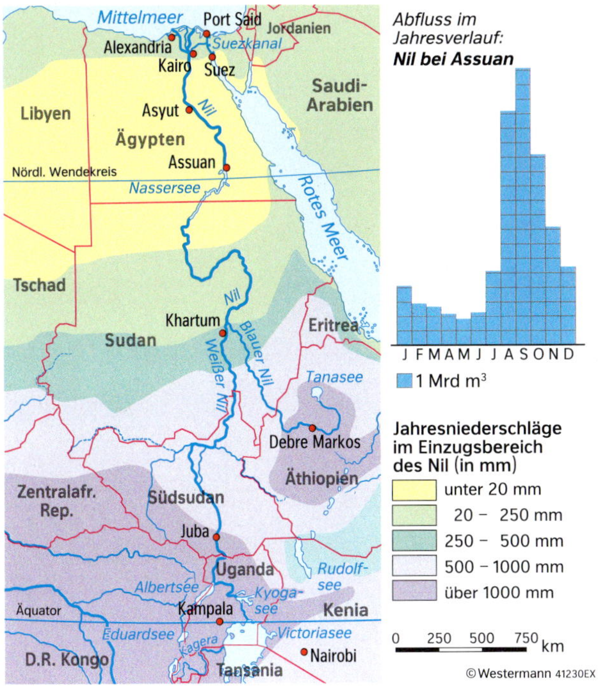

M4 Der Nil – einer der beiden längsten Flüsse der Erde

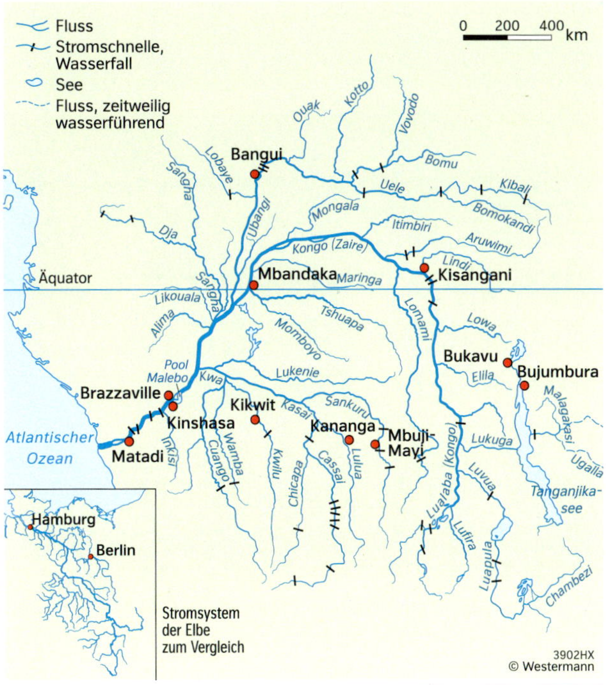

M7 Das Einzugsgebiet des Kongo

INFO

Fremdlingsfluss
Ein **Fremdlingsfluss** durchfließt ein Trockengebiet. Er bezieht sein Wasser aus anderen, niederschlagsreichen Gebieten. Der Nil schafft es so, mehrere Tausend Kilometer durch die Wüste zu fließen, ohne auszutrocknen.

Fluss	Länge (km)	Einzugsgebiet (km²)
Kongo	4374	3,8 Mio.
Nil	6671	2,8 Mio.
Niger	4184	2,1 Mio.
Sambesi	2763	1,3 Mio.
Elbe (zum Vergleich)	1165	0,14 Mio.

M5 Flüsse im Vergleich

Der Kongo ist der sechstlängste Fluss der Erde und der zweitgrößte hinsichtlich seiner Wassermenge. Er erreicht eine maximale Breite von elf Kilometern. Messungen ergaben auch, dass der Fluss teilweise bis zu 220 m tief ist. Damit ist er der tiefste Fluss der Erde. Pro Sekunde spült der Kongo rund 40 Millionen Liter Wasser in den Atlantik. Die Abflussmenge des Wassers ist gleichmäßig über das Jahr verteilt.
Insgesamt sind der Kongo und seine Nebenflüsse auf fast 15000 km schiffbar. Für die am Kongo gelegenen Staaten stellt er eine wichtige Wasserstraße für den Warentransport und Handel dar. Vor allem während der Regenzeit sind die wenigen Straßen in der Region oft nicht passierbar. Das Einzugsgebiet des Kongo bildet das größte Süßwasservorkommen Afrikas. Außerdem bietet es auch die weltweit größten Wasserkraftreserven.

M8 Das Flusssystem des Kongo

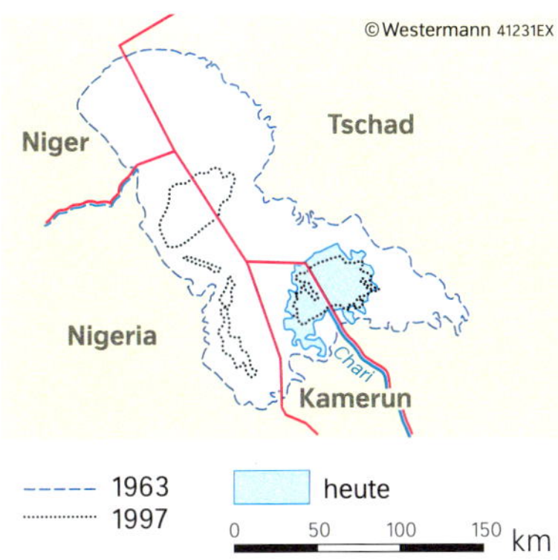

Anfang der 1960er-Jahre entsprach die Wasserfläche des Tschadsees mit rund 22000 km² fast der Fläche Mecklenburg-Vorpommerns. Seitdem verlor der Binnensee jedoch einen beträchtlichen Teil seiner Wassermenge. Zeitweise war er nur noch 300 km² groß. Mögliche Ursachen dafür sehen Wissenschaftler einerseits in sinkenden Niederschlagsmengen sowie häufigeren und längeren Dürreperioden. Andererseits führt ein starkes Bevölkerungswachstum in der Region zu einer verstärkten Wasserentnahme aus dem See und seinen Zuflüssen. Da der Tschadsee mit einer Durchschnittstiefe von zwei Metern sehr flach ist, besteht gerade in Dürrejahren eine erhöhte Gefahr der Austrocknung.

M6 Veränderung der Wasserfläche des Tschadsees

Zusammenfassung: Afrika im Überblick

M1 Ein jugendlicher Dorfbewohner holt Wasser für seine Familie. Im Hintergrund ist die Stadtlandschaft von Kigali, der Hauptstadt Ruandas, zu sehen.

Afrika entdecken und wahrnehmen
Der Kontinent bietet ein großes touristisches Potenzial. Insbesondere Reiseprospekte und Online-Reiseportale vermitteln ein positives Afrikabild mit vielfältigen Landschaften, einer einzigartigen Tier- und Pflanzenwelt sowie teilweise Jahrtausende alten Zeugen der historischen Entwicklung des Kontinents. In der täglichen Medienberichterstattung dominiert meist ein negatives Afrikabild.

Die Vielfalt afrikanischer Staaten
Afrika ist der zweitgrößte und staatenreichste Kontinent der Erde. Der Südsudan, gegründet 2011, ist das jüngste Land der Erde.
Gegenwärtig leben auf dem Kontinent rund 1,3 Mrd. Menschen, die einer der 3000 Volks- und Stammesgruppen angehören. Nach Schätzungen wird sich die Bevölkerungszahl bis 2050 fast verdoppeln. Krankheiten wie Aids oder Ebola, aber auch Hungersnöte und jahrelange kriegerische Konflikte führen in einigen Ländern des subsaharischen Raumes zu einer geringeren Lebenserwartung und einem gebremsten Bevölkerungswachstum.

Die Geschichte Afrikas
Archäologische Funde belegen sowohl die frühe Besiedlung Afrikas als auch einstige Hochkulturen und blühende Königreiche. Ab dem 16. Jahrhundert verstärkten europäische Mächte den Sklavenhandel und kolonialisierten den Kontinent. Ab der Mitte des 20. Jahrhunderts, insbesondere 1960, errangen immer mehr Staaten ihre Unabhängigkeit zurück. Damit verbundene Hoffnungen erfüllten sich nur teilweise.

Die Wirtschaft Afrikas
Neben vielen Bodenschätzen besitzt Afrika ein großes Potenzial an erneuerbaren Energien. Die einseitige Handelsstruktur, ein unzureichendes Energie- und Verkehrsnetz hemmen jedoch die wirtschaftliche Entwicklung Afrikas. Der Großteil der Beschäftigten arbeitet im primären Sektor. Seit Jahren verstärkt China sein wirtschaftliches Engagement in Afrika.

Die Großlandschaften Afrikas
Afrikas Relief ist im Wesentlichen durch eine Becken-Schwellen-Struktur gekennzeichnet. Das weltweit größte Grabenbruchsystem in Ostafrika und das Atlasgebirge als Hochgebirge in Nordafrika sind Ergebnisse bis heute andauernder plattentektonischer Vorgänge.

Das Gewässernetz Afrikas
Das Gewässernetz Afrikas hat sich dem Relief angepasst. Das Flussnetz ist durch Besonderheiten wie Wasserreichtum, Fremdlingsflüsse, Trockentäler sowie das weltweit größte Binnendelta, das Okavangodelta, charakterisiert.

Fachbegriffe
Hochkultur
subsaharischer Raum
Kolonie
Afrikanisches Jahr
Bodenschatz
Rohstoff
erneuerbare Energie
Becken
Schwelle
Randschwelle
Grabenbruchsystem
Binnendelta
Fremdlingsfluss

Teste dich 2 – Afrika im Überblick

Entscheide, welche der gegebenen Antworten die richtigen sind. Am Ende jedes Tests kannst du deine Lösungen mit dem QR-Code oder dem Webcode (Eingabe des Codes auf der Internetseite www.westermann.de) überprüfen.

WES-115502-002

1. Vervollständige die Sätze mit der richtigen Lösung.

a) Die höchste Erhebung Afrikas ist der □ Mount Kenia □ Meru □ Kibo.

b) Zu Afrika gehören □ 54 □ 52 □ 50 anerkannte Staaten.

c) Benin verhält sich zu Baumwolle wie Madagaskar zu □ Mais □ Vanille □ Gerste.

d) 1960 wird als „Afrikanisches Jahr" bezeichnet, weil in diesem Jahr
- □ der Sklavenhandel offiziell abgeschafft wurde.
- □ die Gründung erster Kolonien in Afrika erfolgte.
- □ viele Staaten ihre politische Unabhängigkeit von den Kolonialmächten erzielten.

e) Afrika besitzt viele □ Bodenschätze □ gut ausgebaute Verkehrswege.

f) Die meisten Beschäftigten im subsaharischen Raum arbeiten im
□ primären Sektor □ sekundären Sektor □ tertiären Sektor.

g) Das □ Kalaharibecken □ Rote Becken □ Nigerbecken gibt es nicht in Afrika.

h) Der Tschadsee verhält sich zum Beckensee wie der Malawisee zum □ Stausee □ Grabensee.

2. Ordne den Umrissen der afrikanischen Staaten die richtigen Flaggen zu. Tipp: Orientiere dich auch an den Ländergrenzen (rot = Grenze zu einem anderen Land, blau = Küstenlinie).
Nenne zu jedem Land die Hauptstadt und eine Besonderheit, die es charakterisiert.

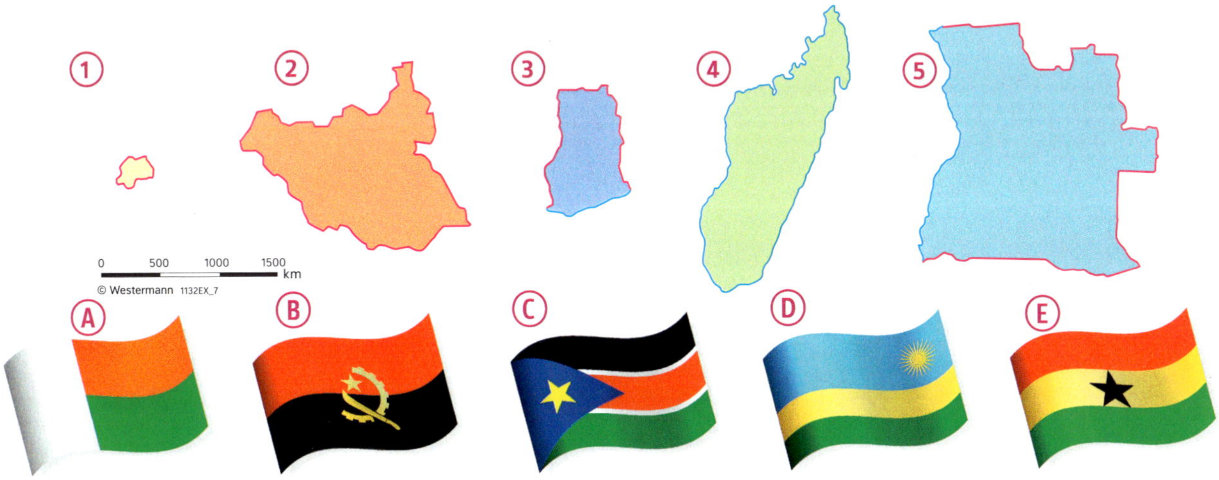

3. Löse mithilfe des Atlas das Rätsel zu den Gewässern Afrikas.
Das Lösungswort ergibt den Namen des „Großen Flusses" in der Sprache der Einheimischen.

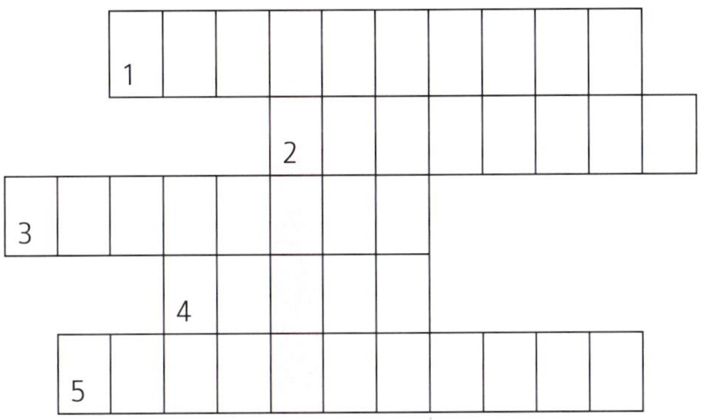

1 großes Binnengewässer in Kenia
2 Bezeichnung für langgestreckte tiefe Seen im Osten Afrikas
3 Fluss mit dem weltweit größten Binnendelta
4 Name eines Gewässers und Staates zugleich
5 größter Beckensee Afrika

Lösungswort: _ _ _ _ _

Für Geographieentdecker!

Wähle eine touristische Attraktion Afrikas aus. Sammle Informationen und Material, zum Beispiel zur Lage und Art der Attraktion sowie zu deren Besonderheiten. Gestalte anschließend dazu eine Präsentation oder ein Lapbook. Stelle die touristische Attraktion deiner Klasse vor.

3. Klima und Vegetation

Die Victoriafälle im Südosten Afrikas

Geographen sind neugierig. Während Alexander von Humboldt auf seinen abenteuerlichen Expeditionen seine Beobachtungen im Tagebuch aufschreiben und in Zeichnungen festhalten musste, gibt es im Computerzeitalter andere Möglichkeiten, die Welt zu entdecken. Reisen wir nach Tunesien! Neugierig auf mehr? Dann hilft uns der Vergleich!

1. Beschreibe die Lage von Tunesien, z.B. auf dem Kontinent oder im Gradnetz (Atlas).
2. * Beurteile die Schülerlösung zum Vergleich der Straßenbilder aus Tunis und Berlin (M1 – M4).
3. * Führe geographische Vergleiche
   - des ländlichen Raumes (M5, M6),
   - des Klimas (M7, M8),
   - der statistischen Daten (M9)

   von Tunesien und Deutschland durch.
4. Arbeite mit dem Atlas: Vergleiche die Verfügbarkeit von Wasser in Europa und Afrika (Atlaskarte: Erde – Trinkwasser).
5. Partnerarbeit mit der Internetseite www.gapminder.org/dollar-street/map:
   a) Wählt euch ein afrikanisches Land aus.
   b) Beschreibt die Lage des Landes in Afrika (Atlas).
   c) Wählt euch eine arme und eine reiche Familie aus und vergleicht deren Leben.

M2 Vorortstraße in Tunis

M3 Vorortstraße in Berlin

Der berühmte deutsche Naturforscher Alexander von Humboldt unternahm im 18. und 19. Jahrhundert mehrere abenteuerliche Forschungsreisen. Dabei untersuchte er die Pflanzen- und Tierwelt, beschrieb und vermaß Gebirge und Vulkane und beschäftigte sich mit dem Leben der Menschen in fernen Ländern. Die Ergebnisse seiner Expeditionen beschrieb er in zahlreichen Büchern. Beim Vergleichen seiner Untersuchungen, Beobachtungen und Messungen entdeckte Humboldt zahlreiche Naturgesetze.
Bis heute ist das Vergleichen in der Geographie eine wichtige Arbeitsmethode. Zunächst wird festgelegt, was verglichen werden soll, z. B. Bilder, Klimadiagramme oder Gesteine. Jetzt heißt es, genau hinzusehen und Gemeinsamkeiten und Unterschiede zu finden, z. B. das Aussehen verschiedener Vulkane oder die Temperaturen im Sommer und Winter. Abschließend werden die Vergleichsdaten zusammengefasst: Was ist besonders auffällig? Welche Zusammenhänge sind zu erkennen und welche Fragen ergeben sich?

M1 Der Vergleich in der Geographie

Gemeinsamkeiten
- *Einfamilienhäuser*
- *asphaltierte Straße*
- *Pkw am Straßenrand*

Unterschiede
- *Die Häuser im Vorort von Berlin sehen einheitlich aus und sind aus Ziegeln gebaut.*
- *Die Häuser in Tunis haben ganz unterschiedliche Formen, die Dächer sind alle flach.*
- *Die Autos in Tunis sind älterer Bauart.*
- *In Tunis sind die Stromkabel über der Erde verlegt und sehen ziemlich wirr aus.*
- *Im Vorort von Berlin wachsen mehr Pflanzen als in Tunis.*

Fazit
Die Wohngebiete in den beiden Ländern sind durch Einfamilienhäuser geprägt. In beiden Straßen leben Menschen mit einem guten Einkommen, denn sie besitzen eigene Autos. Die Anwohner der Straße in Berlin sind aber etwas wohlhabender. Das zeigt sich z. B. an den Autos in Berlin. Ist das auch in anderen Stadtteilen beider Städte so?

M4 Schülervergleich von Straßen in Tunis und Berlin

M5 Ländlicher Raum in Tunesien

Tunesien
- Landesfläche: 164 000 km²
- Einwohnerzahl: 12 Mio.
- Bevölkerungsdichte: 71 Einw./km²
- Lebenserwartung: 76 Jahre
- Anteil der Kinder und Jugendlichen bis 15 Jahre: 23 %
- Anteil der älteren Menschen über 65 Jahre: 8 %
- In Städten leben 69 von 100 Einwohnern.
- Straßenlänge: 19 000 km

Deutschland
- Landesfläche: 357 000 km²
- Einwohnerzahl: 83 Mio.
- Bevölkerungsdichte: 233 Einw./km²
- Lebenserwartung: 81 Jahre
- Anteil der Kinder und Jugendlichen bis 15 Jahre: 14 %
- Anteil der älteren Menschen über 65 Jahre: 22 %
- In Städten leben 77 von 100 Einwohnern.
- Straßenlänge: 625 000 km

M9 Länderdaten Tunesien und Deutschland (2020)

M6 Ländlicher Raum in Deutschland

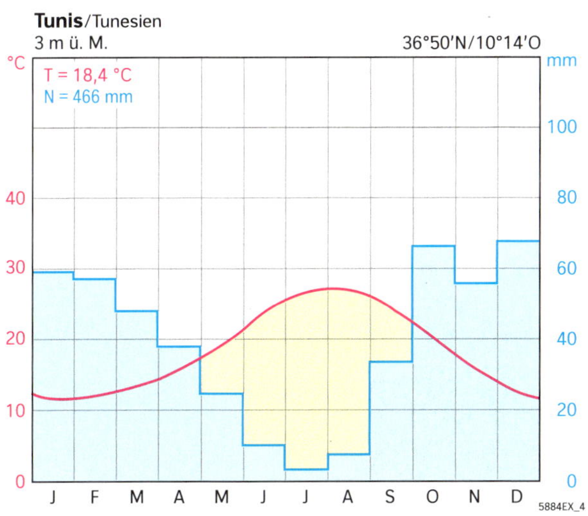

M7 Klimadiagramm von Tunis

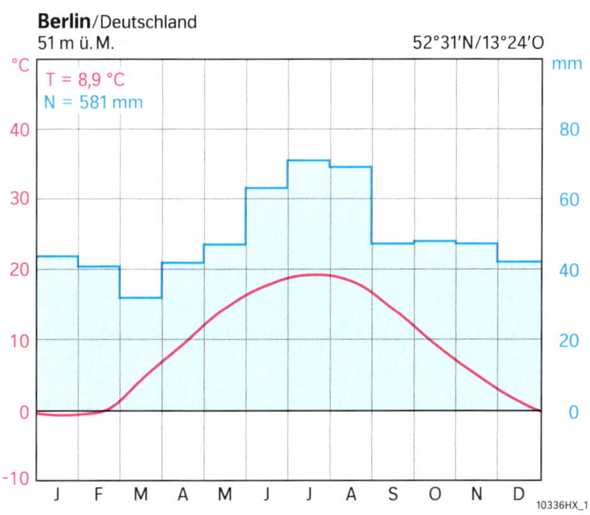

M8 Klimadiagramm von Berlin

Tageszeitenklima im Vergleich zum Jahreszeitenklima

Eine Drohne wird über das Blätterdach des immergrünen tropischen Regenwaldes in der D.R. Kongo gesteuert. Wenn wir aber genau hinsehen, ist das Kronendach nicht einheitlich grün. Hier scheinen alle Jahreszeiten gleichzeitig abzulaufen. Wie ist das möglich?

1. Beschreibe das Foto, das von der Drohne über den Regenwald aufgenommen wurde (M1).

2. Vergleiche die Wetterberichte von Kisangani und Leipzig (M2, M3).

3. Kisangani hat ein Tageszeitenklima:
a) Beschreibe die Lage Kisanganis und gib die Koordinaten des Ortes im Gradnetz an. (Atlas).
b) Beschreibe den Jahres- und Tagestemperaturverlauf in Kisangani (M4, M7).
c) Begründe, dass in Kisangani ein Tageszeitenklima herrscht.

4. Tageszeiten- oder Jahreszeitenklima:
a) Beschreibe die Tageslängen und den scheinbaren Verlauf der Sonnenbahn von Kisangani und Leipzig (M5, M8).
✶ b) Erkläre, weshalb in Leipzig ein Jahreszeitenklima vorherrscht und in Kisangani nicht (M5, M6, M8, Info).
c) Begründe, warum in der D. R. Kongo der Wetterbericht eine geringere Bedeutung hat als in Deutschland.

✶ **5.** Gib an, welche dieser afrikanischen Länder ein Tageszeitenklima besitzen: Uganda, Senegal, Kenia, Botsuana und Somalia (M6, Atlas).

6. Stammquerschnitte im Vergleich:
a) Vergleiche die Stammquerschnitte einer Buche aus Deutschland und eines Teakbaumes aus der D. R. Kongo (M9).
b) Begründe die Unterschiede der Stammquerschnitte. Nimm dabei auch Bezug zum Foto M1.

INFO

Tageszeiten- und Jahreszeitenklima

In Regionen mit **Tageszeitenklima** sind die Temperaturunterschiede innerhalb eines Tages größer als zwischen den kältesten und wärmsten Monaten eines Jahres.

Dagegen haben Regionen, in denen sich warme und kalte Jahreszeiten deutlich voneinander unterscheiden, ein **Jahreszeitenklima**.

M1 Über dem Regenwald in der D. R. Kongo

3. Februar 2020
Am Morgen windstill, stellenweise gibt es Nebel. Dieser löst sich im Laufe des Vormittags schnell auf. Bei klarem Himmel steigen die Temperaturen auf 30°C. Ab Mittag bilden sich Wolken. Bei zunehmendem Wind muss am frühen Nachmittag mit heftigem Gewitterregen gerechnet werden. Später klart es wieder auf.

3. Juli 2020
Nach windstillem Morgen löst sich der Nebel auf. Die Temperaturen steigen auf 29°C. Ab Mittag bilden sich hochreichende Wolken, aus denen nachmittags starke Gewitterregen fallen. Am Abend klarer Himmel bei 27°C.

M2 Zwei Wetterberichte aus Kisangani

3. Februar 2020
Nach frostiger Nacht steigen die Temperaturen bis zum Mittag über 0°C. Es gibt heute kaum Sonne. Aus der dichten Wolkendecke kann es am späten Nachmittag schneien. Der Wind weht schwach und lässt am Abend nach.

3. Juli 2020
Der leichte Regen in den Nachtstunden wird mit Sonnenaufgang nachlassen. Am Vormittag klart der Himmel auf und die Temperaturen erreichen schnell 24°C. Auch am Nachmittag viel Sonne. In den Abendstunden bleibt es noch warm. Der Wind weht nur schwach aus südlicher Richtung.

M3 Zwei Wetterberichte aus Leipzig

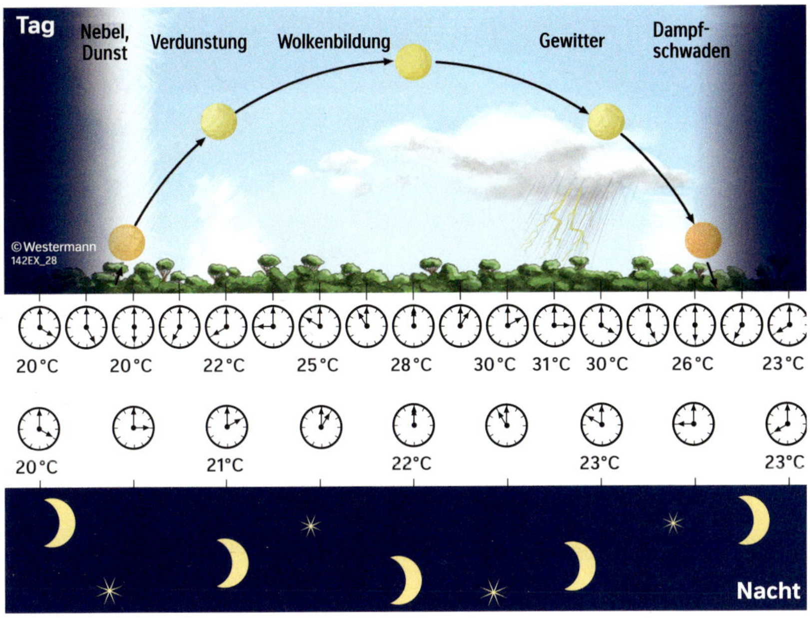

M4 Tagestemperaturverlauf in Kisangani an einem beliebigen Tag im Jahr

Monat	Temperatur
Januar	26
Februar	26
März	26
April	26
Mai	26
Juni	25
Juli	25
August	25
September	25
Oktober	25
November	25
Dezember	26

M7 Monatsmitteltemperaturen in Kisangani

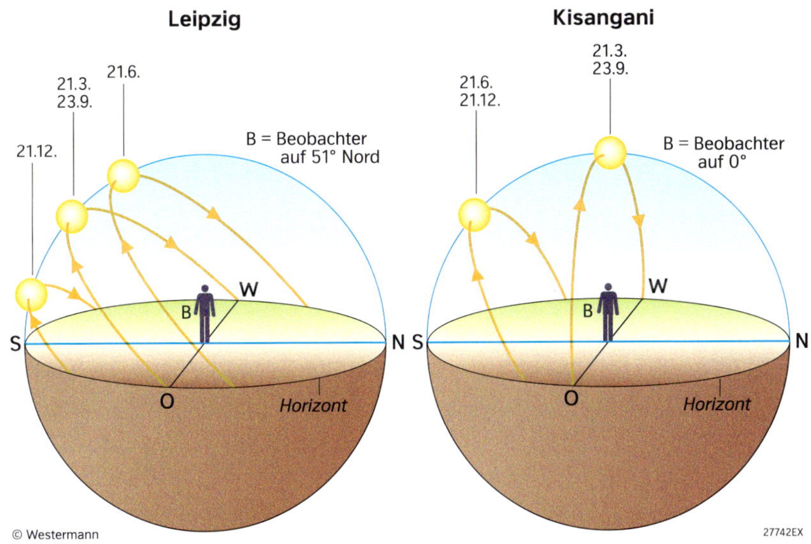

M5 Verlauf der scheinbaren Sonnenbahn über dem Horizont in Leipzig und Kisangani

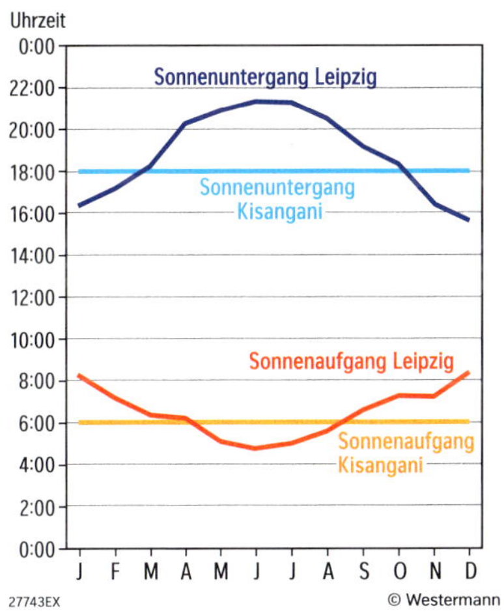

M8 Sonnenaufgang und -untergang in Leipzig und Kisangani

Das Tageszeitenklima herrscht in den Gebieten beiderseits des Äquators zwischen 10° nördlicher Breite und 10° südlicher Breite vor. Hier erreicht die Sonne tagsüber im ganzen Jahr einen sehr steilen Einstrahlungswinkel. An zwei Tagen im Jahr ist er sogar 90°: Dann steht die Sonne im **Zenit**. Nach Sonnenuntergang wird es ganz schnell dunkel, denn eine Dämmerung, wie wir sie bei uns kennen, gibt es hier nicht. Auch am Morgen wechselt es abrupt von dunkler Nacht zum hellen Tag.
Das Tageszeitenklima hat auch Einfluss auf die Niederschläge, die fast täglich in den Nachmittagsstunden fallen.
Die Pflanzen haben sich an diese klimatischen Bedingungen angepasst. Im immergrünen tropischen Regenwald wachsen Pflanzen im ganzen Jahr. Alle Wachstumsphasen – Austrieb, Blühen, Fruchten, Blattabwurf – finden hier zur selben Zeit, nebeneinander statt.

M6 Das Tageszeitenklima

M9 Stammquerschnitte von Buche und Teakbaum

Luftdruck und Wind

Legen wir unseren Ranzen auf den Kopf, spüren wir den Druck, den die schwere Schultasche ausübt. Auch die Luft, die uns umgibt, hat ein Gewicht und übt einen Druck aus, den wir aber nicht spüren, weil unser Körper einen Gegendruck erzeugt. Wieso wird das, was wir nicht wahrnehmen, in allen Wetterstationen genau beobachtet und gemessen?

1. Der Luftdruck:
- a) Erkläre den Begriff Luftdruck (M2).
- ✶ b) Ein Kubikmeter Luft wiegt rund 1,3 kg. Berechne die Masse der Luft in deinem Klassenzimmer.
- c) Erkläre die Funktionsweise eines Barometers (M1, Probier´s aus! 1).
- d) „Der Luftdruck auf dem Dach ist geringer als vor der Haustür." Erkläre diese Aussage.

2. Der Wind:
- a) Erkläre den Begriff Wind (M6).
- b) „Je größer die Luftdruckunterschiede zwischen zwei Gebieten sind, desto stärker weht der Wind". Erkläre diese Aussage.

3. Hoch- und Tiefdruckgebiete:
- a) „Luftdruckunterschiede entstehen durch unterschiedliche Temperaturen". Erkläre (M4, Probier´s aus! 2).
- b) Begründe, dass es Wind nicht nur an der Erdoberfläche gibt.
- c) Gib jeweils für die Orte A und B die Luftdruckverhältnisse an, begründe diese und schlussfolgere, in welche Richtung der Wind weht (M7).
- E d) Erkläre den Aufstieg und die Fahrt des Ballons (M5).

4. Beobachte über mindestens eine Woche Luftdruck, Windrichtung und Windstärke, Bewölkung, Niederschlag und Temperatur. Dokumentiere die Ergebnisse in einer Tabelle.

M1 Ein Barometer (Einheit in hPa)

Die Erde besitzt eine Lufthülle, die Atmosphäre. Sie besteht aus farblosen Gasen, dem lebensnotwendigen Sauerstoff, vor allem aber dem Stickstoff. Auch wenn wir die Lufthülle nicht sehen können, so besitzt sie dennoch eine Masse. Die ist sogar ziemlich groß, denn die Atmosphäre reicht bis 700 km Höhe. Über zehn Tonnen wiegt die Luft, die über einem Quadratmeter Erdoberfläche liegt. Sie übt auf den Boden einen Druck aus, den **Luftdruck**. Der Luftdruck wird mit einem Barometer gemessen. Die Einheit heißt Hektopascal (Abkürzung: hPa) und beträgt in Meereshöhe normalerweise 1013 hPa.
Wenn ihr das Barometer einige Tage beobachtet, stellt ihr fest, dass sich der Luftdruck ständig ändert. Sinkt der Luftdruck, herrscht **Tiefdruck** vor. Das deutet auf wechselhaftes und stürmisches Wetter hin. Deshalb waren Barometer in der Seefahrt schon immer wichtige Bordinstrumente und bis heute sind sie für die Wettervorhersage von Bedeutung.

M2 Luftdruck – was ist das?

PROBIER´S AUS! 1

Ein Barometer basteln
Du benötigst:
- ein leeres Schraubglas mit einer weiten Öffnung,
- einen großen Luftballon,
- einen Strohhalm,
- Klebeband und ein Lineal.

Vorbereitung:
- Schneide den Hals des Luftballons ab.
- Ziehe den Luftballon über die Öffnung des Glases.
- Klebe den Ballon mit Klebeband am Rand des Glases fest. Es darf kein Leck geben!
- Befestige den Strohhalm in der Mitte des Ballons mit Klebeband.

Durchführung und Beobachtung:
Um die Veränderung des Luftdrucks zu messen, hältst du das Lineal in regelmäßigen Zeitabständen senkrecht neben den Strohhalm.
Wandert der Zeiger (Strohhalm) nach oben, ist der Außendruck höher als der Luftdruck im Glas. Fällt der Luftdruck, so ist der Druck im Glas höher.

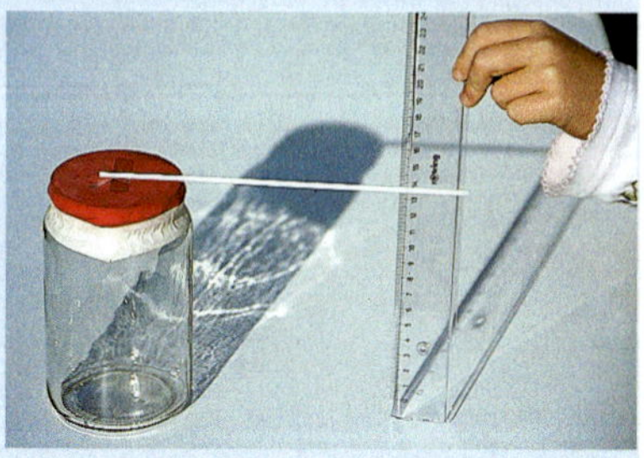

1. Windstille: Rauch steigt senkrecht empor.
2. leichter Zug: Rauch treibt leicht ab.
3. Brise: Lose Blätter werden vom Boden gehoben, Wind hörbar.
4. Wind: Bäume schwanken, Widerstand beim Gehen gegen den Wind.
5. Sturm: Große Bäume werden bewegt, Äste brechen, kleine Schäden an Häusern.
6. Orkan: Heftige Böen, schwere Sturmschäden, Dächer werden abgedeckt.

M3 Windstärken

Ist der Luftdruck in einem Gebiet höher als in einem benachbarten Gebiet, setzt sich die Luft in Bewegung, um den Unterschied auszugleichen. Wie bei einem aufgeblasenen Luftballon strömt die Luft vom **Hochdruckgebiet** zum **Tiefdruckgebiet**. Wir spüren die Ausgleichsbewegung als **Wind**. Je größer die Luftdruckunterschiede sind, umso höher sind auch die Windgeschwindigkeiten. Bei extremen Stürmen und Orkanen ist Vorsicht geboten, denn die Kraft des Windes ist dann sehr groß.

M6 Wind – was ist das?

PROBIER'S AUS! 2

Luftdruckunterschiede

Ziehe einen Luftballon über eine Glasflasche. Stelle diese Flasche dann vorsichtig in einen Topf mit heißem Wasser. Beobachte und erkläre!

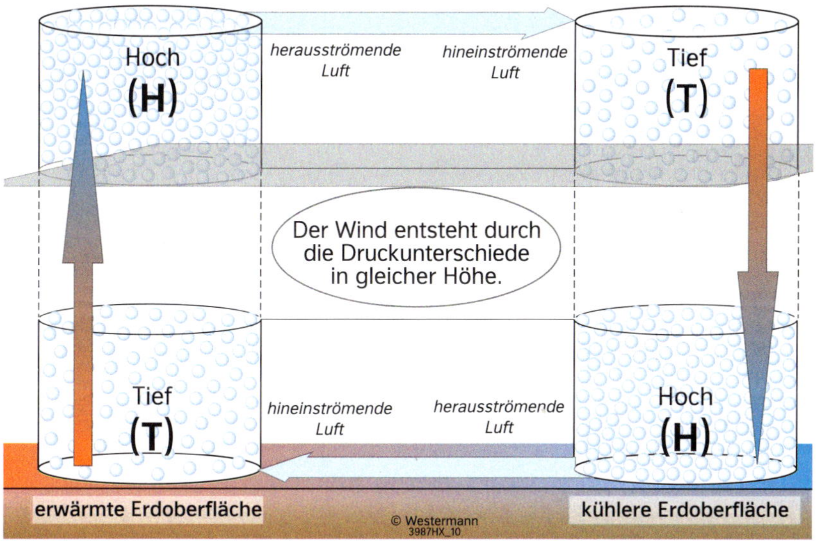

M4 Wie Luftdruckunterschiede entstehen.

Unsere Ballonfahrt über dem Serengeti-Nationalpark begann am frühen Morgen, als es noch recht kühl war. Nachdem der Gasbrenner genug warme Luft in die 1000 m³ große Ballonhülle gefüllt hatte, stiegen wir schnell in die Höhe. Wir fuhren über eine Stunde in nordwestliche Richtung über die beeindruckende Landschaft mit ihren vielen Tieren.

M5 Eine Ballonfahrt über der Serengeti

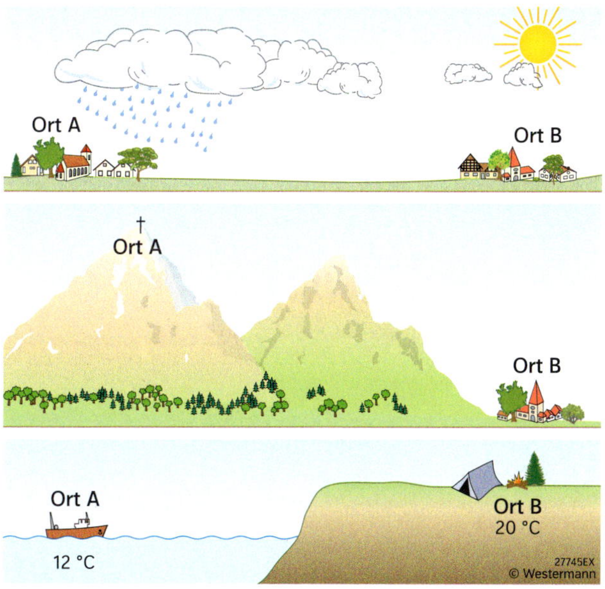

M7 Welche Druckgebiete? Welche Windrichtung?

Der tropische Passat

Seit vier Monaten hat es nicht geregnet. Die Elefantenherde im Okavango-Delta muss lange Strecken laufen, um die letzten Wasserstellen zu finden. Aber die Trockenheit hat bald ein Ende. Dann finden die Rüsseltiere ein halbes Jahr wieder ausreichend Futter und Wasser. Wie kommt es zu diesem Wechsel von Trocken- und Regenzeiten?

1. Elefantenleben im Okavango-Delta:
   a) Vergleiche die Fotos M1 und M2.
   b) Ermittle mithilfe des Atlas mögliche Aufnahmezeiten der Fotos (Atlaskarte: Erde – Niederschläge im Januar/ Juli).
2. Die Entstehung des Passats (Partnerarbeit):
   a) Erklärt die Entstehung des Passats. Partner 1: durch eine Abfolge von Skizzen. Partner 2: mit einem Lückentext.
   b) Tauscht eure Ergebnisse. Partner 1 löst den Lückentext, Partner 2 notiert zu jeder Skizze einen kurzen Satz.
3. Der Passatkreislauf:
   a) Erkläre den Begriff „Passatkreislauf" (M4, M6).
   * b) „Die Sonne lässt den Passatkreislauf wandern". Erkläre diese Aussage am Beispiel von Afrika (M4, M6).
4. Das „lebendinge Klimadiagramm":
   a) Beschreibe die Lage von Timbuktu.
   b) Ordne die Aussagen je einem passenden Monat zu (M5).
   c) Vergleicht eure Zuordnungen.
   d) Erkläre den Jahresverlauf der Temperatur und des Niederschlags.
5. Entscheide jeweils, wo in Afrika der Ort liegen könnte. Begründe deine Entscheidung (M7, Atlas).
6. Erkläre die Verbreitung der Überschwemmungsflächen im Okavango-Delta (Atlaskarte: Afrika – Okavango-Binnendelta).

INFO

Das Wort Passat leitet sich aus dem portugiesischen Wort „passar" ab, was „passieren" bzw. „vorbeiziehen" bedeutet. Die Portugiesen waren im 18. Jahrhundert eine große Seefahrernation. Ihre Segelschiffe nutzten den beständig wehenden Wind zwischen den Wendekreisen, um den Atlantischen Ozean von Europa nach Amerika schnell überqueren zu können. Dagegen vermieden sie es, auf der Rückfahrt in diesen Regionen zu segeln.

M1 Elefanten im Okavango-Delta während der Trockenzeit

M2 Elefanten im Okavango-Delta während der Regenzeit

In der tropischen Zone zwischen etwa 23,5° nördlicher Breite und 23,5° südlicher Breite weht über den Ozeanen und Kontinenten im gesamten Jahr ein trockener Wind, der immer aus der gleichen Richtung kommt – der **Passat**.
In Äquatornähe ist der Einfallswinkel der Sonneneinstrahlung am größten. Dort erwärmt sich die Luft sehr stark und steigt auf. Am Boden entstehen rings um den Erdball Tiefdruckgebiete. Dagegen ist in den Gebieten um den nördlichen und südlichen Wendekreis der Luftdruck viel höher. Dort entstehen Hochdruckgebiete. Diese Luftdruckunterschiede führen zum Passatwind. Er müsste theoretisch auf der Nordhalbkugel von Nord nach Süd wehen. Durch die Erdrotation kommt es jedoch zu einer Ablenkung des Windes. So entsteht auf der Nordhalbkugel ein Nordostwind (Nordostpassat) und auf der Südhalbkugel ein Südostwind (Südostpassat). Die Zone des Zusammentreffens beider Passate wird als **ITC** (Abkürzung von Innertropische Konvergenzzone) bezeichnet.

M3 Wie der Passat entsteht.

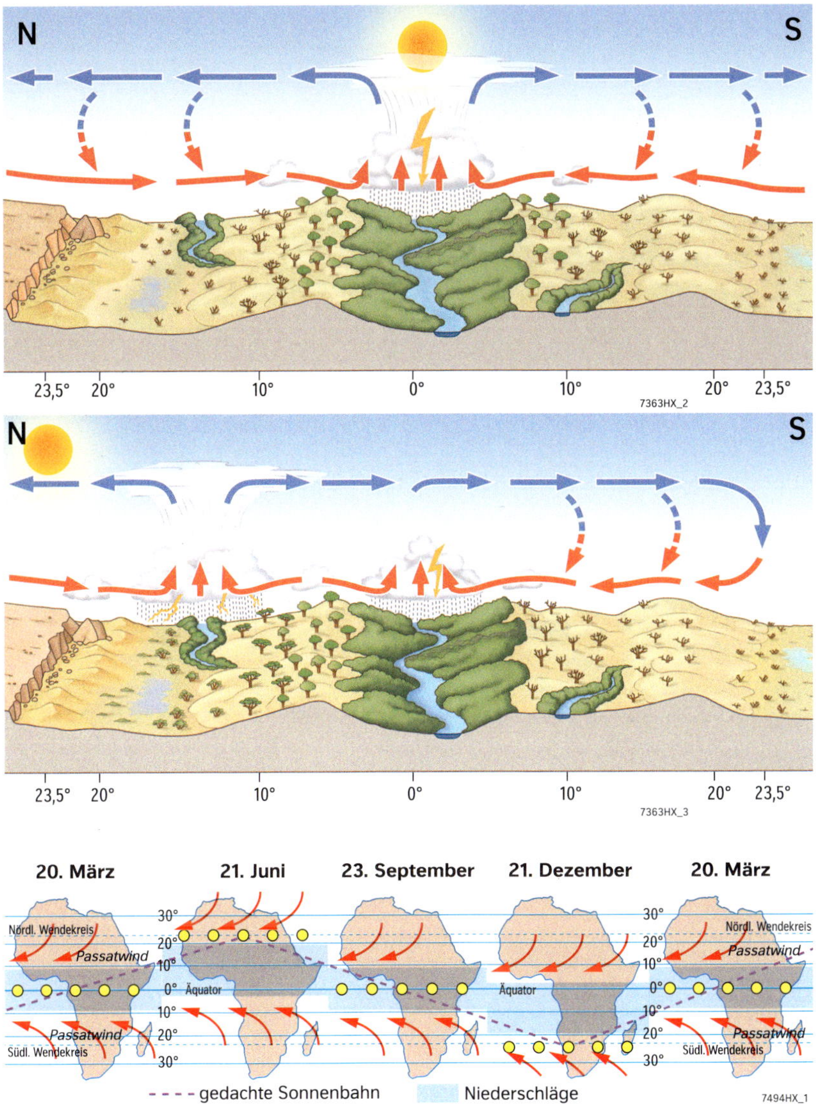

M4 Der Passatkreislauf

Im Bereich der Tiefdruckgebiete steigt die Luft auf. Mit zunehmender Höhe kühlt sie sich immer weiter ab. Ab einer bestimmten Temperatur kondensiert der bislang gasförmige und damit unsichtbare Wasserdampf und bildet Wolken. Diese türmen sich zu großen Haufenwolken auf, aus denen kräftige Niederschläge fallen. Über den Tiefdruckgebieten befinden sich in einer Höhe von 10 bis 12 km Hochdruckgebiete. Sie treiben einen Wind an, der in der Höhe in Richtung der Wendekreise weht. Die Luft sinkt auf dem Weg nach Norden bzw. Süden wieder ab. Wolken können sich dabei nicht entwickeln.

Da sich der Zenitstand der Sonne im Laufe eines Jahres zwischen den Wendekreisen verlagert, verschiebt sich auch die Zone der Tiefdruckgebiete. Regionen, die sonst von Trockenheit und Passatwind beeinflusst sind, liegen dann für einige Monate im Bereich mit tiefen Luftdruck und hohen Niederschlagswerten.

M6 Wolken im Passatkreislauf

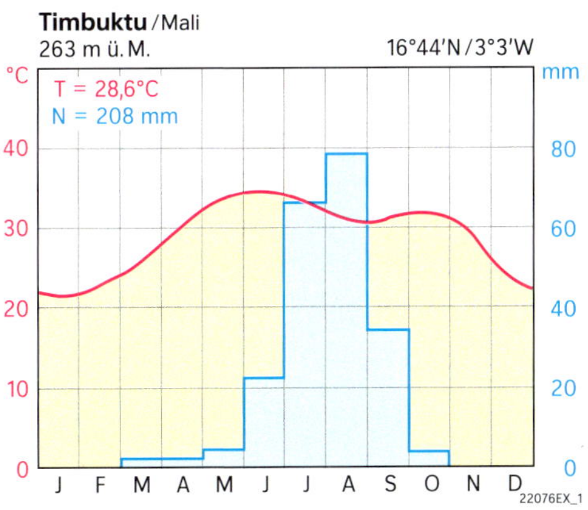

(1) Die Wasservorräte sind wieder aufgefüllt.

(2) Der Nordostpassat weht nicht mehr so stark und wird immer geringer.

(3) Die kleinen Flüsse sind wieder ausgetrocknet. Nur auf dem Niger fahren noch Schiffe.

(4) Jetzt ist Erntezeit.

(5) Die Felder werden für die Aussaat vorbereitet.

(6) Die Schifffahrt auf dem Niger ist für große Schiffe gefährlich.

(7) Die Preise für Nahrungsmittel steigen.

M5 Klimadiagramm von Timbuktu

A Fast das ganze Jahr weht bei uns ein Nordostwind. Nur im Mai regnet es.

B Unsere Waren können wir gut mit dem Schiff transportieren. Der Fluss führt das gesamte Jahr ausreichend Wasser.

C Wenn das Wasser im See im November am Ende der Trockenzeit fast verdunstet ist, gibt es bei uns ein großes Volksfest, bei dem wir mit Körben Fische im flachen Wasser fangen.

M7 Drei Orte in Afrika

Die Klimazonen Europas kennen wir schon. Sie beschreiben die Gebiete, in denen das Klima einen ähnlichen Charakter besitzt. Jetzt können wir weiter südlich liegende Regionen abgrenzen, in denen die Klimaeigenschaften der Tropen unterschieden werden. Welche Klimazonen sind das und wie sind sie voneinander abzugrenzen?

1. Wiederholung der Klimazonen Europas:
a) Ordne die Klimazonen Europas: subtropische/ subpolare/ gemäßigte Klimazone/ polare Klimazone von Nord nach Süd.
* b) Vergleiche die gemäßigte mit der subtropischen Klimazone.
c) Die subtropische Klimazone gibt es auch in Afrika. Beschreibe deren Verbreitung (M1, Atlas).

2. Die Klimazonen im tropischen Afrika:
a) Beschreibe die Verbreitung der Klimazonen, die neben der subtropischen Klimazone in Afrika vorherrschen (M1).
b) Vergleiche die Eigenschaften von Temperatur und Niederschlag in den drei großen Klimazonen Afrikas. Lege dazu eine Tabelle an (M2).

3. Luftmassen und Klimazonen:
a) Erkläre die Eigenschaften der Passatluft und der Äquatorialluft mit deinem Wissen vom Passatkreislauf (M3, M4, M7, S. 55).
b) Ordne die Orte Yangambi, Bilma und Timbuktu den Klimadiagrammen zu (M2, Atlas).
c) Ordne die Klimazonen Afrikas in stetige Klimate und Wechselklimate (M7).

4. Das Klima beeinflusst die Vegetation:
a) Ordne die Fotos den Klimazonen zu (M6).
b) Begründe die Zuordnung.
c) Ananas und Baumwolle sind landwirtschaftliche Produkte, die auch in Afrika angebaut werden. Erkläre, in welcher Klimazone diese angebaut werden können. Vergleiche deine Lösung mithilfe einer thematischen Atlaskarte (M4, M5, Atlas).

5. Zeichne das Klimadiagramm zu S. 152 im Anhang. Gib an, in welcher Klimazone es liegt und begründe, warum es in Afrika südlich des Äquators liegen muss. S. 150

E **6.** Erkläre die Wolkenverteilung auf dem Satellitenbild (M8). Werte ein aktuelles Wetterbild von Afrika aus (z. B. www.windy.com).

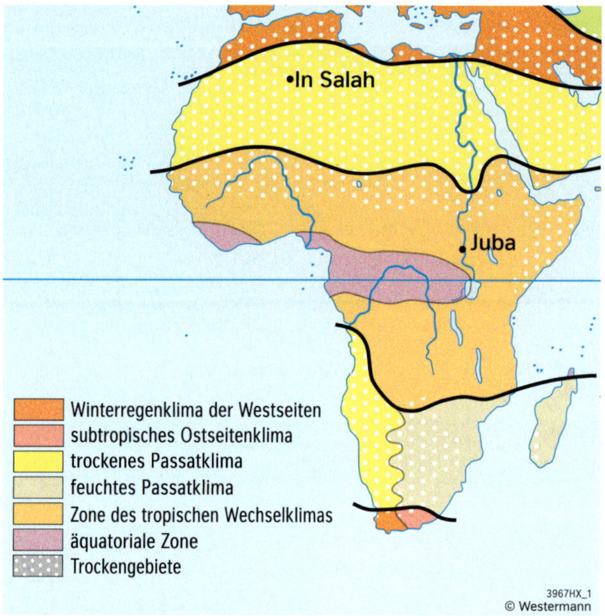

M1 Die Klimazonen Afrikas

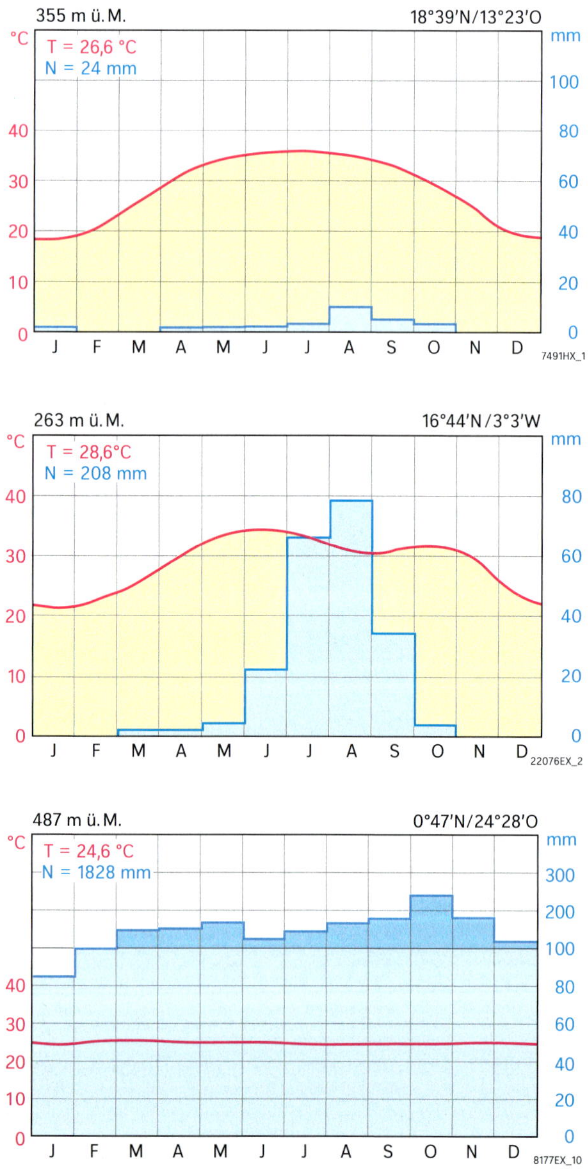

M2 Drei Klimadiagramme aus Afrika

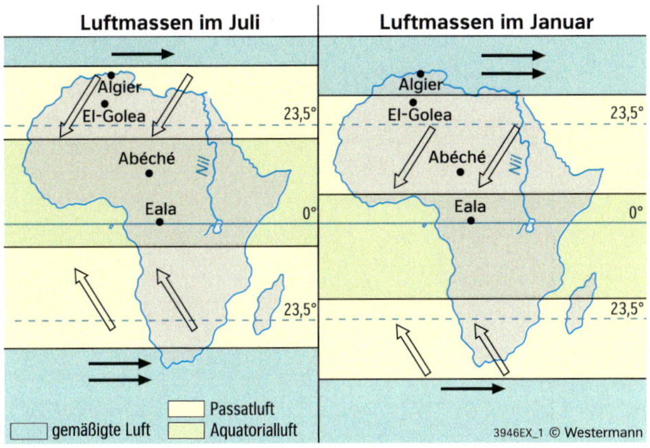

M3 Luftmassen und deren Verbreitung in Afrika

Das Klima Afrikas wird von drei **Luftmassen** mit ganz unterschiedlichen Eigenschaften geprägt: der gemäßigten Luft, der Passatluft und der Äquatorialluft. Deren Lage verändert sich im Jahresverlauf in nördliche bzw. südliche Richtung. Ursache dieser „Luftmassenwanderung" ist der wechselnde Sonnenzenitstand.
Einige Regionen Afrikas befinden sich ganzjährig im Einfluss einer der drei Luftmassen. Es herrscht ein **stetiges Klima**. Aber es gibt auch Zonen, in denen das Klima im Jahr von zwei Luftmassen geprägt wird. Hier herrscht ein **Wechselklima**.

M7 Luftmassen und deren Verbreitung in Afrika

gemäßigte Luft: relativ kühl, hohe Luftfeuchtigkeit, wolkenreich mit häufigen Niederschlägen

Passatluft: sehr warm und trocken, geringe Wolkenbildung, extrem seltene Niederschläge

Äquatorialluft: sehr warm, hohe Luftfeuchtigkeit, große hohe Wolken, starke Niederschläge

M4 Luftmassen

Die Ananaspflanze benötigt ein warmes Klima mit Temperaturen von 24 bis 30 °C. Ist es kälter, bekommt sie schnell braune Flecke. Unter 15 °C geht die Pflanze ein. Sie liebt hohe Niederschlagswerte von über 1000 mm pro Jahr.

Die Baumwollpflanze benötigt während ihres Wachstums ausreichend Wasser, viel Licht und Wärme. Damit die Früchte aufbrechen, also reif werden, muss es trocken sein. Ideal sind konstante Temperaturen von mindestens 15 °C.

M5 Ananas- und Baumwollpflanze

M8 Satellitenbild von Afrika mit Bewölkung

M6 In Nordmali, Kenia und Uganda

Landschaften „lesen“

Ob bei einem Wochenendausflug in die nähere Umgebung oder bei einer Fernreise in exotische Länder – wir genießen gern die Natur mit ihren verschiedenartigen Landschaften. Dabei durchwandern und fotografieren wir sie oder schauen sie uns einfach nur an. Geographen versuchen, die Entstehungsgeschichte und das Funktionieren von Landschaften zu verstehen. Wie untersucht ein Geograph eine Landschaft?

1. Das Landschaftskomponentenmodell:
   a) Beschreibe Unterschiede, wie Touristen und Geographen eine Landschaft sehen (M1).
   b) Beschreibe das Landschaftskomponentenmodell (M2).
   c) Ordne die Begriffe und Wortgruppen den Merkmalen der Landschaftskomponenten zu: viele Seen, Kiefernwälder, sandiger Boden, ganzjährig Niederschlag, Kerbtal, kein Frost im Jahr, zwei Meter Brunnentiefe, Grabenbruch, Bäche, humusarmer Boden.

2. Die Landschaft am Kilimandscharo-Massiv:
   a) Notiere in Stichpunkten Merkmale der Landschaftskomponenten Vegetation (Bios) und Relief. Vergleiche mit der Schülerantwort (M4 ,M5).
   b) Formuliere weitere Zusammenhänge zwischen Merkmalen der Landschaftskomponenten (M6).

3. Bringe Bilder von Landschaften mit, die du schon selbst kennengelernt hast. Partnerarbeit: Wählt jeweils ein Bild aus und beschreibt die Merkmale der Landschaftskomponenten, die zu erkennen sind.

4. Untersucht das Topic-Foto mithilfe des Landschaftskomponentenmodells (Seiten 46/47).

Um eine Landschaft genauer zu verstehen, konzentrieren sich die Geographen auf einzelne Bereiche – die **Landschaftskomponenten**. Diese werden zunächst genau beobachtet und beschrieben. Anschließend werden Zusammenhänge zwischen den Merkmalen der Komponenten untersucht und beschrieben, z. B. zwischen dem Klima und der Vegetation: Ist in einer Landschaft das Klima sehr kalt und gibt es nur kurze Sommer, können Pflanzen schlecht wachsen und die Tundra breitet sich aus. Das Finden von solchen Zusammenhängen ist manchmal schwierig. Dann werden Hilfsmittel, wie z. B. Klimadiagramme oder Atlaskarten, zur Beantwortung herangezogen.

M1 Eine Landschaft „lesen“

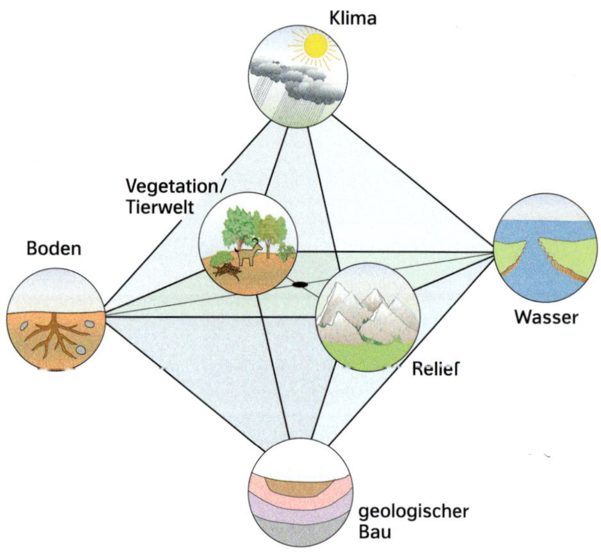

 03930HX_1

M2 Das Landschaftskomponentenmodell

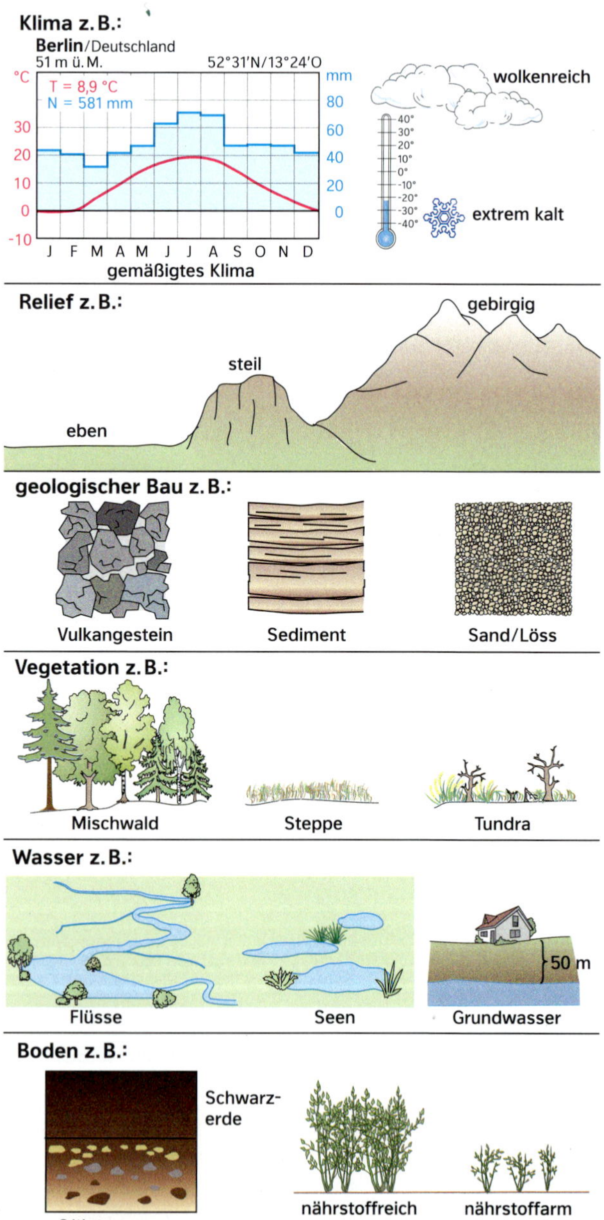

27750EX

M3 Merkmale der Landschaftskomponenten

M4 Landschaftskomponenten am Kilimandscharo (Kenia)

Beschreibung:
Das Foto zeigt die Landschaft im Gebiet um das Kilimandscharo-Massiv. Das Relief im Vordergrund des Bildes ist eben. Im Hintergrund ist der kegelförmige Berg des Kilimandscharo-Massivs zu erkennen. Die Vegetation besteht aus grünen und vereinzelt trockenen Büschen und Bäumen. Die Tierwelt ist durch Elefanten vertreten. Und die Landschaftskomponente Wasser ist nur in Form von Gletschereis und Schnee auf dem Gipfel des Kilimandscharo-Massivs zu erkennen. Zum Boden und zu den Gesteinen ist auf dem Bild nichts Genaues ablesbar. Ich weiß aber, dass der Kili ein Vulkan ist, also wird dort Vulkangestein vorkommen. Das Klima ist ganzjährig warm. Aber auf dem Berggipfel muss es deutlich kälter sein, sonst gäbe es dort keine Eis- und Schneeschicht. In mittlerer Höhe ist um den Vulkan eine Wolkenschicht zu sehen.
Zusammenhang Relief und Wasser: Die Regel lautet: Je höher, desto kälter. Damit fallen die Niederschläge auf dem Gipfel des Berges auch als Schnee. Da dieser nicht taut, bildet sich Gletschereis.
...

M5 Landschaftsbeschreibung eines Schülers (Ausschnitt)

geologischer Bau
- Vulkan am Ostafrikanischen Graben
- Basaltgesteine

Relief
- hohes, kegelförmiges Bergmassiv (bis 5 895 m ü.NN)
- breiter Gipfel

Wasser
- Auf dem Gipfel gibt es eine Schnee- und Eisschicht.
- Flüsse können austrocknen. Es kann Überschwemmungen geben.

Klima
- tropisches Wechselklima
- Mit zunehmender Höhe sinken die Temperaturen.

Vegetation (Bios)
- Pflanzen können im ganzen Jahr wachsen, müssen sich aber an Trockenzeiten anpassen.
- Mit zunehmender Höhe verschlechtern sich die Lebensbedingungen für die Vegetation.

M6 Merkmale von Landschaftskomponenten der Kilimandscharo-Region

Im Leipziger Zoo sind auch viele Tiere und Pflanzen vom afrikanischen Kontinent zu erleben. Manche leben in geschlossenen Gebäuden, andere einfach draußen. Wie es in Tierparks verschiedene Bereiche gibt, so gibt es auch auf der Erde Zonen, in denen bestimmte Tier- und Pflanzenarten überleben können. Wie sind diese in Afrika verbreitet und welche Gesetzmäßigkeiten gibt es dabei?

1. Im Leipziger Zoo:
   a) Vergleiche das Gondwanaland und die Kiwara-Kopje-Anlage im Leipziger Zoo (M1, M2).
   b) Nenne die Klimazonen, in denen Zwergflusspferde und Spitzmaulnashörner in der freien Natur leben (M1, M2, Atlas).
   ✶ c) Begründe, warum die Bedingungen der beiden Anlagen für die dort lebenden Tiere gut geeignet sind.

2. Vegetationszonen Afrikas:
   a) Beschreibe die Verbreitung der Vegetationszonen in Afrika (M3).
   b) Vervollständige die Steckbriefe der Vegetationszonen (M3, Atlaskarte: Afrika – Landwirtschaft).
   Ⓔ c) Beschreibe die Verbreitung der Vegetationszonen auf der Insel Madagaskar. Erkläre deren Verlauf (Atlas).

3. Pflanzensteckbrief:
   a) Erkläre, in welcher Vegetationszone die Bananenpflanze und die Welwitschia-Pflanze die besten Wachstumsbedingungen vorfinden (M5, M6).
   b) Begründe, warum die eine Pflanze in der anderen Vegetationszone nicht so gut bzw. überhaupt nicht überleben könnte.

4. Vergleiche den Verlauf der Vegetationszonen und der Klimazonen (M3, Atlas, S. 56/ M1).

In der Kiwara-Kopje-Anlage leben neben den Spitzmaulnashörnern auch Geparden und Affen. Sie haben auf dem 6000 m² großen Freigelände genug Platz sich zu bewegen. Auf der Anlage befindet sich auch ein beheizbarer großer Stall. Erwachsene Spitzmaulnashörner können bis zu 1,8 Tonnen wiegen. Sie sind Pflanzenfresser. In der freien Natur kommen die vom Aussterben bedrohten Tiere derzeit noch in Simbabwe und Botsuana vor.

M1 Spitzmaulnashörner in der Kiwara-Kopje-Anlage

Die Halle „Gondwanaland" ist 34,5 m hoch und hat eine Spannweite von über 150 m. Die Temperaturen im Inneren betragen 24 °C bis 26 °C und die Luftfeuchtigkeit ist sehr hoch. Über 100 Tierarten und 17 000 Pflanzen sind hier zu erleben. Darunter auch die afrikanischen Zwergflusspferde. Sie ernähren sich von Wasserpflanzen, Gräsern und Wurzeln. In der freien Natur sind sie z. B. in Liberia oder Guinea beheimatet.

M2 Zwergflusspferde im Gondwanaland

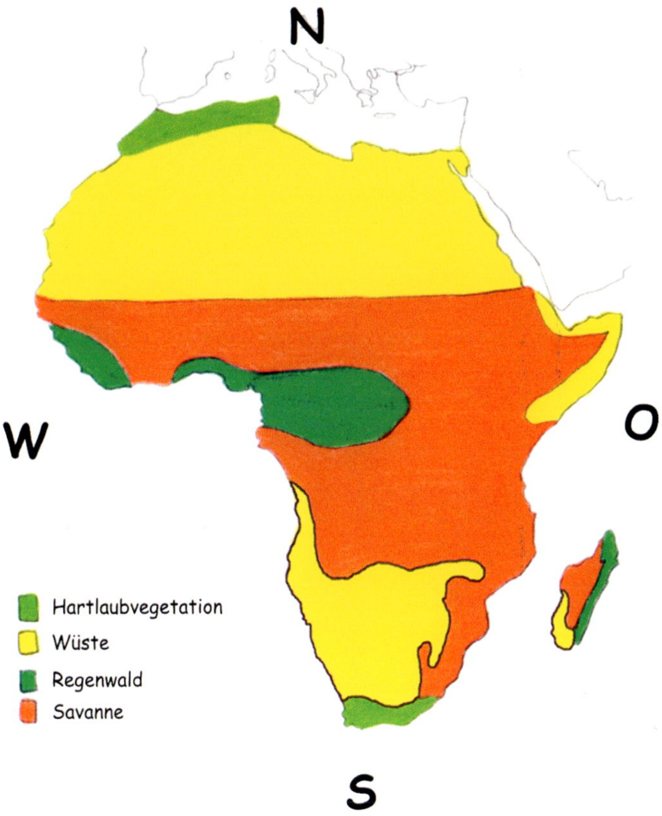

Zone der Hartlaubvegetation
- *Klimabedingungen: warme, heiße und trockene Sommer und milde, regenreiche Winter*
- *subtropische Klimazone*
- *Anpassung der Pflanzen und Tiere an trockene, heiße Sommer, z. B. durch ....*
- *Anbauprodukte sind z. B. ...*
- *...*

Zone der Wüste
- *Klimabedingungen: ...*
- *Anpassung der Pflanzen und Tiere ...*
- *...*

Zone des tropischen Regenwaldes
- *Klimabedingungen: ...*
- *Anpassung der Pflanzen und Tiere ...*
- *...*

Zone der Savannen
- *Klimabedingungen: ...*
- *Anpassung der Pflanzen und Tiere ...*
- *...*

M3 **Schülerkarte zu den Vegetationszonen Afrikas**

	Hartlaubvegetation	Wüste/ Halbwüste	Savanne	tropischer Regenwald
Jahreszeiten	milde Winter, heiße Sommer	kein Winter	keine thermischen Jahreszeiten	keine thermischen Jahreszeiten
Jahresdurchschnitts-temperatur	12°C – 24°C	12°C – 24°C	> 24°C	> 24°C
Niederschlag	400 – 1000 mm	< 250 mm	250 – 1500 mm	> 1500 mm
mögliches Wachstum	> 150 Tage	< 60 Tage	180 – 300 Tage	ganzjährig
Anbaumöglichkeiten	z. T. mit Bewässerung	nur mit Bewässerung	ein bis zwei Ernten	durchgängiger Anbau

M4 **Die Vegetationszonen Afrikas**

Die Bananenpflanze kann bis zu acht Meter hoch werden und ist damit die größte krautartige Pflanze der Erde. Sie benötigt hohe Temperaturen und ausreichend Niederschlag. Anfällig ist die Pflanze gegen starken Wind, denn die Bananenbüschel können bis 60 kg schwer werden.

M5 **Die Bananenpflanze**

Die Welwitschie besitzt nur zwei lederartige und zerfranste Blätter, die bis acht Meter lang werden können. Sie wächst auf ausgetrockneten, sandig-kiesigen Flussbetten. Der obere, rübenartige Wurzelteil ist in der Lage, bis zu mehreren Jahren Feuchtigkeit zu speichern. Er geht in eine lange Pfahlwurzel über, die das in tieferen Schichten gespeicherte Bodenwasser erreicht.

M6 **Die Welwitschie**

Vegetationszone Wüste (Gruppe 1)

Die größte Wüste der Erde ist die Sahara. Deutschland würde mehr als 20-mal in die von extremer Trockenheit und spärlicher Pflanzenbedeckung geprägte Landschaft passen. Aber die Sahara ist nicht die einzige Wüste in Afrika.

Bildet mehrere Gruppen. Eine Gruppe stellt die Vegetationszone der Wüste in einem Vortrag vor.

1. Verteilt die Arbeiten in eurer Gruppe:
   a) Zeichne eine Karte mit der Lage der Wüsten Afrikas. Ermittle deren Lage im Gradnetz und Ausdehnung. S. 149
   b) Erkläre das Klima in der Wüste. Notiere die Ergebnisse in kurzen Wortgruppen (M2, M3).
   c) „Wüste ist mehr als Sand". Beschreibe die drei Wüstenformen und erkläre deren Entstehung (M1).
   d) Erkläre Zusammenhänge zwischen verschiedenen Merkmalen der Landschaftskomponenten. Zeichne als Zusammenfassung ein eigenes Bild oder recherchiere im Internet typische Fotos bzw. finde mithilfe von Google-Earth Beispiele für verschiedene Wüstengebiete. Stelle die Ergebnisse in einem Wirkungsschema dar.

2. Zusammenstellung des Vortrags:
Stellt euch gegenseitig die Arbeitsergebnisse vor. Plant anschließend den Ablauf des Vortrages.

3. Präsentiert euren Vortrag vor der Klasse.

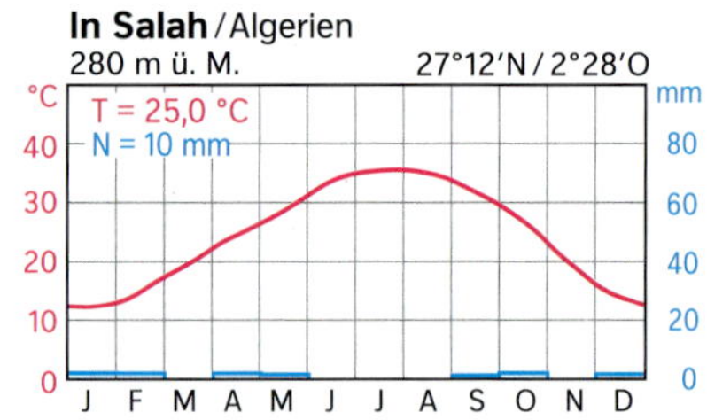

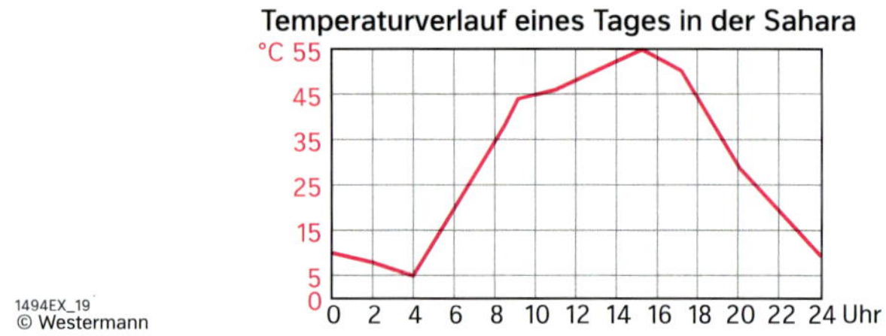

	J	F	M	A	M	J
Tag	22 °C	25 °C	29 °C	33 °C	38 °C	44 °C
Nacht	7 °C	10 °C	13 °C	17 °C	22 °C	28 °C
	J	**A**	**S**	**O**	**N**	**D**
Tag	45 °C	44 °C	40 °C	34 °C	27 °C	22 °C
Nacht	29 °C	29 °C	26 °C	20 °C	13 °C	8 °C

M2 Klimadaten für In Salah im Jahres- und Tagesverlauf

In **Wüsten** gibt es keine Pflanzen? Das stimmt nicht. Zwar sind große Flächen vegetationsfrei, aber an günstigen Stellen gibt es auch hier Pflanzen, die sich an die extremen Lebensbedingungen angepasst haben. So haben Sträucher sehr tief reichende Wurzeln. Andere Gewächse können Wasser über lange Zeiträume speichern. Wieder andere nutzen den Tau, der sich am kühlen Morgen an den Blättern absetzt. Einige Pflanzen sind in der Lage, über Monate und Jahre ihr Wachstum einzustellen. Regnet es einmal wieder, beginnen sie schlagartig zu grünen, wie z. B. die Wüstenrose, die es bei uns in Deutschland auf Weihnachtsmärkten zu kaufen gibt.

M3 Klima und Vegetation

M1 Wüstentypen

M4 Die Wüste Sahara in Algerien

„El-Jamal" ist eines der über einhundert arabischen Bezeichnungen für das Kamel. Es bedeutet „Bewunderung" und „Verehrung". Das zeigt, wie wichtig diese Tiere für die in der Wüste lebenden Menschen waren und sind. Die genügsamen Tiere kommen für ihre Ernährung mit Dürrgestrüpp, trockenen Blättern und Gräsern aus. In ihren Höckern speichern sie übrigens kein Wasser, sondern Fett. Kamele können bis zu zwei Wochen ohne Trinken auskommen. Selbst bei Temperaturen von über 50°C brauchen sie nur alle vier Tage Wasser. Wenn sie aber wieder an Trinkstellen kommen, saufen sie innerhalb weniger Minuten schnell bis zu 150 Liter Wasser.

M5 Das Kamel

Die Temperatur schwankt in den Wüsten im Tagesverlauf sehr stark. So erreicht sie am Mittag Werte über 40°C im Schatten und kann in der Nacht sogar unter den Gefrierpunkt fallen. Diesen extremen Schwankungen sind selbst feste Gesteine nicht gewachsen. Sie dehnen sich aus und ziehen sich wieder zusammen. Dadurch wird die Festigkeit verringert und immer wieder platzen Schichten schalenförmig ab.
Die eigentümlichen Pilzfelsen entstehen dadurch, dass der Wind vor allem in Bodennähe viel Sand mit sich führt, der die Felsen in den unteren Bereichen regelrecht abschleift.
In den Wüsten gibt es auch Gebirge. Manche sind sogar höher als die Alpen. In den Tälern dieser Gebirge fließt nur sehr selten Wasser. Diese Trockentäler heißen **Wadis**. Sie sind nicht ungefährlich. Denn bei den seltenen starken Regenfällen sammelt sich das Wasser aus einem großen Umkreis, das dann rasend schnell durch das ausgetrocknete Flussbett abläuft.

M6 Klima und Relief

Mit den Wüstenböden ist es ähnlich wie bei uns am Ostseestrand oder am Baggersee – da einen Baum zu pflanzen, würde niemandem einfallen. Wovon sollte er auch leben? Wenn es einmal regnet, versickert das Wasser schnell in die Tiefe. Und ohne Wasser sind die Nährstoffe für die Pflanzen nicht erreichbar. Eine Humusschicht, wie wir sie aus dem Garten kennen, gibt es in den Wüsten nicht. Nur in Senken oder entlang von Tälern sind die Bodenverhältnisse günstiger.

M7 Boden

M8 Pilzfelsen

M9 Wadi

Vegetationszone Savanne (Gruppe 2)

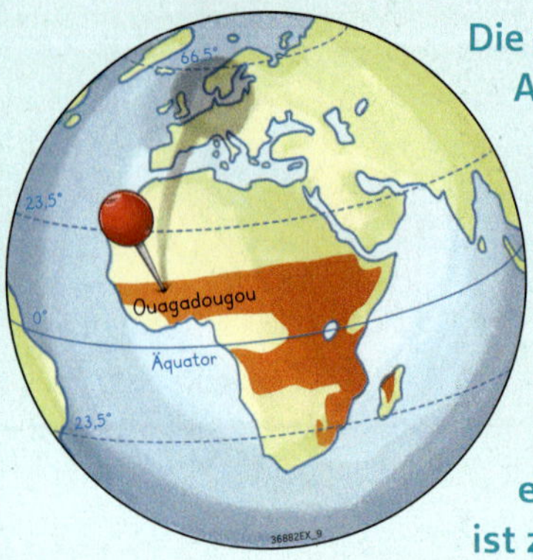

Die meisten Touristen, die nach Afrika kommen, freuen sich auf eine Safari in der Savanne. Aber nicht nur die Tiere, die wir Europäer aus dem Zoo kennen, können hier in der freien Natur beobachtet werden, sondern auch eine einzigartige Pflanzenwelt, ist zu sehen.

Bildet mehrere Gruppen. Eine Gruppe stellt die Vegetationszone der Savanne in einem Vortrag vor.

1. Verteilt die Arbeiten in eurer Gruppe:
   a) Zeichne eine Karte mit der Lage der Savanne Afrikas. Ermittle deren Lage im Gradnetz und Ausdehnung. S. 149
   b) Erkläre das Klima in der Savanne. Notiere die Ergebnisse in kurzen Wortgruppen.
   c) „Savanne ist nicht gleich Savanne". Beschreibe die drei Savannenformen und erkläre deren Entstehung.
   d) Erkläre Zusammenhänge zwischen verschiedenen Merkmalen der Landschaftskomponenten. Zeichne als Zusammenfassung ein eigenes Bild oder recherchiere im Internet typische Fotos bzw. finde mithilfe von Google-Earth Beispiele für verschiedene Wüstengebiete. Stelle die Ergebnisse in einem Wirkungsschema dar.

2. Zusammenstellung des Vortrags:
Stellt euch gegenseitig die Arbeitsergebnisse vor. Plant anschließend den Ablauf des Vortrages.

3. Präsentiert euren Vortrag vor der Klasse.

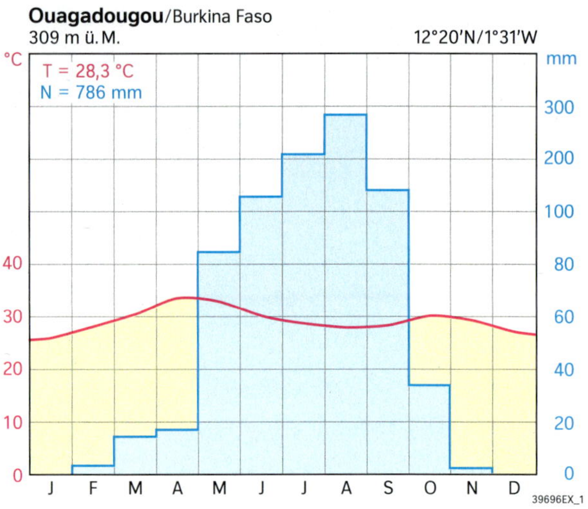

M2 Klimadiagramm von Ouagadougou

Savannen sind tropische Graslandschaften mit einzeln stehenden Bäumen oder Baumgruppen. Da die Monatsmitteltemperaturen im ganzen Jahr über 10°C liegen, gibt es hinsichtlich der Temperatur keine Einschränkungen für das Pflanzenwachstum. Die Vegetation muss sich aber an Trockenzeiten anpassen. So gibt es Pflanzen, die Wasser in ihren Blättern oder Stämmen speichern. Gräser sterben während der Trockenzeit ab. Regnet es wieder, sind sie in der Lage, schnell wieder zu wachsen. Sie überstehen Feuer, Beweidung und auch die Trittbelastung durch die riesigen Tierherden (Gnus, Zebras, Antilopen) besser als Baumpflanzen. Die Dauer der Trockenzeiten ist unterschiedlich und abhängig von der Lage zum Äquator. Daher werden die Savannen in Feucht-, Trocken- und Dornstrauchsavanne unterteilt.

M3 Klima und Vegetation

M1 Savannentypen

M4 In der Savanne

Der Boden ist sehr trocken. Nur während der Regenzeit und einige Wochen danach ist die oberste Bodenschicht gut durchfeuchtet. Weiter tiefer herrscht im ganzen Jahr ein Wasserdefizit. Mit ihrem dichten, oberflächennahen Wurzelgeflecht sind Gräser besser an diese Bedingungen angepasst als Bäume. Diese können aber mit langen Wurzeln tieferliegende Wasser- und Nährstoffreserven erreichen. Während der Trockenzeit vertrocknet das Gras sehr rasch und die meisten Bäume verlieren ihre Blätter. Das anfallende tote organische Material wird rasch zersetzt, sodass die Böden nur eine sehr geringe Humusschicht besitzen.

M5 Boden und Vegetation

Ein, zwei Monate nach dem Ende der Regenzeit sinken die Wasserstände in den Seen. Bei kleineren Gewässern verdunstet aufgrund der hohen Temperaturen das gesamte Wasser. Auch kleinere Flüsse führen immer weniger Wasser und trocknen schließlich aus. Nur Ströme, wie z. B. der Niger, der viele Zuflüsse im Bereich des Äquators besitzt, haben das ganze Jahr ausreichend Wasser. Während der Regenzeit kommt es zu Überschwemmungen.

M6 Klima und Wasser

Die Schirmakazie ist ein typischer Baum der Savanne. Ihre weitausladende Krone nutzt das Sonnenlicht optimal aus. Die flache Kronenform bietet den fast immer wehenden starken Passatwinden die geringste Angriffsfläche und verringert die Austrocknungs- und Zerstörungsgefahr. Mit ihrem weitreichenden Wurzelwerk erreicht die Schirmakazie auch tieferliegendes Grundwasser. Die Blätter der Schirmakazie sind sehr klein, um die Transpiration während der Trockenzeit so gering wie möglich zu halten. Lange Dornen schützen die Schirmakazie vor Tierfraß. Nur Giraffen können, da ihre Lippen durch die dichte Behaarung vor Verletzungen geschützt sind, mit ihren langen Zungen die Blätter der Schirmakazie fressen.

M8 Die Schirmakazie

	Dornstrauchsavanne	Trockensavanne	Feuchtsavanne
Anzahl der Monate mit Regenzeit	2 – 4 Monate	5 – 7 Monate	8 – 10 Monate
Niederschlagsmenge	< 500 mm/ Jahr	500 – 1000 mm/ Jahr	>1000 mm/ Jahr
Vegetationsmerkmale	kniehohes Gras, Grasfläche mit Lücken, einzelne kleine Bäume/ Sträucher mit Dornen, wasserspeichernde Bäume (z.B. Baobab)	hohes, dichtes Gras, laubabwerfende Bäume und Sträucher (Schirmakazie), lichte Trockenwälder	bis sechs Meter hohes Gras (Elefantengras), überwiegend immergrüne Bäume, Wälder

M7 Savannentypen

Vegetationszone tropischer Regenwald (Gruppe 3)

„Wälder ... tiefe, große Wälder! Es gibt nichts anderes als Wälder, meilenweit, breitengradeweit.“ So beschrieb Anfang des 19. Jahrhunderts ein Europäer den tropischen Regenwald. In Afrika ist der Großteil des Kongobeckens damit bedeckt.

Bildet mehrere Gruppen. Eine Gruppe stellt die Vegetationszone des tropischen Regenwaldes in einem Vortrag vor.

1. Verteilt die Arbeiten in eurer Gruppe:
   a) Zeichne eine Karte mit der Lage des tropischen Regenwaldes Afrikas. Ermittle dessen Lage im Gradnetz und Ausdehnung. S. 149
   b) Erkläre das Klima im tropischen Regenwald. Notiert die Ergebnisse in Wortgruppen.
   c) „Der Regenwald gleicht einem Hochhaus mit vielen Stockwerken“. Beschreibe die Gliederung des tropischen Regenwaldes und erkläre deren Entstehung.
   d) Erkläre Zusammenhänge zwischen verschiedenen Merkmalen der Landschaftskomponenten. Zeichne als Zusammenfassung ein eigenes Bild oder recherchiere im Internet typische Fotos bzw. finde mithilfe von Google-Earth Beispiele für verschiedene Regenwaldgebiete. Stelle die Ergebnisse in einem Wirkungsschema dar.

2. Zusammenstellung des Vortrags:
Stellt euch gegenseitig die Arbeitsergebnisse vor. Plant anschließend den Ablauf des Vortrages.

3. Präsentiert euren Vortrag vor der Klasse.

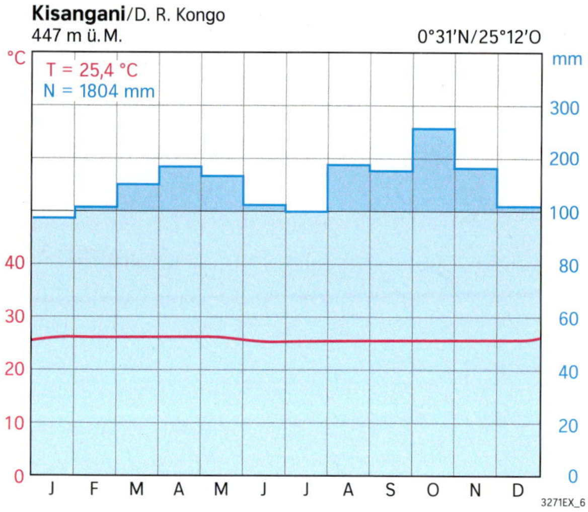

M2 Klimadiagramm von Kisangani

Das Tageszeitenklima ist durch hohe Temperaturen, hohe Luftfeuchtigkeit und hohe Niederschlagswerte gekennzeichnet. Die Vegetation kann so zwölf Monate im Jahr ununterbrochen wachsen. Diese, für die Entwicklung von Pflanzen perfekten klimatischen Bedingungen sind eine Ursache dafür, dass der **tropische Regenwald** eine riesige Artenvielfalt besitzt.
Fast drei Viertel aller Pflanzen des Regenwaldes sind Bäume. Sie sind die Gewinner beim Kampf um Licht. Der für den tropischen Regenwald typische **Stockwerkbau** ist das Ergebnis dieses Streits um ausreichend Sonnenlicht. Nur noch wenige Lichtstrahlen erreichen den Erdboden. Die Pflanzen im selbst am Mittag dämmrigen Untergeschoss haben riesige Blätter, um jeden der wenigen ankommenden Sonnenstrahlen zu nutzen.

M3 Klima und Vegetation

M1 Stockwerkbau des tropischen Regenwaldes

M4 Im kongolesischen Regenwald

Durch das immer warme und feuchte Klima werden abfallende Blätter und abgestorbene Pflanzenteile innerhalb weniger Wochen sehr schnell zersetzt. Der Boden des Regenwaldes ist dabei nicht in der Lage, die so freigesetzten Nährstoffe zu speichern. Daher nehmen die Pflanzen mit ihrem dichten Wurzelnetz und mithilfe von speziellen Pilzen, die auf den Wurzelhärchen sitzen, die Nährstoffe sofort wieder auf. Im Regenwald wirkt ein kurzgeschlossener Nährstoffkreislauf. Der mächtige Regenwald wächst also auf einem nährstoffarmen Boden.

M5 Boden und Vegetation

Viele wasserreiche Flüsse fließen durch den Regenwald und der Boden ist sehr feucht. Die Pflanzen saugen viel Wasser auf und es verdunstet über ihre Blätter. Wolken entstehen und es regnet. So hat der Regenwald einen eigenen Wasserkreislauf.

M6 Klima und Wasser

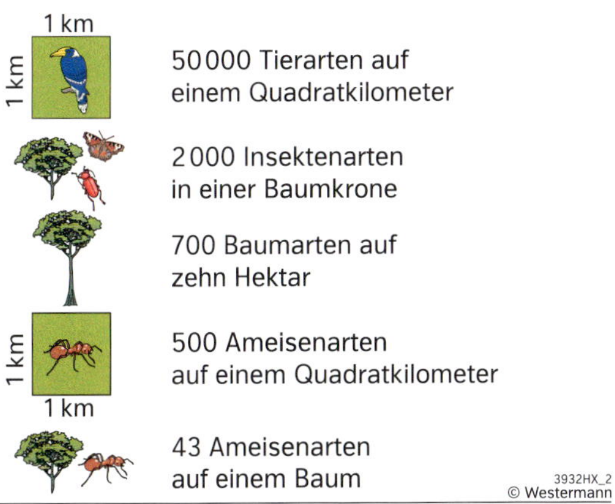

Anzahl der Tierarten im Vergleich	Deutschland	Kongo
Säugetiere	94	415
Vögel	305	1000
Reptilien	12	268
Schmetterlinge	144	1300

M7 Artenvielfalt im Regenwald

Die Samen der Würgefeige keimen, durch Vögel oder Affen dorthin gebracht, in der Krone großer Bäume. Dort haben sie ausreichend Licht, um sich zu entwickeln. Mit der Zeit bilden sie lange Wurzeln, die bis auf den Boden reichen. Von dort aus entwickeln sich Triebe, die in die Höhe wachsen und sich dabei um den Stamm des Wirtsbaumes winden, bis sie seine Krone erreichen. So stirbt der Baum, auf dem die Würgefeige ihr Leben begann, an Lichtmangel.

M8 Die Würgefeige

Die höchsten Bäume des Regenwaldes sind bis 70 m hoch. Das entspricht einem Haus mit 20 Stockwerken. Damit sie einen sicheren Stand haben, bilden sie im unteren Bereich große Brettwurzeln aus. Die „Bretter“ setzen sich unter der Bodenoberfläche aber nicht fort. An ihren Unterseiten haben sie kammartige Reihen von kurzen Feinwurzeln.

M9 Urwaldriese mit Brettwurzeln

Höhenstufen der Vegetation

Um den Kibo, den höchsten Punkt des Bergmassivs Kilimandscharo, zu erklimmen, sind keine alpinen Bergsteigerkenntnisse nötig. Aber wer den Aufstieg in Angriff nimmt, muss körperlich fit sein. Etwa sechs Tage dauert eine Bergbesteigung. Dabei durchqueren die Wanderer alle Vegetationszonen, die auf der Erde vorhanden sind. Wie ist das möglich?

1. Beschreibe die Lage des Kilimandscharo-Massivs: Gradnetz, Staat, Klima- und Vegetationszone (Atlas).

2. Ein Aufstieg auf den Kibo muss gut geplant sein. Nennt Dinge, die ihr unbedingt in euren Rucksack packen würdet (M4).

3. Die Höhenstufen der Vegetation am Kibo:
★ a) Beschreibe die Veränderungen des Klimas und der Wachstumszeit vom Fuß des Kibos bis zum Gipfel (M5).
b) Begründe die Unterschiede der Vegetation in den verschiedenen Höhenstufen (M3, M5).
c) Begründe, warum in den Rucksack so viele verschiedene Dinge eingepackt werden müssen (M4).

4. Erkläre die Anzahl der Bergbesteigungen im Jahresverlauf (M1).

5. Arbeite mit dem Atlas (Atlaskarte: Afrika – Kilimandscharo/Meru (Tansania)):
a) Gib die exakte Höhe des Gipfels an.
b) Nenne Anbaufrüchte, die die Menschen am Fuß des Berges anbauen.
c) Es gibt verschiedene Wege, den Kibo zu besteigen. Notiere eine mögliche Route und ordne die Stationen den Höhenstufen zu. Ermittle die Länge deiner Strecke vom Start- bis zum Endpunkt.
d) Neben dem Kibo gibt es zwei weitere Berge in dieser Region. Nenne Gründe, warum sie von viel weniger Touristen besucht werden.

6. Beschreibe die Veränderungen der Schnee- und Eisregion des Kilimandscharo-Massivs (M6).

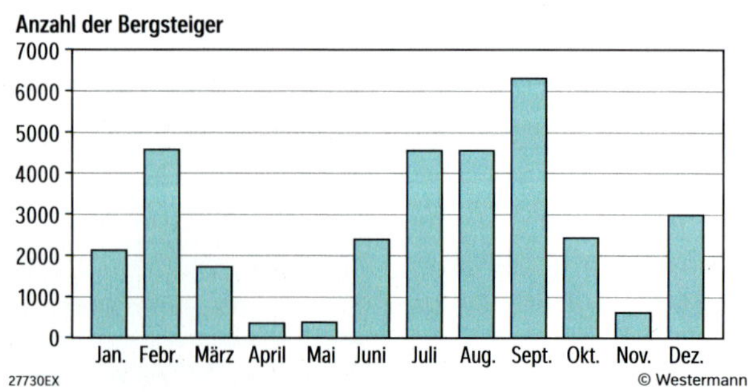

M1 Touristen, die einen Aufstieg zum Kibo gebucht haben

Nach über zehn Stunden Flug landet unser Flieger endlich in Moshi. Im Hotel angekommen, erklärt uns der Bergführer, was uns in den kommenden Tagen erwartet. Unsere Ausrüstung wird auf Vollständigkeit überprüft und gewogen. Für unsere zehnköpfige Gruppe stehen fünf Guides, ein Koch und zwei Küchenhilfen bereit. Dazu kommen noch 30 Einheimische, die die Zelte, Verpflegung, Kochutensilien, Wasser und was noch alles für den Aufstieg benötigt wird, tragen werden.
Gut, dass das Hotelzimmer eine Klimaanlage hatte. Jetzt fahren wir mit zwei Bussen zum Machame Gate auf 1800 m Höhe. Ab jetzt gibt es keinen Strom mehr. Telefon- und Internetempfang: Fehlanzeige. Auch auf fließendes Wasser und andere Annehmlichkeiten müssen wir jetzt verzichten. Die Expedition beginnt!

M2 Der Aufstieg auf den Kibo beginnt.

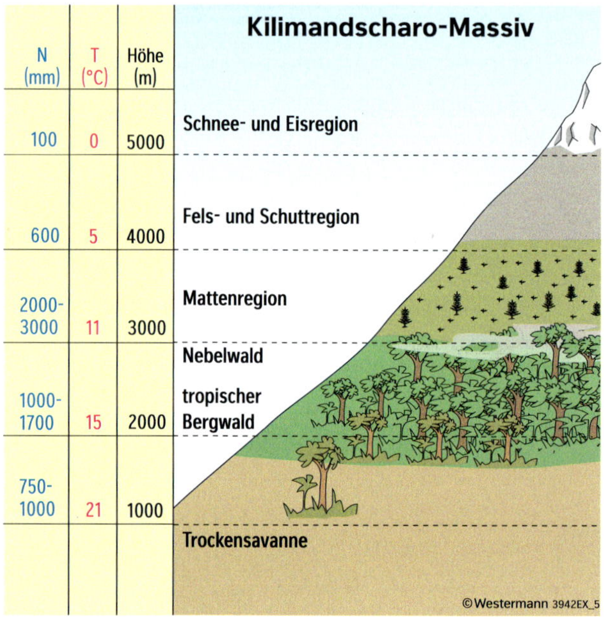

M3 Höhenstufen der Vegetation am Kilimandscharo-Massiv

- *Wanderstöcke*
- *Schlafsack (bis mindestens -15°C Kälte)*
- *Sonnenbrille mit hohem UV-Schutz*
- *2 Trinkflaschen/ Thermoskanne (je mind. 1 L)*
- *Stirnlampe und ausreichend Ersatzbatterien*
- *Fotoapparat mit Ersatzakku*
- *Bekleidung: T-Shirts/ wasserabweisende, dünne Jacke/ eine warme Daunen-Winterjacke/ Basecap und dicke Mütze/ kurze Hose und dicke, lange Hose/ knöchelhohe Wanderschuhe*
- *Kopfschmerztabletten/ Mückenschutz*

M4 Packliste für den Aufstieg zum Kibo (Auswahl)

In der Fels- und Schuttregion sind Pflanzen nur noch an geschützten Stellen zu finden. Nur wenige Arten können hier überleben. Mit zunehmender Höhe gibt es überhaupt keine Vegetation mehr. Oberhalb der Schneegrenze herrschen das ganze Jahr Frost und das Eis der Gletscher. Die Luft ist hier schon sehr dünn, sodass das Atmen schwerfällt. Der Himmel ist tiefblau und die Strahlung der Sonne sehr intensiv.

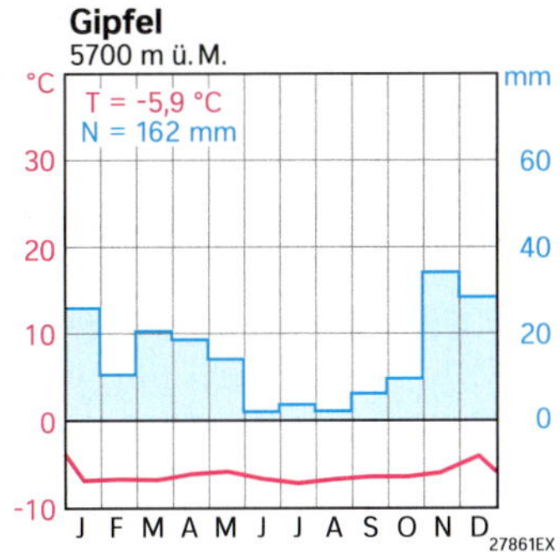

Oberhalb der Waldgrenze ist die Vegetation nicht mehr so dicht. In der Mattenstufe wachsen Gräser und Büsche. Die Pflanzen sind an die Temperaturschwankungen zwischen Frost in der Nacht und Wärme am Tag angepasst. So auch die bis zu sechs Meter hohen und eigentümlich anzusehenden Riesen-Senecien. In kleinen Senken, die vor Austrocknung geschützt sind, bilden sich Moore.

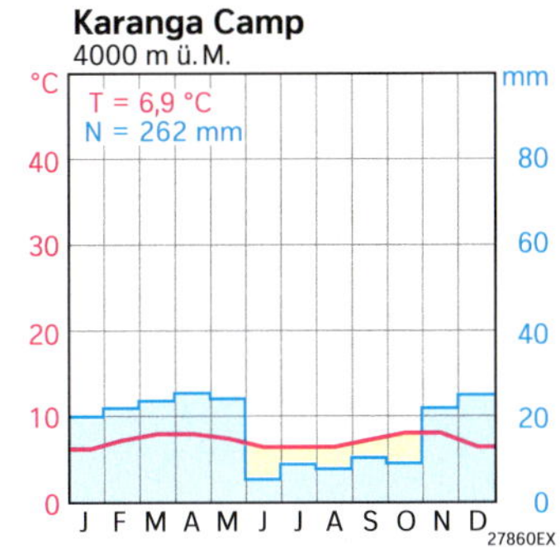

Das Grün des tropischen Bergwaldes ist sogar aus dem Weltraum zu sehen. Die Bäume wachsen das ganze Jahr über. Die Luft in der tropischen Bergwaldstufe ist feucht und es gibt häufig Nebel. Die Stämme und Zweige der hohen Regenwaldbäume sind hier von dicken Moosschichten und herabhängenden Flechten bedeckt. Dieser Nebelwald sieht in der Dämmerung ziemlich gruslig aus.

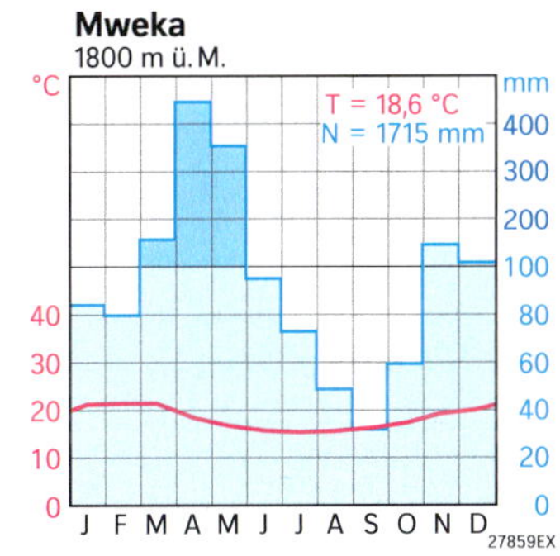

Am Fuße des Kilimandscharo-Massivs sind während der Trockenzeit die Akazienbäume das einzige Grün zwischen den vertrockneten Gräsern und Büschen in der Trockensavanne. Hier, wo die Hänge noch nicht so steil sind, gibt es viele Dörfer. Die Menschen leben vor allem von der Landwirtschaft. Noch liegen die Felder abgeerntet und brach, aber die nächste Regenzeit kommt, sodass es bald wieder auf den Äckern zu tun gibt.

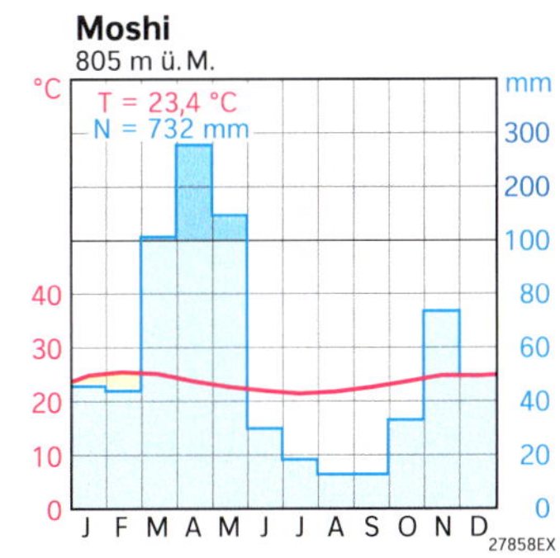

M5 Klima und Vegetation in den Höhenstufen am Kilimandscharo-Massiv

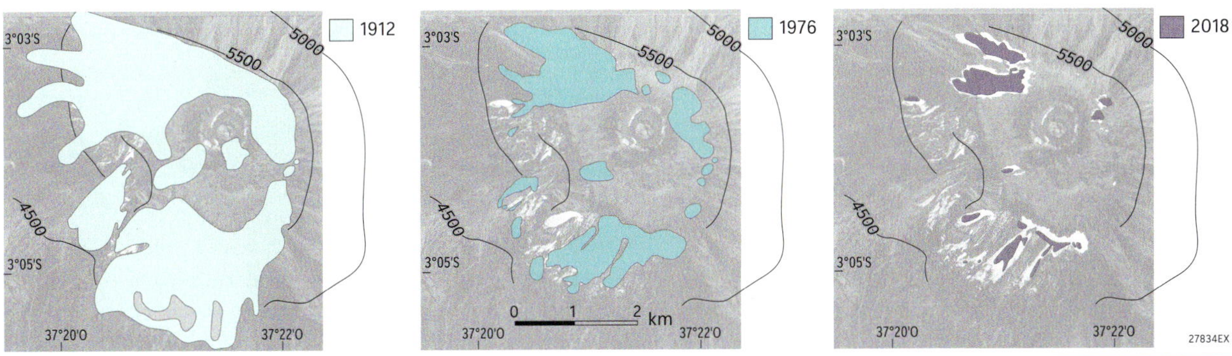

M6 Der Gletscher auf dem Kilimandscharo-Massiv schmilzt.

Immer schneller schmelzen die Gletscher des Kilimandscharo-Massivs. Auf seinem höchsten Gipfel, dem Kibo, bedeckt die Eis- und Schneedecke nur noch den Kraterrand des Vulkans. Der Klimawandel ist auch in Afrika zu spüren. Hier sind die Folgen der Erderwärmung stark ausgeprägt. Was versteht die Wissenschaft unter Klimawandel und wo liegen mögliche Ursachen?

1. Diskutiere mit deinem Nachbarn, was du schon über den Klimawandel gehört hast (M9).
2. Beschreibe die Veränderung der Erdtemperatur seit 1880 (M2).
3. Nenne Folgen der Erderwärmung für den Kontinent Afrika (M1, M3, M8, Info).
4. Der Treibhauseffekt verstärkt den Klimawandel:
   a) Beschreibe den natürlichen Treibhauseffekt (M4, M7, Probiers´s aus!).
   b) Erkläre den durch den Menschen verstärkten Treibhauseffekt (M4 – M8).
   c) Erläutere die Bedeutung des Treibhausgases Kohlenstoffdioxid für den Klimawandel (M4 – M8).

M1 Der Gletscher auf dem Kilimandscharo-Massiv

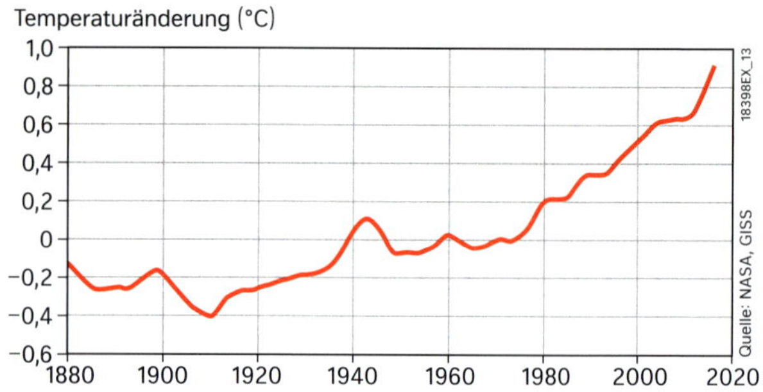

M2 Entwicklung der globalen Mitteltemperatur von 1880 bis 2016

M3 Folgen des Klimawandels für Afrika (Auswahl)

INFO

Klimarisiken in Afrika
Afrika weist seit jeher in vielen Regionen extreme Naturbedingungen auf. So gibt es Gebiete mit ganzjähriger Trockenheit, aber auch Gebiete mit fast täglichem Starkregen.
Wissenschaftler haben herausgefunden, dass es auf der Erde aufgrund der fortschreitenden Erderwärmung in Gebieten mit viel Niederschlag noch mehr regnen und in Trockengebieten in Zukunft noch trockener wird.

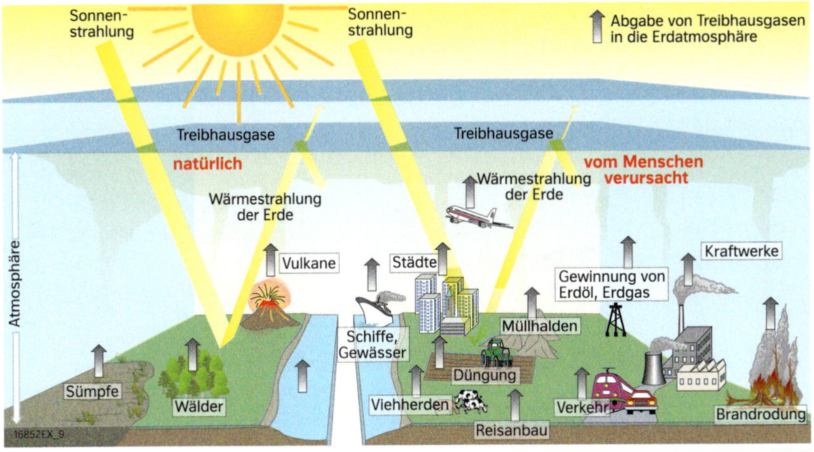

M4 Der natürliche und der vom Menschen verursachte Treibhauseffekt

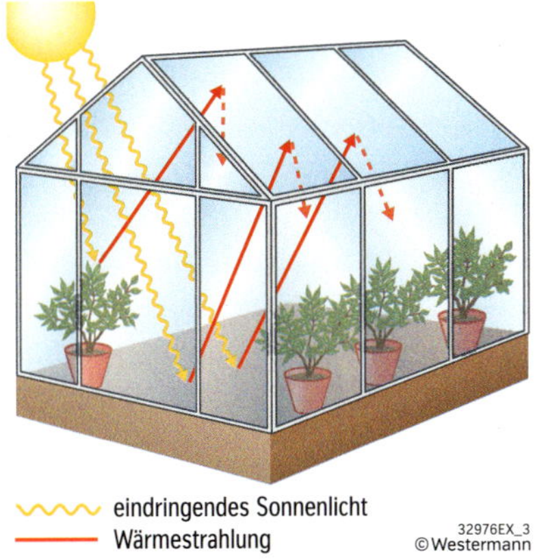

M6 Funktionsweise eines Gewächshauses

Ursache für die Erwärmung der Luft ist in erster Linie der natürliche Treibhauseffekt. Dabei verhindern die Treibhausgase in der Erdatmosphäre, der Lufthülle der Erde, ähnlich wie die Glasscheiben eines Gewächshauses, dass die Wärme der unteren Luftschichten ins All entweichen kann. Dieser natürliche Treibhauseffekt hat erst das Leben auf der Erde ermöglicht. Heute beträgt die Durchschnittstemperatur auf der Erde 15°C, vor Jahrmilliarden waren es nur -18°C. Seit über 200 Jahren steigt aber die Erdtemperatur deutlich an. Aufgrund des erhöhten Ausstoßes von Treibhausgasen durch Industrie- und Verkehrsabgase, durch Brandrodungen von großen Waldgebieten und vieles mehr wird dieser Treibhauseffekt durch den Menschen verstärkt.

M5 Erforschung möglicher Ursachen

PROBIER'S AUS!

Experiment zum Treibhauseffekt

Du benötigst:

zwei Einmachgläser, drei Thermometer, drei feste Unterlagen (z. B. Karton), ein Holzklötzchen, drei Stück weißes Papier

Durchführung:

1. Stelle ein Einmachglas mit der Öffnung nach oben und das andere mit der Öffnung nach unten auf eine Unterlage in die Sonne (siehe Abbildung).
2. Stelle je ein Thermometer in die Gläser hinein. Lehne das dritte Thermometer an das Holzklötzchen.
3. Decke die Thermometerfühler mit je einem Stück weißen Papier ab.
4. Lies die Temperaturen auf den drei Thermometern nach zehn Minuten ab. Vergleiche sie.
5. Übertrage deine Ergebnisse auf das „Treibhaus Erde".

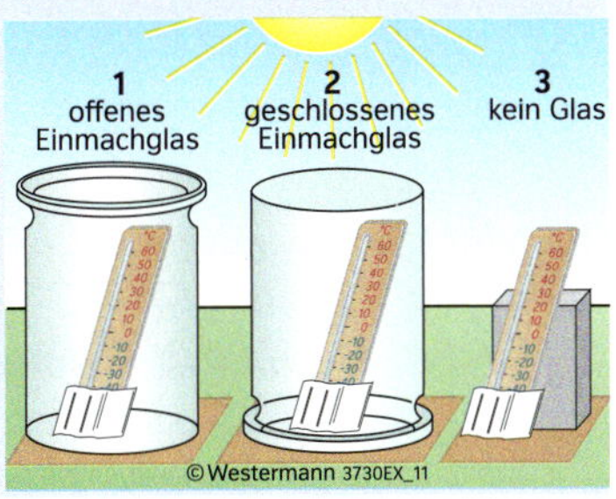

In den 1980er-Jahren stellten Klimaforscher fest, dass die Erdtemperatur schneller anstieg als in den Jahrzehnten davor. Sie suchten nach möglichen Ursachen dafür und fanden heraus, dass z. B. der Gehalt von Kohlenstoffdioxid in der Erdatmosphäre anstieg. Kohlenstoffdioxid gehört nachweislich zu den Treibhausgasen, die die Erderwärmung bewirken. Seit dieser Zeit ist gewiss, dass der Mensch mitverantwortlich für den Klimwandel ist.

M7 Erkennen der Gefahr

Verursacher	Ursachen für Klimaänderungen	Klimatische Änderungen vollziehen sich über ...
natürlich	plattentektonische Vorgänge 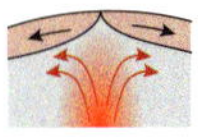	Hunderttausende bis viele Millionen von Jahren
natürlich	Schwankungen der Sonneneinstrahlung 	Zehntausende bis Hunderttausende von Jahren
natürlich	Erdbahnveränderungen 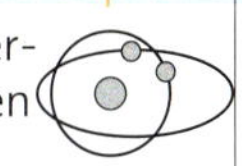	Zehntausende bis Hunderttausende von Jahren
natürlich	einzelne Vulkanausbrüche 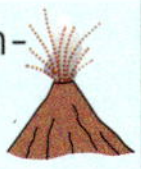	wenige Jahre
menschlich	vom Menschen verursachte Emissionen 	Jahrzehnte bis Jahrhunderte

M8 Mögliche Ursachen von Klimaveränderungen

Welche Auswirkungen hat die Erderwärmung nicht nur in Afrika, sondern weltweit? Was unternehmen eigentlich die Regierungen, um der Erderwärmung entgegenzuwirken? Es wird jetzt viel von Klimaschutz gesprochen. Die „Fridays for Future"-Bewegung ist das Eine, aber was kannst du selbst zu Hause und in der Schule zum Klimaschutz beitragen?

1. Stelle eine Liste von Auswirkungen der Erderwärmung zusammen (M1 – M4).
2. Interpretiere eine Karikatur (M5, M7). S. 151
3. Recherchiere zur Klimakonferenz 2015 in Paris und nenne wichtige Ergebnisse (Info, Internet).
4. Erläutere, welche Klimaschutzmaßnahmen die Regierungen der Länder ergreifen müssen (M8).
5. Diskutiert eigene Aktivitäten gegen den Klimawandel (M6).

Land-, Forst- und Wasserwirtschaft müssen sich an die veränderten Klimabedingungen wie höhere Temperaturen und Trockenperioden anpassen. Insekten dringen aus wärmeren Gebieten in ehemals kältere Gebiete vor und verbreiten dort Krankheiten. Bei zunehmenden Hitzewellen in den Sommermonaten erkranken oder sterben mehr Menschen mit Herz-Kreislauf-Erkrankungen, besonders in Großstädten. Dort, wo früher in Gebirgen schneesichere Skigebiete waren, beschneien nun immer öfter Schneekanonen die Hänge.

M1 Höhere Temperaturen verändern das Leben der Menschen.

M2 Das Elbe-Hochwasser hat 2013 das Dorf Fischbeck in Sachsen-Anhalt überflutet.

Bangladesch: *Das Land wird zunehmend von Zyklonen und Überschwemmungen heimgesucht.*

Himalaya: *Gefrorener Boden taut auf und es kommt zu Bergstürzen. Die Gletscher schmelzen, dies führt zu Überschwemmungen. Sind die Gletscher abgeschmolzen, droht Trinkwassermangel.*

Kanada: *Es fallen weniger Niederschläge. Dies führt zu Ernteeinbußen.*

Australien und Ozeanien
Die Niederschläge nehmen ab. Dies führt zu Problemen bei der Wasserversorgung. Die Korallenbestände sterben ab, weil sich die Wassertemperatur erhöht.

Nordpolarmeer:
Das Eis im Nordpolarmeer taut. Die Häfen sind die meiste Zeit eisfrei. Die Schifffahrt nimmt zu.

M3 Mögliche Auswirkungen der Klimaveränderungen

Die zunehmende Erhöhung der Erdtemperatur hat vielfältige Folgen. Wir erinnern uns, dass nur vier bis fünf Grad Abkühlung der Durchschnittstemperatur der Erde vor 2,6 Millionen Jahren zu den Kaltzeiten im Eiszeitalter geführt hat. Nun ist es umgekehrt. Die Gletscher der Erde begannen extrem schnell zu tauen, was einen Anstieg des Meeresspiegels zur Folge hat. Aber auch der ständig gefrorene Boden (Dauerfrostboden) in Gebieten Skandinaviens, Russlands und Kanadas taut nun extrem schnell auf, wodurch große Mengen von Treibhausgasen freigesetzt werden. Die Wissenschaft registriert mehr Extremwetterereignisse wie Wirbelstürme, Starkniederschläge und Hitzewellen. Es kann sogar eine Verschiebung der Grenzen von Klima- und Vegetationszonen auf der Erde beobachten werden. Immer mehr Tier- und Pflanzenarten aus den Subtropen und Tropen besiedeln nun auch unsere Regionen in der gemäßigten Klimazone.

M4 Folgen der Erderwärmung

M5 Karikatur

M6 **Jeder von uns kann einen Beitrag zum Klimaschutz leisten.**

M7 **Karikatur**

Die Regierungen der Staaten der Erde haben die Gefahr der zunehmenden Erderwärmung erkannt und in zahlreichen Konferenzen versucht, diesen Trend zu stoppen. Ihr Ziel ist es die Erdtemperatur nicht über 1,5 °C ansteigen zu lassen. Eine Reihe von Maßnahmen soll zur Erreichung dieses Ziels ergriffen werden. Aber dabei müssten alle Staaten der Erde mitwirken. So soll u. a. der Ausstoß von Treibhausgasen weltweit reduziert werden. China, die USA, Japan, Indien, Russland und Südkorea z. B. erhöhten jedoch bisher eher den Kohlenstoffdioxid-Ausstoß. Auch Deutschland bemüht sich wesentlich weniger von diesem Treibhausgas zu produzieren. Strom aus Sonnen- und Windenergie soll in Deutschland die Energiewende bringen. Sind die Klimaziele in Gefahr? Wird die Erderwärmung weiter fortschreiten? Um die Klimaziele zu erreichen, müssen auch wir unsere Lebensgewohnheiten überprüfen und sie bestimmt umstellen.

M8 **Regierungen, aber auch wir selbst müssen handeln.**

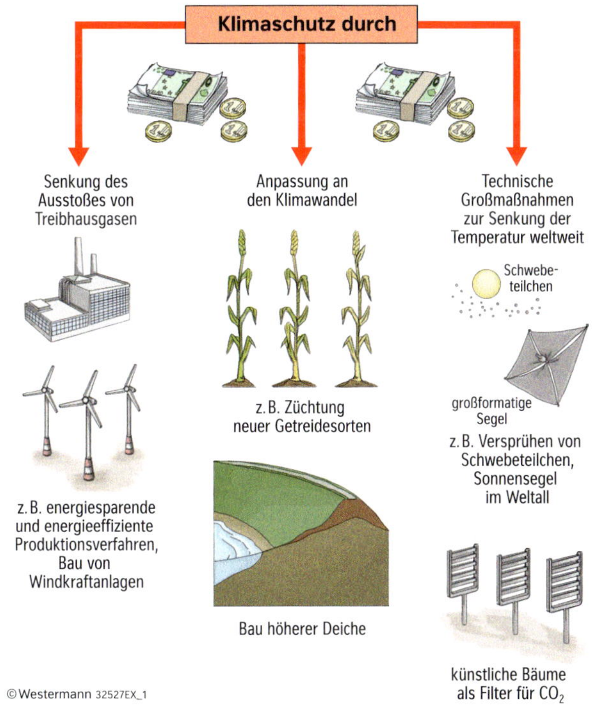

M9 **Maßnahmen, die einer globalen Erwärmung entgegenwirken könnten**

INFO

Ergebnisse der Kimakonferenz von Paris

Auf der Klimakonferenz von Paris (2015) haben sich 195 Staaten dazu verpflichtet, die Erderwärmung auf unter 2°C zu beschränken, bestenfalls unter 1,5°C. Jedes Land hat bis 2020 selbstständig festgelegt, in welchem Maße der Ausstoß an Treibhausgasen im eigenen Land gesenkt werden soll und durch welche Maßnahmen man das erreichen will. Alle fünf Jahre müssen die Länder ihre Ziele überprüfen und neue Ziele vorlegen.

Zusammenfassung: Klima und Vegetation Afrikas

M1 In der Savanne Senegals

Was bestimmt das Klima Afrikas?

Bis auf den äußersten Norden und Süden wird das Klima des Kontinents Afrika vom Passatkreislauf bestimmt. Im Äquatorbereich ist die Intensität der Sonneneinstrahlung aufgrund des hohen Einstrahlungswinkels am größten. Dadurch steigt die Luft auf und bildet hohe Wolken, aus denen es fast täglich heftig regnet.

In der Höhe ist der Luftdruck größer als nördlich und südlich davon, sodass die Luft dorthin abströmt. Im Bereich der Wendekreise entstehen am Boden Hochdruckgebiete. Von diesen strömt die Luft als Passatwind zurück in Richtung Innertropische Konvergenzzone (ITC). Durch die Drehung der Erde wird der Wind abgelenkt, sodass die Passate im ganzen Jahr auf der Nordhalbkugel als Nordostwind und auf der Südhalbkugel als Südostwind wehen. Sie sind meist trocken und es gibt kaum Niederschlag.

Da der Bereich mit großem Sonneneinstrahlungswinkel im Jahresverlauf in Nord- bzw. Südrichtung wandert, verlagert sich auch der Passatkreislauf. So gibt es Gebiete, in denen sich Regen- und Trockenzeiten abwechseln.

Die Klimazonen Afrikas

Daraus ergibt sich die Abfolge der Klimazonen Afrikas. Während es in der Äquatorial- und Passatklimazone ganzjährig feucht bzw. trocken ist, gibt es in der Zone des tropischen Wechselklimas einen Wechsel von humiden und ariden Monate.

Bei uns in Europa ändern sich die Monatsmitteltemperaturen im Jahresverlauf stark. In den Tropen Afrikas sind sie dagegen konstant hoch. Aber die Unterschiede zwischen den Temperaturen in der Nacht und am Mittag sind groß: Es herrscht Tageszeitenklima.

Das Modell der Landschaftskomponenten

Die klimatischen Verhältnisse bestimmen nicht nur die Pflanzen- und Tierwelt, sondern auch andere Merkmale von Landschaftskomponenten wie z.B. das Wasser, den Boden und das Relief. Mit dem Modell der Landschaftskomponenten lassen sich Räume besser verstehen.

Die Vegetationszonen Afrikas

Die klimatischen Verhältnisse bestimmen die Pflanzenwelt. So schließt sich an die Zone der Hartlaubgewächse an der Mittelmeerküste im Norden Afrikas, die Wüste Sahara an. Weiter südlich prägen die Savannen die Landschaft. Da die Regenzeiten mit zunehmender Nähe zum Äquator immer länger andauern, verändert sich Vegetation der Savanne – die Gräser wachsen höher und die Bäume stehen immer dichter. Es wird zwischen Dornstrauch-, Trocken- und Feuchtsavanne unterschieden. Dort, wo der Einfluss der Äquatorialluft am größten ist, breitet sich der immergrüne tropische Regenwald aus.

Am Kilimandscharo-Massiv und in den Hochgebirgen ändert sich die Vegetation mit der Höhe in Stufen.

Fachbegriffe

Tageszeitenklima	Tiefdruck	Wechselklima	Wüste
Jahreszeitenklima	Hochdruckgebiet	Luftmasse	Wadi
Zenit	Tiefdruckgebiet	stetiges Klima	Savanne
Luftdruck	Innertropische Konvergenzzone (ITC)	Passat	tropischer Regenwald
Wind		Landschaftskomponente	Stockwerkbau

Teste dich 3 – Klima und Vegetation Afrikas

Entscheide, welche der gegebenen Antworten die richtigen sind. Am Ende jedes Tests kannst du deine Lösungen mit dem QR-Code oder dem Webcode (Eingabe des Codes auf der Internetseite www.westermann.de) überprüfen.

WES-115502-003

1. Vervollständige die Sätze mit der richtigen Lösung.

a) Der Wind weht vom □ Hochdruck- zum Tiefdruckgebiet □ vom Tiefdruck- zum Hochdruckgebiet.

b) Auf der Nordhalbkugel weht der Passat aus □ Norden □ Nordosten □ Südosten □ Süden.

c) In der Wüste Sahara gibt es im ganzen Jahr am Boden ein □ Hochdruckgebiet □ Tiefdruckgebiet.

d) Das Passatklima ist □ ein Wechselklima □ ein stetiges Klima.

e) Das Landschaftsmodell hat □ vier □ fünf □ sechs □ sieben Komponenten.

f) Diese Vegetationszone □ Savanne □ Hartlaubvegetation □ Wüste gibt es in Europa nicht.

g) Ein Trockental in der Wüste heißt □ Jamal □ Wadi □ Erg □ Serir.

h) Am höchsten wächst das Gras □ in der Trockensavanne □ in der Feuchtsavanne □ im Regenwald.

i) Die höchsten Bäume im Regenwald stützen sich mit □ tiefreichenden Wurzeln □ Brettwurzeln.

2. Entscheide, welche der Aussagen zum Bild M1 richtig sind.

Der Ort befindet sich in der Zone des tropischen Wechselklimas.	A richtig	B falsch
Der Ort liegt in der Vegetationszone der Feuchtsavanne.	A richtig	B falsch
Das Foto wurde im Monat Juli aufgenommen.	A richtig	B falsch
Der Anbau von Hirse ist möglich.	A richtig	B falsch
Die Menschen müssen auf Dürren vorbereitet sein.	A richtig	B falsch
Hier weht im ganzen Jahr der Südostpassat.	A richtig	B falsch

3. Ein Reiseunternehmen bietet drei Ziele an.
Ordne zu, auf welche Wetterverhältnisse sich die Reiseteilnehmer jeweils einstellen müssen.

A 20. – 30. Juni nach Nubien — ① hohe Luftfeuchtigkeit, Hitze, häufige kräftige Niederschläge

B 14. – 28. Juli in das Kongo-Becken — ② extrem hohe Mittagstemperaturen, kühle Nächte, Trockenheit

C 10. – 20. Dezember an den Malawi-See — ③ hohe Temperaturen, häufig Niederschläge, Überschwemmungsgefahr

4. Die Passatzirkulation am 21.3. bzw. am 23.9.

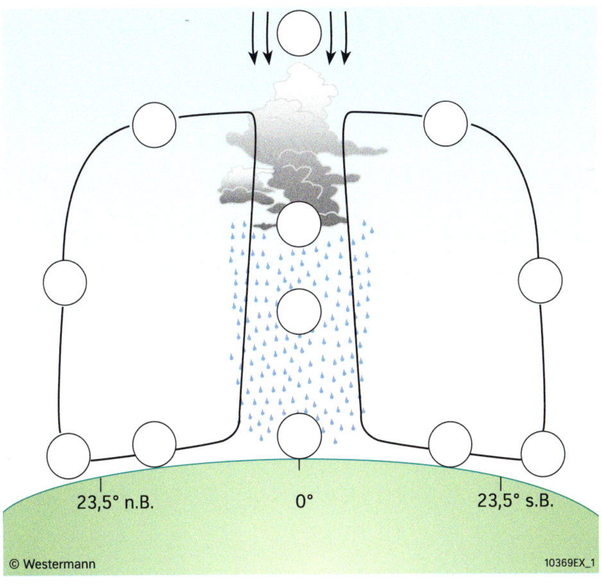

Zeichne das nebenstehende Schema in dein Geographieheft. Ergänze dort Pfeilspitzen, die die Luftmassenbewegungen angeben, und trage die Nummern der nachfolgenden Begriffe in die richtigen Kreise ein.

Hinweis: Es können zwei Begriffe in einen Kreis gehören bzw. derselbe Begriff in zwei unterschiedliche Kreise.

1. absinkende Luft
2. äquatoriale Tiefdruckrinne
3. aufsteigende Luft
4. in der Höhe abfließende Luft
5. innertropische Konvergenzzone (ITC)
6. Kondensation, Niederschläge
7. Nordostpassat
8. Subtropenhoch
9. Südostpassat
10. Zenitstand der Sonne

Für Geographieentdecker!

Suche dir eine Pflanze oder ein Tier aus, das in Afrika seinen Lebensraum hat. Sammle Informationen über die Verbreitung und Anpassung an die klimatischen Bedingungen. Gestalte ein Lapbook oder eine Präsentation.

4. Afrika südlich der Sahara

Bauern pflücken Tee in Ruanda

Leben im Sahel

Hamila lebt mit ihrer Familie als Nomadin im Sudan nahe der Grenze zum Tschad in der Dornstrauchsavanne. Diese Region gehört zum Sahel – dem „rettenden Ufer". Wie lebt Hamila und mit welchen Problemen hat die Familie zu kämpfen?

1. Hamila lebt im Sahel:
a) Erkläre den Begriff Sahel (M2, Info 1).
b) Werte das Klimadiagramm von El Fasher aus (M4). S. 150
c) Beschreibe die Lage des Sahels und nenne die Staaten, die Anteil haben (M2, Atlas).

2. Natürliche Verhältnisse und Nutzung der Sahelzone:
a) Benenne die Klima- und Vegetationszonen, an denen der Sahel Anteil hat (Atlas).
* b) Erkläre die Entstehung der Trockenzeit in den wechselfeuchten Tropen.
c) Beschreibe die an die natürlichen Bedingungen angepasste landwirtschaftliche Nutzung im Sahel (M3 – M6, Atlas).

3. Hamilas Familie lebt als Nomaden:
a) Erkläre den Begriff Nomadismus (M3).
b) Ordne die Aussagen A – C der Wanderbeschreibung den Orten 1 – 3 zu (M3).
c) Beschreibe die Anpassung der Lebensweise der Nomaden an die Trockenzeit (M1, M3 – M5).

4. Der Sahel wird oft von Dürren heimgesucht:
a) Erkläre die Entstehung von Dürren im Sahel (Info 2).
b) Erkläre die Folgen einer Dürre für Hamila und ihre Familie (M3, M5, M6).

5. Stelle die Lebensweise der Kababish vor (M1, M3 – M6, Internet). Erkläre dabei, wie sie ihre Lebensweise an die Natur angepasst haben.

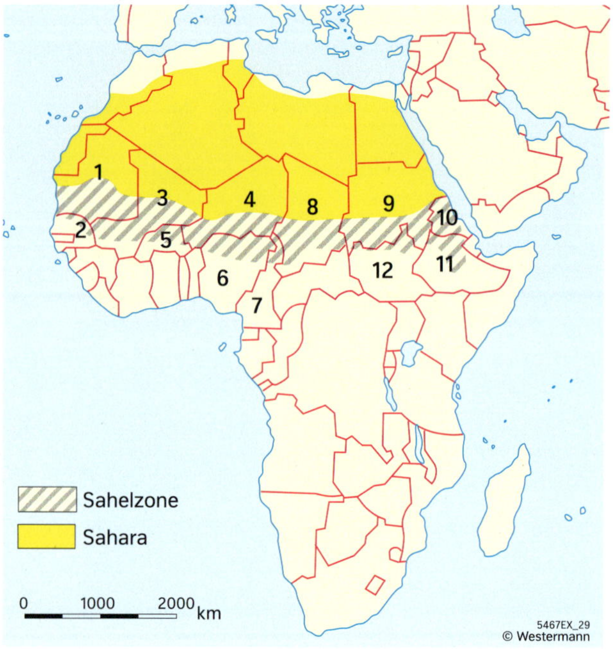

M2 Lage und Abgrenzung des Sahel

INFO 1

Sahel

Das Wort „**Sahel**" kommt aus dem Arabischen und heißt „rettendes Ufer". Für Reisende oder **Nomaden**, die aus der Wüste kamen, bedeutete die oft grün schimmernde Dornstrauchsavanne Hoffnung auf Wasser und Weiden. Diese Landschaft prägt der Wechsel von Regenzeiten, in denen es fast jeden Tag regnet, und Trockenzeiten, in denen oft über Wochen kein Niederschlag fällt.

M1 Lager von Nomaden vom Stamm der Kababish in der Sahelzone des Sudans

Wir wechseln mehrmals im Jahr unseren Wohnsitz und leben daher in Zelten oder verpackbaren Hütten. Für uns, die Kababish, einen Nomadenstamm im Sudan, ist das normal. Die Verfügbarkeit von Wasser bestimmt unsere Wanderroute: Die Trockenzeit verbringen wir meist im Süden der Sahelzone (A). Hier gibt es noch einige Wasserstellen, die trotz Regenmangels uns und unser Vieh versorgen. Mit dem Einsetzen der Regenzeit wandern wir aber zurück in unser Stammesgebiet. 2014 war ein regenreiches Jahr. Wir wussten, dass es hundert Kilometer nördlich unseres Stammesgebietes in der Wüste auf über 1 000 m Höhe frisches Gras gab. Einige unserer Männer zogen mit unseren Kamelen dorthin. Den Tieren reicht die Feuchtigkeit der Pflanzen (B). Die anderen blieben mit den Rindern, Schafen und Ziegen an den Wasserstellen in der Savanne (C). Wenn der Weideplatz verbraucht ist, ziehen wir weiter. Wir ernähren uns von der Milch und dem Fleisch unserer Tiere oder verkaufen diese auf den Märkten an unseren Wanderrouten. Im südlichen Teil des Sahels haben sich auch Bauern (Stämme) angesiedelt, da es dort häufiger regnet. Sie betreiben Ackerbau und bauen Früchte wie Hirse als ***Food Crop*** *zur Eigenversorgung an.*

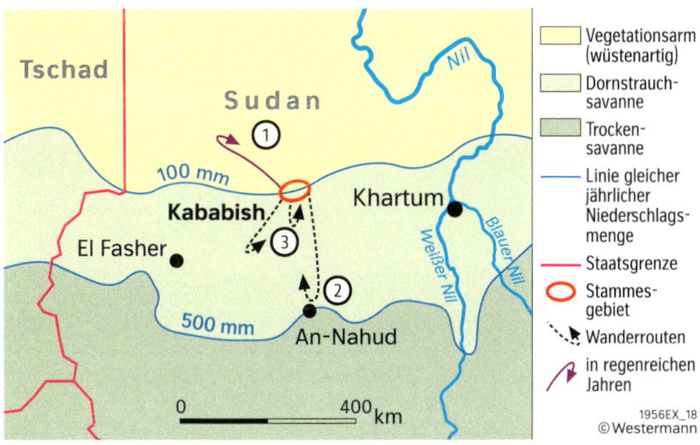

M3 Hamila berichtet über die Wanderung.

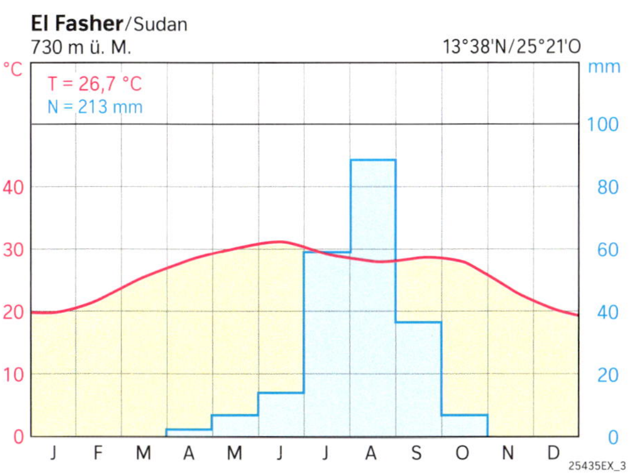

M4 Klimadiagramm von El Fasher

INFO 2

Dürre in der Sahelzone

Von einer Dürre spricht man, wenn mehrere Jahre hintereinander die Niederschlagsmenge weit unter dem Durchschnitt liegt. In solchen Jahren steht aus verschiedenen klimatischen Gründen die Region noch länger als üblich unter Hochdruckeinfluss. Die äquatoriale Tiefdruckzone reicht dann nicht so weit in den Norden. Der ersehnte Regen bleibt aus. Im Sahel herrschen dann Wetterbedingungen, wie sie eher für die Wüsten typisch sind. Es herrscht das Wetterextrem Dürre. Trotz aller Anpassungen ist dann das Leben der Nomaden und ihrer Tiere in Gefahr.

M5 Hirseanbau am Südrand der Sahelzone während eines Dürrejahres

In Dürrejahren ziehen die Nomaden weit nach Süden. Dabei kommt es zu Konflikten zwischen ihnen und den Ackerbauern am Südrand der Sahelzone. Ein Bauer berichtet: „Wo die Nomaden vorbeiziehen, wächst kein Gras mehr und unsere Brunnen haben nicht genug Wasser, dass es auch für ihre riesigen Herden reichen würde. Wie oft habe ich erlebt, dass sie ihre Tiere absichtlich in unsere fast reifen Hirsefelder treiben, weil sie dort Nahrhafteres zu fressen finden als auf den Weiden. Das ruiniert uns, denn die Böden sind sowieso nicht mehr so fruchtbar. Wir brauchen die Flächen, um unsere Familien zu ernähren. Um unsere Kosten zu decken, müssen wir außerdem Erdnüsse und Baumwolle anbauen, die wir verkaufen können. Deshalb dürfen die wenigen Flächen, die uns für den Hirseanbau bleiben, nicht noch verwüstet werden."

M6 Nutzungskonflikte im Sahel

Desertifikation – die Wüste breitet sich aus

Nomadenstämme wie die Kababish nutzen die Böden und die Vegetation der Sahelzone seit Jahrhunderten ebenso wie sesshafte Viehhalter und Bauern. Seit einigen Jahrzehnten wird die Lebenssituation immer schwieriger – die Erträge gehen zurück und die Bevölkerung kämpft um das Überleben. Welche Ursachen und Folgen für Mensch und Natur hat das?

1. Erkläre den Begriff Desertifikation (M2, Info).
2. Ursachen der Desertifikation:
   a) Ordne die Ursachen der Desertifikation nach natürlichen und von Menschen verursachten Ursachen (M2, Info).
   b) Beschreibe die Lage der Gebiete, die von der Desertifikation betroffen sind (M2, Atlas).
3. Erkläre, wie Hirten und Bauern ihre Wirtschaftsweise angepasst haben (M6, M8).
4. Erkläre, warum Desertifikation nicht nur ein Problem des Sahel ist (Atlaskarte: Erde – Desertifikation).

E 5. Erstelle ein Wirkungsgefüge zu Ursachen und Folgen der Desertifikation. S. 148

INFO

Ursachen der Desertifikation

Die Vegetation der Sahelzone ist aufgrund geringer Niederschlagsmengen spärlich. Viehherden müssen ihre Weiden deshalb ständig wechseln. Diese Form der Viehhaltung ist grundsätzlich nachhaltig. Jedoch fressen die immer größer werdenden Herden die Grasflächen vollkommen kahl. Eine solche **Überweidung** führt schließlich zur Ausbreitung von Wüsten (**Desertifikation**).

Die ursprüngliche Form des Ackerbaus im Sahel war der Wanderfeldbau (shifting cultivation). Die Bauern bewirtschafteten ihre Felder drei bis fünf Jahre, bis der Boden erschöpft war. Dann zogen sie weiter und erschlossen sich neue Felder. Das alte Ackerland konnte sich erholen. Aufgrund der wachsenden Bevölkerung und der zunehmenden Nachfrage nach Nahrungsmitteln sowohl für den Eigenbedarf (Food Crops wie Hirse, Reis, Maniok) als auch für den Export (**Cash Crops** wie Baumwolle, Erdnüsse, Sojabohnen) wird diese Brachezeit für den Boden nicht mehr eingehalten: Eine **Übernutzung** und Ernteausfälle sind die Folgen.

In beiden Fällen fehlt dem Boden zunehmend der Schutz vor Wind und er kann leicht abgetragen werden. Dadurch wächst die Wüste.

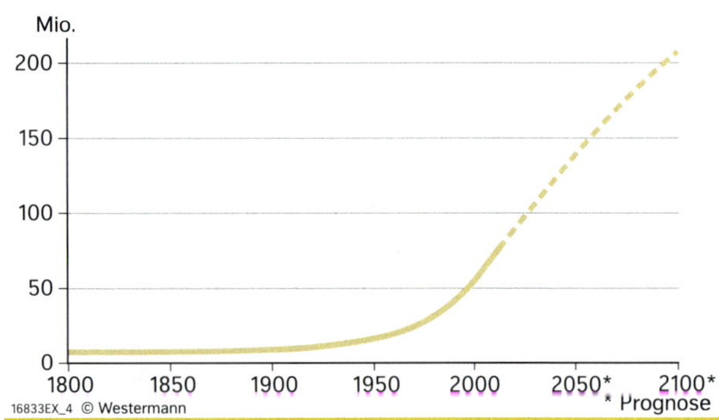

M1 Bevölkerungsentwicklung im Sahel

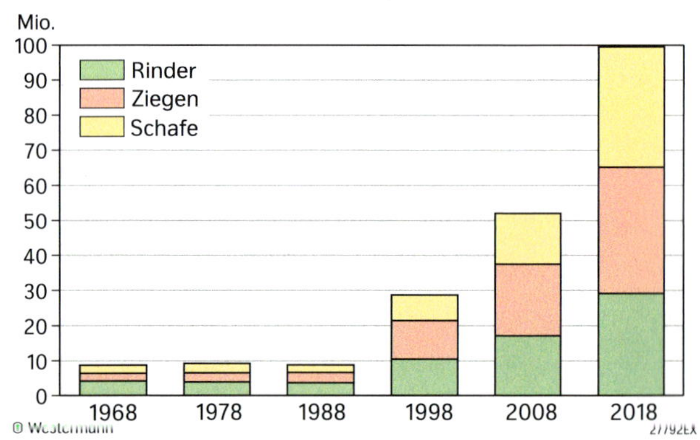

M3 Viehbestände im Sahel

M2 Desertifikation in der Sahelzone und mögliche Ursachen

Eine mehrere Meter hohe Staubwolke kam direkt auf uns zu. Die Sonne verblasste. Man konnte nur noch 20 Meter weit sehen. Es war ein regelrechter Staubsturm aus feinsten Erdteilchen. Als der Sturm vorbei war, sah man, welchen Schaden er angerichtet hatte. Auf den Feldern war die oberste Bodenschicht vollkommen weggeweht. Aber nicht nur der Wind ist gefährlich. Wenn es doch mal stark regnet, kann der unbedeckte Boden auch weggespült werden. Durch die ***Bodenerosion*** *geht diese fruchtbare Lebensgrundlage verloren.*

M4 Schäden durch Bodenerosion – eine Dorfbewohnerin erzählt.

M5 Überweidete Landschaft in Mali

Früher habe ich Hirse ausgesät und auf Regen gewartet. Heute reicht das nicht mehr aus, um meine Familie zu ernähren. Deshalb habe ich die Flächen für den Anbau der Hirse ausgeweitet. Zusätzlich baue ich heute auch Baumwolle und Erdnüsse an. Händler kaufen sie auf. Nur so kann ich meine Familie ernähren.

M8 Ein Hirsebauer aus Nigeria berichtet.

In den letzten Jahren hat es oft reichlich geregnet. Deshalb haben wir die Herde vergrößert. Wir haben jetzt 20 Kamele, 28 Rinder, 36 Ziegen, 20 Schafe und 12 Esel. Diese Herde verschafft unserem Clan Ansehen. Außerdem bekommen wir für unsere Milch und das Fleisch heute mehr Hirse im Austausch. Glücklicherweise hat die Regierung Brunnen mit Motorpumpen gebaut. Sie liefern regelmäßig Wasser. Deshalb können wir jetzt länger an einem Ort bleiben. In ein paar Tagen finden aber die Tiere hier keine Nahrung mehr. Dann ziehen wir in den Süden. Früher konnten wir das Vieh auf die abgeernteten Felder der Hirsebauern treiben. Doch heute lassen die Bauern kein Land brach liegen. Im Gegenteil: Sie haben ihre Felder nach Norden in unsere angestammten Gebiete ausgedehnt.

M6 Ein Hirte aus dem Niger berichtet.

Holz ist unser wichtigster Brennstoff. Wir kochen auf Holzfeuern, denn Kohle, Erdgas und Erdöl sind zu teuer oder nicht verfügbar. Auch als Baumaterial verwenden wir Holz. Die Umgebung unserer Dörfer ist aber häufig bereits abgeholzt. So müssen wir oft weit laufen, um Bäume mit trockenen Ästen zu finden. Immer öfter müssen wir daher grüne Äste oder junge Bäume abschlagen. Auch die vergrößerten Herden fressen die Bäume kahl und zertrampeln die Vegetation.

M7 Mangelware Holz – ein Mädchen aus Burkina Faso erklärt.

Der Stamm von Hamila weiß, dass die Desertifikation gestoppt werden muss. Ziel ist eine nachhaltige Landwirtschaft. Gibt es Möglichkeiten, die Desertifikation aufzuhalten, und welche Maßnahmen wären dafür sinnvoll?

1. Auf dieser Doppelseite werden euch nachhaltige Maßnahmen vorgestellt – arbeitet in Gruppen.
   a) Beschreibt eine ausgewählte Maßnahme bildlich.
   b) Erklärt die Funktionsweise der Maßnahme. Nutzt zur weiteren Recherche auch das Internet.
   ✶ c) Erstellt einen Radiobeitrag/ ein Radiointerview (circa 3 Minuten):
   - mit einem Techniker, der ein Nebelnetz aufstellt (M1),
   - mit einer Bäuerin, die die Zai-Technik anwendet (M2) oder
   - mit einer Mutter, die einen Solarkocher nutzt (M3).

2. Eine weitere Möglichkeit ist die Agroforstwirtschaft (M4):
   a) Erklärt diese Anbauweise.
   b) Ordnet eure jeweilige Maßnahme begründet in das Wertequadrat ein (Probier´s aus!).
   c) Diskutiert in der Klasse eure Einordnungen.

E **3.** Weitere Möglichkeiten sind die Errichtung von Steinwällen zum Erosionsschutz und der Bau von Tiefbrunnen. Stelle in einer Präsentation ein Projekt vor.

Die Kalaharibewohner im Süden Afrikas machen es seit Jahrhunderten vor – sie nutzen Tauwasser, das sich durch die nächtliche Abkühlung an Pflanzen und Spinnennetzen bildet.

Heute spricht man davon, Nebelwasser „zu ernten" – mithilfe von Nebelnetzen. Die Methode ist denkbar einfach, die Voraussetzung: Nebelbildung. Die Netze fangen die Nebeltropfen auf und am Gewebe der Netze bleiben die feinen Tropfen hängen. Sie laufen gemäß der Schwerkraft nach unten und werden in Auffangrillen gesammelt. Das Nebelwasser hat Trinkwasserqualität und kann sofort genutzt werden. Somit können an einem Nebeltag mehrere Hundert Liter Wasser gesammelt werden. Anfällig sind die Netze allerdings gegen starken Sturm.

M1 **Wassergewinnung mithilfe von Nebelfängern**

Auf Flächen in Mali, die von der Desertifikation bedroht sind, werden kleine Mulden oder Rinnen gegraben, die Wasser aufnehmen. Pflanzenmaterial und Asche werden als Dünger beigegeben. Die Methode ist auf großen Flächen möglich. Nach der Regenzeit kann Gras wachsen. Später werden die kleinen Gruben mit Bäumen wie der Akazie aufgeforstet. Dadurch wird die Erosion verhindert und die Bäume spenden Schatten für andere Pflanzen (**Agroforstwirtschaft**). In die Gruben können auch Samen der Okraschote, Wassermelone oder Moringa eingebracht werden, die allesamt schnell wachsen. So kann die Eigenversorgung mit Gemüse und Obst gewährleistet werden.

M2 **Die Zaï-Technik**

Brennholz zum Kochen ist rar und beim Sammeln müssen sehr weite Wege zurückgelegt werden. Auf dem Markt ist Brennholz oft teurer als die eigentliche Mahlzeit, die zubereitet werden soll. Solarkocher können eine Alternative sein. Sie arbeiten nur mit Sonnenenergie. Diese kann im Sahel reichlich genutzt werden.

Dafür wird eine Art Parabolspiegel benötigt, der die einfallenden Sonnenstrahlen auf den Kochbehälter im Brennpunkt bündelt. Der Inhalt im dunklen Behälter wird schnell stark erhitzt. In 20 Minuten lassen sich fünf Liter Wasser zum Kochen bringen und könnten so keimfrei gemacht und als Trinkwasser genutzt werden. In der gleichen Zeit könnten Mahlzeiten für mehrere Personen zubereitet werden. Solarkocher sind nachhaltig, da sie keinerlei Brennstoff benötigen und kein CO_2 produzieren. Sie können allerdings nur im Freien und bei Sonnenschein genutzt werden. Das Kochen in den Abendstunden wird somit schwierig. Außerdem ist die Herstellung eines Solarkochers mit bis zu 300 € Kosten doch relativ teuer. Internationale Organisationen sammeln Spendengelder, von denen die Kocher gekauft werden können. Vor Ort werden diese gegen Raten verkauft, die geringer sind als der Holzpreis. Durch den Zusammenbau und die Wartung der Kocher entstehen zusätzlich Arbeitsplätze.

M3 Solarenergie statt Holz

Der Baum steht im Wald und das Getreide steht auf dem Acker. Diese Verteilung gilt bei der Agroforstwirtschaft nicht. Agroforstwirtschaft ist ein Anbausystem, das durch das Anpflanzen mehrerer, verschiedener Pflanzen, darunter Bäume, die natürlichen Wachstumsbedingungen nachahmt. Diese Form der Landwirtschaft basiert auf einer alten Tradition und schließt die Möglichkeit der Tierhaltung ein. Welche Pflanzen angebaut werden, hängt von den jeweiligen klimatischen Bedingungen ab.

Die eigentliche Anbaufrucht, in Burkina Faso oft Hirse oder Mais, wird gemeinsam mit anderen Pflanzen angebaut. Den Bäumen kommt dabei eine besondere Rolle zu. Ihr Blätterdach dient als Schutz vor Starkregen. Herabgefallene Blätter mindern die Bodenerosion. Starker Wind wird durch die Bäume gebremst. Zusätzlich schützen sie vor zu starker Sonneneinstrahlung. Ihre Wurzeln halten die Erde fest, was einen zusätzlichen Erosionsschutz darstellt. Weil die verschiedenen Pflanzen zu unterschiedlichen Zeiten geerntet werden, ist der Boden nie unbedeckt. Auch dies verhindert ein Auswehen oder Auswaschen. Kombiniert man das alles mit Viehhaltung, können die Tiere mit den Blättern der Bäume und anderen Pflanzen gefüttert werden. Ihr Dung dient als Dünger, Fleisch und Eier können verkauft werden. Auch Holz und Früchte dienen als zusätzliche Einnahmequelle.

M4 Agroforstwirtschaft in Burkina Faso

M5 Felder um ein Dorf im Südwesten Burkina Fasos

PROBIER'S AUS!

Maßnahmen gegen die Desertifikation sollten effektiv und nachhaltig sein. Um dies beurteilen zu können, kannst du das Wertequadrat nutzen. Lies den Text zur Agroforstwirtschaft und überprüfe deren Einordnung im Wertequadrat. Ordne dann die anderen Beispiele ein.

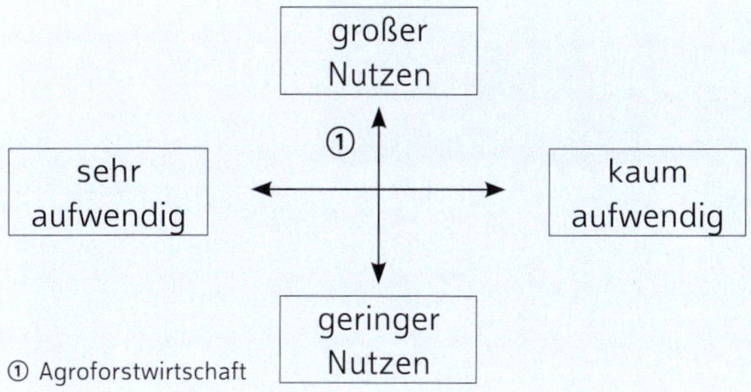

Der tropische Regenwald – Leben und Nutzung

Der tropische Regenwald wird oft als Schatzkammer der Natur bezeichnet. Fast zwei Millionen Tier- und Pflanzenarten gibt es auf der Erde – etwa die Hälfte davon ist im Regenwald beheimatet. Doch auch der Mensch macht sich mehr und mehr die Regenwälder zunutze. Wie leben indigene Völker im tropischen Regenwald und welche Folgen ergeben sich aus den heutigen Nutzungsformen?

1. Beschreibe die Verteilung der tropischen Regenwälder weltweit (M2, Atlas).
2. Schatzkammer tropischer Regenwald:
   a) Charakterisiere den tropischen Regenwald als Schatzkammer (M4, M5, Info).
   b) Analysiere die vielfältigen Nutzungsmöglichkeiten für Edelhölzer aus tropischen Regenwäldern (M3, Internet).
3. Indigene Völker im tropischen Regenwald:
   a) Lokalisiere die Siedlungsgebiete der indigenen Volksgruppen (M1, Atlas).
   b) Vergleiche die Nutzung des tropischen Regenwaldes durch die indigenen Völker mit der der Holz- und Elektroindustrie (M1, M3 – M7, Info, Atlas).
4. Raubbau am tropischen Regenwald:
   * a) Begründe, weshalb die Holznutzung und der Rohstoffabbau im tropischen Regenwald oft als „Raubbau“ bezeichnet werden.
   b) Erläutere Folgen des Raubbaus für Pflanzen, Tiere und der indigenen Bevölkerung.
5. Beurteile die Argumente der Holzindustrie und der Umweltschützer (M5, M7).

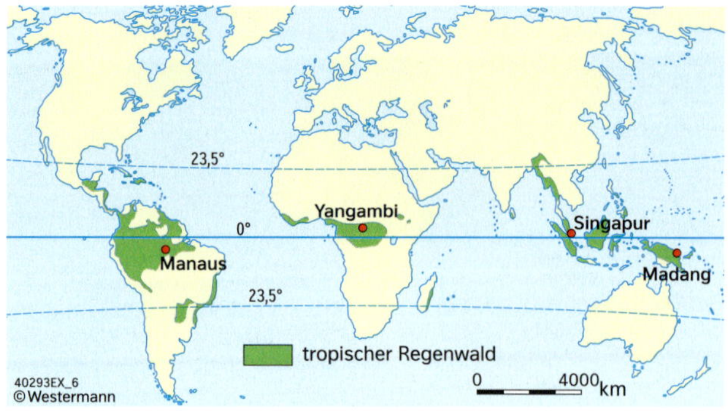

M2 Verbreitung tropischer Regenwälder weltweit

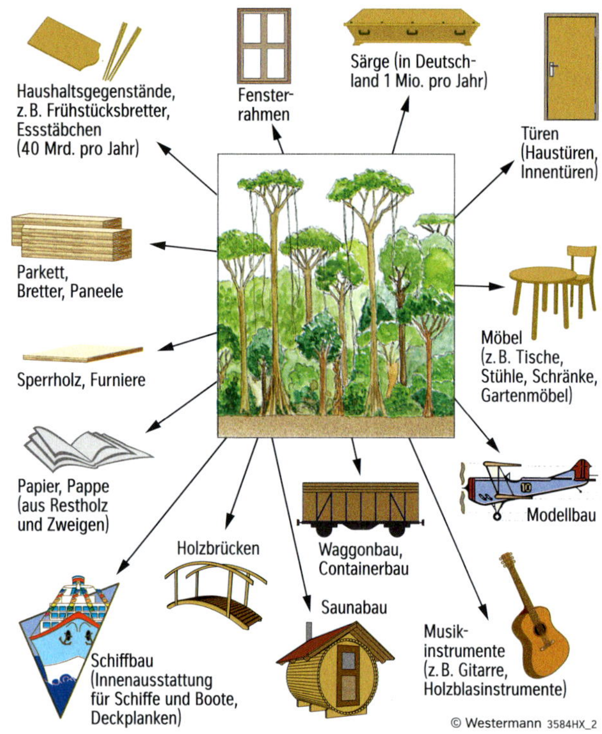

M3 Verwendung tropischer Edelhölzer

Seit Jahrtausenden leben indigene Völker im tropischen Regenwald.
Ein Ethnologe, der längere Zeit bei einem der Völker gelebt hat, berichtet: „Die indigenen Völker haben mehr Kenntnisse über den Wald als alle Naturwissenschaftler zusammen. Sie haben sie, weil sie Bestandteil des Waldes sind.“ Die indigene Bevölkerung lebt in Gruppen zusammen, zu denen mehrere Familien gehören. Jede Gruppe benötigt zum Überleben ein Gebiet von etwa 10 km^2. Sie kennen keine festen Behausungen und leben als Jäger und Sammler. Durch das Vordringen der heutigen Zivilisation ist ihre Lebensform bedroht.

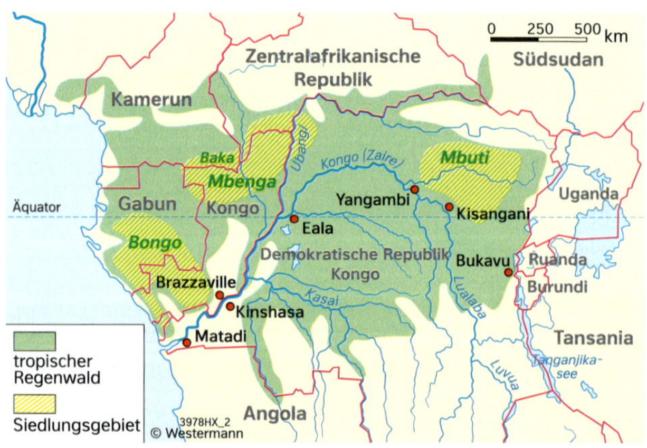

M1 Indigene Völker im tropischen Regenwald

M4 Schatzkammer tropischer Regenwald

INFO

Regenwald und Elektronik

In jedem PC, Handy, Akku oder Elektroauto sind Metalle enthalten, die z. B. im Regenwald Afrikas abgebaut werden. Wichtige Rohstoffe sind zum Beispiel Zinn (Beschichtungen) und Kobalt (Produktion von Akkus). Deren Abbaugebiete befinden sich in der Provinz Katanga der D. R. Kongo und in Sambia. Sehr viele Kinder arbeiten in den Minen. In den Bergbauregionen kommt es zu weitreichenden Umweltproblemen. So werden für den Zinnabbau, aber auch zur Förderung von Bauxit (Aluminiumherstellung) riesige Waldflächen abgeholzt. Die im Umkreis der Minen lebenden Menschen müssen mit verschmutztem Wasser und verseuchten Böden auskommen. Die Lebens- und Arbeitsbedingungen der Arbeiter sind sehr schlecht.

M6 Arbeiter in einer Kobaltmine (D. R. Kongo)

Täglich verringert sich die Fläche der tropischen Regenwälder um die Größe mehrerer Fußballfelder. Umweltschützer schlagen weltweit Alarm. Die Holzindustrie arbeitet ungehemmt weiter. „Unser Holz ist für den Export bestimmt“, argumentiert ein Angestellter der Holzindustrie in Kamerun. „Für die Möbel- oder Papierindustrie werden nur einzelne Bäume geschlagen, sie werden vor Ort zerteilt und zu den Häfen transportiert. Der Schaden für den Wald bleibt also gering. Und unser Land verdient Geld, welches in die Bildung und medizinische Versorgung investiert werden kann.“

M5 Ein Angestellter der Holzindustrie berichtet.

„Die Wälder werden empfindlich gestört“, warnt ein Umweltschützer. „Es müssen Schneisen in die intakten Wälder geschlagen werden und schwere Maschinen zerstören alles, um an die einzelnen Bäume heranzukommen. Dem Boden fehlt dann die Vegetation als Erosionsschutz. Und nicht alles Geld kommt unserer Bevölkerung zugute. Eigentlich müssen alle Regenwälder unter Naturschutz gestellt werden, die Forstwirtschaft muss nachhaltig werden. Edelholzplantagen wären ein Weg, das Holz kann mit Gütesiegeln versehen und Regenwaldflächen können aufgeforstet werden.“

M7 Ein Umweltschützer warnt.

Landnutzung – Wanderfeldbau und Agroforstwirtschaft

Der Wanderfeldbau ist die ursprüngliche Form des Ackerbaus in den Tropen, bei der die Wirtschaftsflächen und Siedlungen nach einer gewissen Zeit verlegt werden. Diese Wirtschaftsweise ist nur noch selten anzutreffen. Wie verändert sich die Nutzungsform und welche Folgen hat dies für die Natur?

1. Beschreibe die Lebensweise der Bantu (M1).

2. Wanderfeldbau und Agroforstwirtschaft:
   a) Erläutere die Merkmale des Wanderfeldbaus (M1 – M4, M7, Atlaskarte: Afrika – Kongobecken Landwechselwirtschaft).
   b) Erläutere die Merkmale der Agroforstwirtschaft im tropischen Regenwald (M5 – M8).
   ✶ c) Vergleiche Wanderfeldbau und Agroforstwirtschaft miteinander (M1 – M8).
   d) Beurteile mithilfe des Nachhaltigkeitsmodells, ob es sich bei beiden Anbauformen um eine nachhaltige Nutzungsform handelt (M1 – M9).

3. Zeichne eine Skizze von einem Baum im tropischen Regenwald mit geschlossenem Nährstoffkreislauf. Trage die Nährstoffe im Kreislauf als grüne Punkte ein (M5, M6).

E **4.** Vergleiche die Nutzungsform der Agroforstwirtschaft im Sahel und im tropischen Regenwald miteinander (M5, M6, M8, S. 83/ M4, M5).

Mein Name ist Yari und ich bin 13 Jahre alt. Ich gehöre zu den Bantu und lebe in Kamerun. Bantustämme leben in ganz Subsahara-Afrika. Meine Familie wohnt mit anderen Familien in einem Dorf im Regenwald. Leider müssen wir dieses Jahr wieder umziehen. Wir ernähren uns vom Ackerbau, aber der Boden ist nach einiger Zeit ausgelaugt, d. h. er bietet keine Nährstoffe mehr und dadurch können wir nichts mehr ernten. Dann ziehen unsere Väter los, suchen einen neuen Platz und roden diesen. Anschließend verbrennen sie die noch vorhandenen Sträucher und Baumreste. Meine Mutter und die anderen Frauen sind dann für das Verteilen der Asche und für die Aussaat der Samen zuständig. Mit Grabstock und Hacke lockern sie den Boden und pflanzen Hirse, Mais, Erdnuss und Maniok. Diese Anbauform nennt man deshalb auch Hackbau. Normalerweise können wir nach vier Monaten wieder ernten. Gemeinsam leben wir in Rundhütten aus Lehm. Ich helfe meiner Familie bei der Feldarbeit, deshalb kann ich nur selten zur Schule gehen.

M1 Yari vom Stamm der Bantu

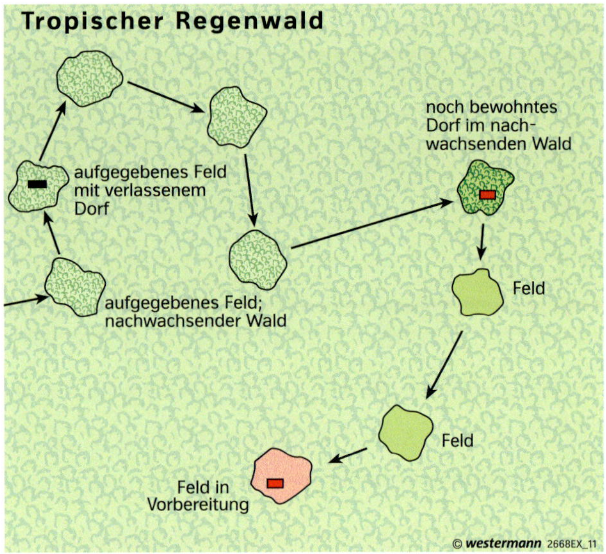

Der **Wanderfeldbau** ist eine Form des Ackerbaus in den Tropen und Subtropen, bei dem sowohl die Wirtschaftsflächen als auch die Siedlung nach gewisser Zeit verlegt werden. Die neuen Flächen werden durch **Brandrodung** des Primärwaldes gewonnen. Nach dem Verlassen dieser Flächen wächst der **Sekundärwald**. Diese Wirtschaftsweise dient der Selbstversorgung der ansässigen Menschen (**Subsistenzwirtschaft**). Aufgrund des großen Flächenbedarfs wird sie nur noch selten angewandt.

M2 Wanderfeldbau

M3 Brandrodung

M4 Hackbau

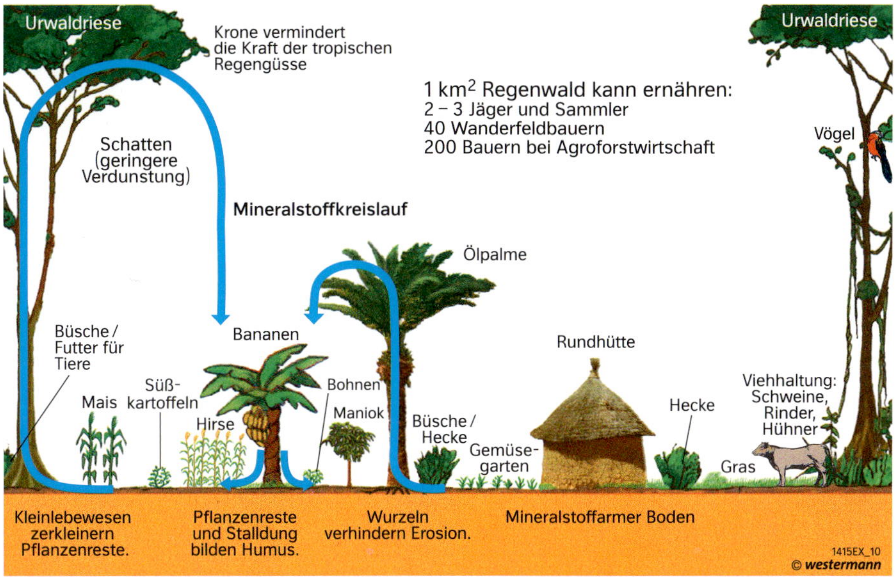

M5 Agroforstwirtschaft im tropischen Regenwald

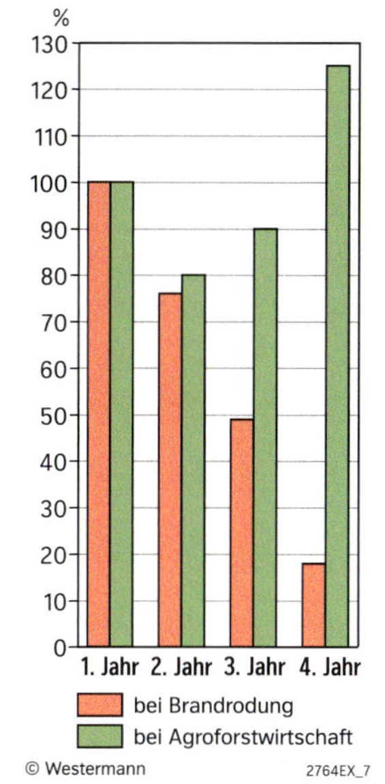

M7 Ernten im Vergleich

Eine Möglichkeit, den tropischen Regenwald zu schützen, ist es, diesen als ein Schutzgebiet auszuweisen und damit Eingriffe zu untersagen. Ein Teil dieser Schutzgebiete darf aber teilweise bewirtschaftet werden, um Einkommensmöglichkeiten für die Bevölkerung zu schaffen. Um tropische Regenwälder möglichst schonend zu nutzen, empfehlen viele Experten die landwirtschaftliche Nutzung dem natürlichen Ökosystem anzupassen.
Eine nachhaltige Bewirtschaftung der Wälder kann auch hier die Agroforstwirtschaft sein. Auch im tropischen Regenwald werden dabei Mischkulturen angepflanzt. Zwischen den Bäumen und Sträuchern (z. B. Kaffee oder Tee für den Export) werden Feldfrüchte (z. B. Maniok, Bohnen, Mais, Hirse und Gemüse für den Eigenbedarf) angebaut. Der Stockwerkbau des tropischen Regenwaldes wird nachgeahmt. Die Kronen der Bäume spenden den Anbaufrüchten Schatten. Die Wurzeln der Bäume und Sträucher stabilisieren den Boden und schützen ihn vor Erosion. Durch den ganzjährigen Laubabfall der Bäume entsteht Humus. Bei der Zersetzung des Laubs wird die obere dünne Humusschicht mit Nährstoffen angereichert. Durch ein Heer von Ameisen, Käfern und Würmern werden Pflanzenteile in nur wenigen Tagen zersetzt. Pilze und Kleinstlebewesen zerlegen die Teilchen weiter, bis schließlich Nährstoffe entstehen. Diese werden direkt von den Wurzeln der Bäume wieder aufgenommen.
Zusätzlich wird durch Kompostdüngung der Nährstoffauswaschung entgegengewirkt. Der natürliche Nährstoffkreislauf des Regenwaldes ist damit geschlossen. So können die Fruchtbarkeit und die Ertragshöhe langfristig erhalten bleiben.

M6 Nährstoffhaushalt in der Agroforstwirtschaft

M8 Mischkultur – hier: tropische Baumarten, Pfeffer, Tee

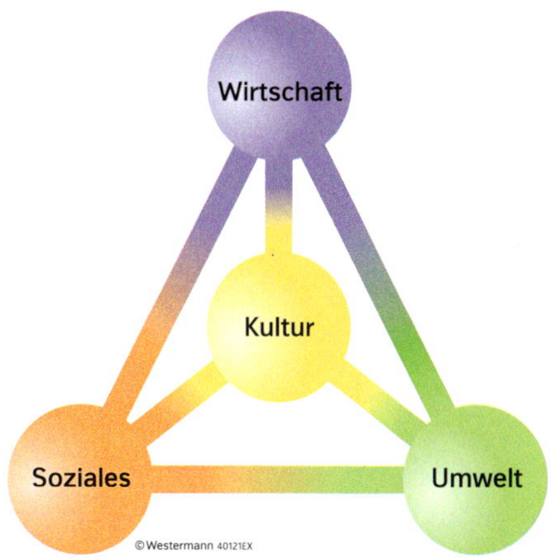

M9 Die Dimensionen der Nachhaltigkeit

Kakao – Plantagen und Fairtrade

Im 19. Jahrhundert brachten die Kolonialmächte den Kakaoanbau von Mittelamerika nach Afrika. Zeitgleich fingen die Bürger Europas an, Kakao zu trinken. Die Produktion erfolgte von Anfang an fast ausschließlich auf Plantagen für den Export. Kakao gehört damit zu den Cash Crops. Typisch für Plantagen ist der Anbau nur eines Produktes, weswegen diese auch Monokulturen genannt werden. Oft sind die Arbeitsbedingungen und der Verdienst der Arbeiter schlecht. Wie können diese Bedingungen geändert und wie kann auch der Handel mit Kakao fairer gestaltet werden?

1. Länder wie Côte d´Ivoire in Westafrika haben große Kakaoanbaugebiete:
   a) Beschreibe die Verteilung der Anbaugebiete von Kakao in Westafrika (M7, Atlas).
   b) Erkläre, warum gerade die Staaten Westafrikas für den Kakaoanbau geeignet sind (M7, Info 1, Atlas).

2. Kakao wird zumeist in Plantagen angebaut:
   a) Beschreibe den Weg des Kakaos von der Ernte bis zum Export (Info 1, M1 – M3, M5).
   b) Erkläre die Vor- und Nachteile der Plantagenwirtschaft.
   c) Erstelle eine Kartenskizze zur Landnutzung in der Region Djapadji (Atlaskarte: Afrika – Côte d'Ivoire Kakaoanbau). S. 149
   d) Vergleiche den Plantagenanbau mit der Agroforstwirtschaft (S. 87 / M5 – M8).

3. Am Gewinn einer Tafel Schokolade sind die Mitglieder der Herstellungskette unterschiedlich stark beteiligt:
   a) Beschreibe, wer wie viel am Verkauf einer Tafel Schokolade verdient (M6).
   b) Erkläre die Vorteile des Fairtrade-Handels für die Kakaobauern (M4, M6, Info 2).

M2 Kakaofrüchte in einer Kakaopflanzung

INFO 1

Die bis zu 15 m hohen Kakaobäume gedeihen nur im feuchtheißen Regenwaldklima. Für ihr Wachstum benötigt die Pflanze Temperaturen zwischen 24 und 29° C. Die Temperatur darf nicht unter 20° C sinken. Zudem benötigt Kakao 1 500 – 2 000 mm Niederschlag im Jahr. Er wächst nur im Schatten großer Bäume. Jede Kakaofrucht ist etwa ein halbes Kilogramm schwer und enthält 30 bis 50 Kakaobohnen. Die reifen Früchte werden zerbrochen, die Bohnen aus dem Fruchtfleisch gelöst und dann abgedeckt zum Gären gebracht. Nach einer Woche färben sich die Bohnen außen braun und schmecken schokoladig. Ein Kakaobaum trägt etwa 20 Jahre Kakaofrüchte, dann müssen neue Bäume gepflanzt werden.
Zumeist werden Produkte wie Kakao in Afrika auf **Plantagen** angebaut. Das ist ein landwirtschaftlicher Großbetrieb, der sich auf die Erzeugung eines einzigen Produktes für den Weltmarkt spezialisiert hat (**Monokultur**). Vor dem Verkauf muss der Kakao auf den Plantagen verarbeitet werden. Die harte Arbeit auf den Plantagen wurde früher von Sklaven verrichtet – heute wird diese vor allem von Tagelöhnern mithilfe von Maschinen ausgeführt. Die Kosten für diese Maschinen sowie für den teuren Dünger und die Pflanzenschutzmittel sind für Kleinbauern viel zu hoch. Deshalb werden Plantagen von einzelnen reichen Familien oder ausländischen Unternehmen betrieben.

Ich heiße José, ich komme aus Nigeria. Zusammen mit meiner Familie lebe ich auf einer Kakaoplantage. Meine Eltern arbeiten auch auf der Plantage. Mein Vater hilft bei der Ernte, meine Mutter bei der Verpackung der getrockneten Bohnen. Sie arbeiten von früh bis spät, teilweise bis zu 14 Stunden am Tag. Jeden Tag nach der Schule klopfe ich Kakaofrüchte auf. Meine Eltern verdienen zusammen 5 000 Neira, das entspricht acht Euro pro Tag. Ich bekomme für meine Arbeit 200 Neira. Wir leben auf der Plantage in einer kleinen Hütte. Zu fünft teilen wir uns einen Raum.

M1 José – ein junger Plantagenarbeiter

M3 Aufklopfen einer Kakaofrucht

M5 Kakaobohnen beim Trocknen

Soziales	Ökologisches	Ökonomisches
Organisation in demokratischen Gemeinschaften (bei Kooperativen)	umweltschonender Anbau	Fairtrade-Mindestpreis und Fairtrade-Prämie
Förderung gewerkschaftlicher Organisation (auf Plantagen)	Schutz natürlicher Ressourcen	Nachweis über Waren- und Geldfluss
geregelte Arbeitsbedingungen	Verbot gefährlicher Pestizide	Richtlinien zur Verwendung des Siegels
Verbot ausbeuterischer Kinderarbeit	kein gentechnisch verändertes Saatgut	transparente Handelsbeziehungen
Diskriminierungsverbot	Förderung des Bioanbaus durch den Bioaufschlag	Vorfinanzierung

Die Fairtrade-Standards sind das Regelwerk, das Kleinbauernorganisationen, Plantagenbesitzer und Unternehmen bei der Produktion und Vermarktung einhalten müssen. Sie umfassen soziale, ökologische und ökonomische Kriterien, um eine nachhaltige Entwicklung der Produktionsorganisation in den Produktionsländern zu gewährleisten. Der Fairtrade-Mindestpreis ist als Sicherheitsnetz zu verstehen. Liegt der jeweilige (Welt-)Marktpreis darüber, muss der höhere Preis bezahlt werden. Der Mindestpreis gilt für fast alle Produktgruppen, die für den Export angebaut werden. Zusätzlich zum Verkaufspreis erhalten alle Produzentenorganisationen die Fairtrade-Prämie. Die Bauernfamilien bzw. Beschäftigten auf Plantagen entscheiden gemeinsam in einem demokratischen Prozess, in welche sozialen, ökologischen und ökonomischen Projekte die Prämie investiert wird und welche Ziele erreicht werden sollen.

M4 Fairtrade-Standards

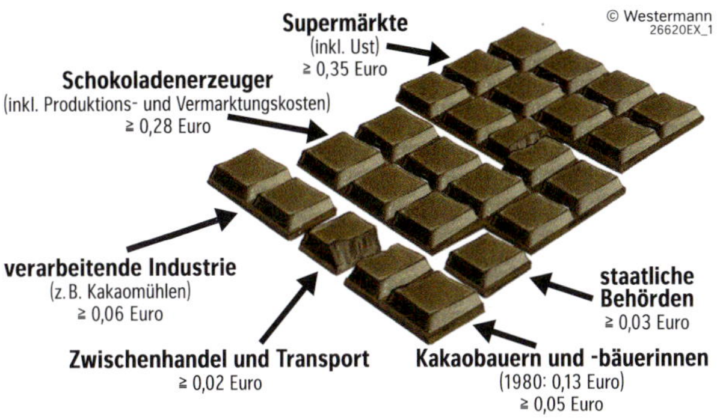

M6 Kostenanteile des Rohkakaos in einer Tafel Schokolade

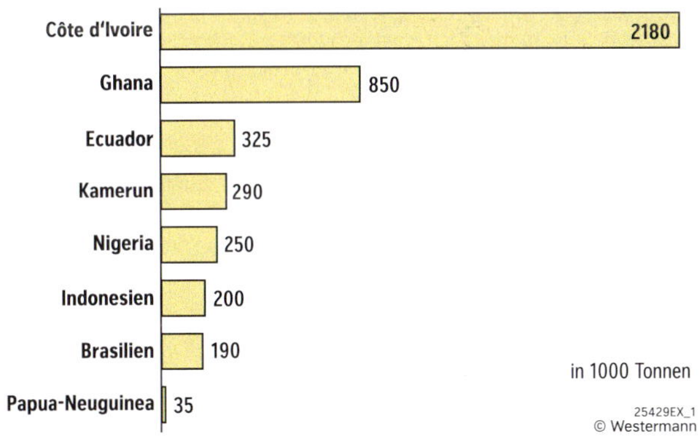

M7 Ernteerträge der führenden Anbauländer von Kakaobohnen weltweit (2019/2020)

INFO 2

Der Verein „Transfair" wurde 1992 gegründet. Er vergibt in Deutschland das Fairtrade-Siegel. Mit diesem Siegel werden Produkte aus fairem Handel gekennzeichnet. Die Kleinbauern können ihre Produkte garantiert zu fairen Preisen absetzen. Gleichzeitig werden ihre Lebens- und Arbeitsbedingungen verbessert. Das Siegel wird an Importeure, Verarbeitungsbetriebe und Händler vergeben, die die Fairtrade-Standards erfüllen.

Regenwaldvernichtung erhöht die Erdtemperatur

Tim berichtet seinen Freunden, dass alle Schülerinnen und Schüler seiner Schule an einem Sponsorenlauf zur Rettung des Regenwaldes teilgenommen haben. Aber warum müssen die Regenwälder „gerettet" werden? Welche Verantwortung tragen Regierungen und wie kann jeder Einzelne dazu beitragen?

1. Verbreitung der Regenwälder auf der Erde:
   a) Wiederhole die Lage großer Regenwaldgebiete auf der Erde (S. 84/ M2, Atlas).
   b) Beschreibe, die Abnahme der Regenwaldflächen auf den Kontinenten der Erde (M1).
2. Der tropische Regenwald schrumpft:
   a) Erläutere, wie und warum große Regenwaldflächen abgeholzt werden (M2, M3).
   b) Erkläre die Folgen der Waldzerstörung (M6 – M9).
   c) Interpretiere die Karikatur (M4). S. 151
3. Beschreibe Möglichkeiten, wie Regierungen und auch jeder Einzelne gegen die Regenwaldvernichtung aktiv werden können (M5, Info).

M3 Zerstörung des tropischen Regenwalds

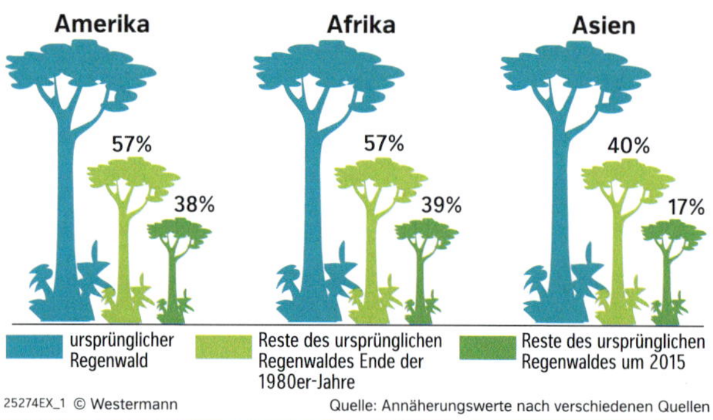

M1 Die Verbreitung des tropischen Regenwaldes

M4 „... don't worry, be happy ..."

Gründe für die Regenwaldabholzung sind zum einen der bereits erwähnte Edelholzeinschlag. Werden Edelhölzer für die Möbelindustrie geschlagen, so stehen um die begehrten Bäume auch noch viele andere Bäume, die der Abholzung zusätzlich zum Opfer fallen. Das Argument, es würden nur einzelne Bäume geschlagen, hinkt also.
Um große Felder für Plantagen und Weideflächen zu erhalten, werden außerdem die Bäume oft nicht gefällt, sondern abgebrannt. Das spart Zeit und Kosten. Dabei wird aber die gesamte Waldfläche inklusive aller Pflanzen und Lebewesen vernichtet. Für die riesigen Viehherden müssen wiederum Flächen gerodet werden, auf denen Futtermittel angebaut werden.

M2 Gründe für die Regenwaldabholzung

In erster Linie sind die Regierungen gefragt, um der Regenwaldvernichtung Einhalt zu gebieten. Das gelingt jedoch nur teilweise. In Brasilien beispielsweise werden die Unternehmen, die den Regenwald abholzen, sogar vom derzeitigen Staatspräsidenten und seiner Regierung dazu ermutigt. Die Regierungen müssten gegen die illegale Vernichtung der Wälder mit Gesetzen und harten Strafen vorgehen. So gibt es in einigen Ländern Schutzgebiete, in denen der Holzeinschlag verboten ist. Die gerodeten Gebiete müssten sofort wieder aufgeforstet werden. In der Landwirtschaft sollten umweltfreundliche ökologische Anbauformen bevorzugt werden, um Regenwaldflächen zu schonen.

M5 Welche Maßnahmen können Regierungen treffen?

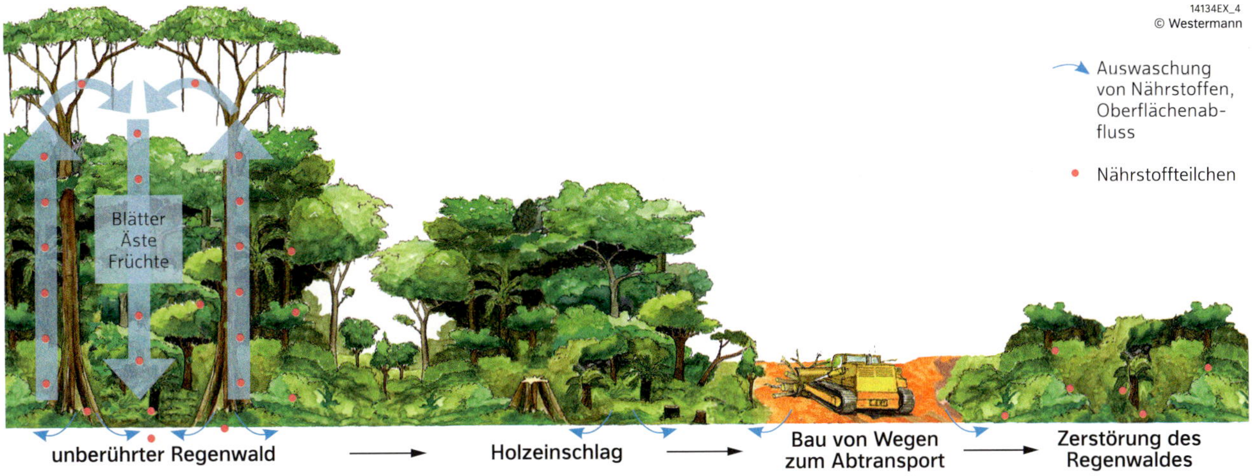

M6 **Nährstoffkreislauf eines unberührten und eines zerstörten tropischen Regenwaldes**

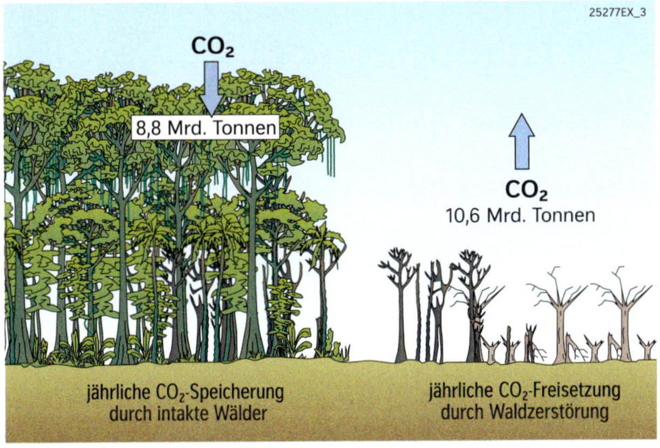

M7 **Tropische Regenwälder als CO_2-Speicher**

tropische Regenwälder	20
Nadel- und Laubwälder	14
Feuchtsavannen und wechselfeuchte Wälder	2 – 16
nördlicher Nadelwald	9
immergrüne Hartlaubgehölze	2 – 3

M8 **In Biomasse gebundenes Kohlenstoffdioxid (in kg/ m²)**

INFO

Möglichkeiten zur Regenwaldrettung und zum Klimaschutz beizutragen

- Verzicht auf Möbel aus Tropenhölzern,
- recyceltes Papier nutzen,
- Verzicht auf Produkte aus Palmöl,
- Reduzierung des Fleischverzehrs,
- bevorzugt regionale und saisonale Produkte kaufen,
- bevorzugte Nutzung von öffentlichen Verkehrsmitteln und dem Fahrrad,
- Energiesparen sowohl zu Hause als auch in der Schule,
- elektronische Geräte stets nach der Nutzung ausschalten; auch den Standby-Modus,
- Ökostromanbieter wählen,
- Projekttage oder -wochen und Sponsorenläufe zur Rettung des Regenwaldes an Schulen durchführen.

Der Wald speichert in großen Mengen das Treibhausgas Kohlenstoffdioxid, indem er CO_2 aufnimmt und in Sauerstoff umwandelt. Wenn Teile des Waldes vernichtet werden, kann dieser weniger Kohlenstoffdioxid aufnehmen, das dann wiederum in der Erdatmosphäre den Treibhauseffekt verstärkt. Mehr Treibhausgase in der Atmosphäre bedeuten aber, dass die Erdtemperatur weiter steigt. Mit dem Abbrennen der Wälder gelangen zusätzlich größere Mengen an Kohlenstoffdioxid in die Atmosphäre. Durch die Vernichtung der Regenwälder weltweit gelangen etwa elf Prozent des CO_2-Ausstoßes der Menschen in die Atmosphäre. Wissenschaftler haben zudem festgestellt, dass es in den Regenwaldgebieten zunehmend trockener wird. Das Funktionieren der Regenwald-Landschaft sowie die Existenz der Pflanzen und das Leben der Tiere werden dadurch beeinträchtigt. Auch durch zunehmende Trockenheit kann die Fläche des Regenwaldes reduziert werden. So meinen Wissenschaftler, dass bis zum Ende des 21. Jahrhunderts eine Regenwaldfläche von 70 % verloren gehen kann. Wälder funktionieren wie große Schwämme, indem sie Wasser speichern. Bei Rodung des tropischen Regenwaldes kann er diese Funktion nicht mehr ausführen und es kommt so häufiger zu Erdrutschen. Mehrere Siedlungen in den betroffenen Regenwaldgebieten wurden so in der Vergangenheit unter Schlammlawinen begraben.

M9 **Folgen der Waldvernichtung**

Nigeria – reiches-armes Land

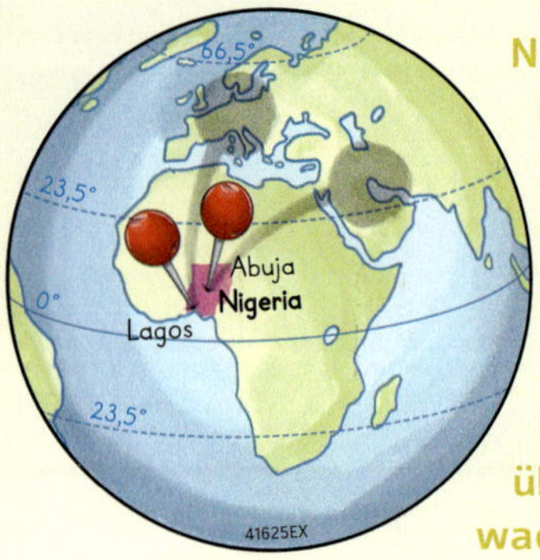

Nigeria ist das bevölkerungsreichste Land Afrikas und hat innerhalb der Subsahara-Staaten eine Sonderstellung: Das Land verfügt über große Erdölfelder und mit der 22-Millionen-Einwohner-Metropole Lagos über eine der am schnellsten wachsenden Großstädte der Welt. Ähnlich wie Saudi-Arabien erzielt Nigeria hohe Einnahmen aus dem Export von Erdöl. Warum leben dennoch über 80 Prozent der Bevölkerung von weniger als 1,90 US-Dollar pro Tag und damit unterhalb der Armutsgrenze?

* **1.** Stelle das Land Nigeria kurz vor (M1 – M4, Atlas).

2. Nigeria ist ein Land mit niedrigem Entwicklungsstand:
a) Beschreibe den Entwicklungsstand Nigerias (M3 – M8).
b) Vergleiche den Entwicklungsstand der Staaten Deutschland und Nigeria (M4).
c) Erkläre, inwieweit die Bevölkerungsentwicklung für das Land problematisch ist (M2 – M8, Info).

3. Beschreibe die Entwicklung der Erdöl- und Erdgasproduktion in Nigeria (M9, M10).

4. Fasse in einer Mindmap zusammen, warum Nigeria als Entwicklungsland zu sehen ist (M2 – M10, Info).

E **5.** Erkläre, warum es trotz des Rohstoffreichtums zu großen sozialen, ökonomischen und ökologischen Problemen in Nigeria kommt (M4, M7 – M10, Info).

M1 Naturraum Nigerias – Savanne

M2 Lagos – größte Stadt Nigerias

Nigeria

Fläche:	923 768 km²
Einwohner:	204 Mio.
Bevölkerungsdichte:	220 Einw. / km²
Stadtbevölkerung:	>50 %
Hauptstadt:	Abuja (2,7 Mio. Einw.)
Amtssprache:	Englisch, (>500 einheimische Sprachen)
Länderkennzeichen:	NGA

Erwerbstätige nach Wirtschaftssektoren

primär:	35 %
sekundär:	12 %
tertiär:	53 %

M3 Steckbrief Nigerias (2019)

	Deutschland	Nigeria
Einwohner	83 Mio.	204 Mio.
BIP	3 951 Mio. US $	447 Mio. US $
BNE pro Kopf	51 680 Mio. US $	5 680 Mio. US $
Lebenserwartung	81 Jahre	54 Jahre
Geburtenrate	1,5	5,1
Kindersterblichkeit	3 Todesfälle/ 1 000 Lebendgeborene	17 Todesfälle/ 1 000 Lebendgeborene
Alphabetisierungsrate	> 99 %	40,4 %
Zugang zu sauberem Trinkwasser	99 %	< 50 %
durchschnittlicher Wasserverbrauch pro Kopf und Tag	123 Liter	16 Liter
Aidsrate	0,1 %	2,8 %

M4 Strukturdaten Deutschlands und Nigerias im Vergleich (2019)

INFO

Kennzeichen von Entwicklungsländern

Bevölkerung: hohe Geburtenrate, hohes Bevölkerungswachstum („Bevölkerungsexplosion"), zunehmende Verstädterung (Landflucht), Hunger und Unterernährung, niedrige Alphabetisierungsrate, große Unterschiede zwischen Arm und Reich

Politische Verhältnisse: vielfach Militärregierung, häufig Konflikte im Inland oder mit den Nachbarländern

Wirtschaft: geringer Industrialisierungsgrad, Landwirtschaft dominierender Erwerbszweig, Kinderarbeit weit verbreitet, geringer Einsatz moderner Technik, geringe Produktivität, schwach ausgebaute Infrastruktur, starke Exportabhängigkeit, hohe Staatsverschuldung

Umwelt: überdurchschnittlich hoher Abbau von Rohstoffen zu Lasten der Umwelt, Gefährdung des Gleichgewichts zwischen Natur und Gesellschaft, z. B. durch die Vernichtung von Regenwäldern

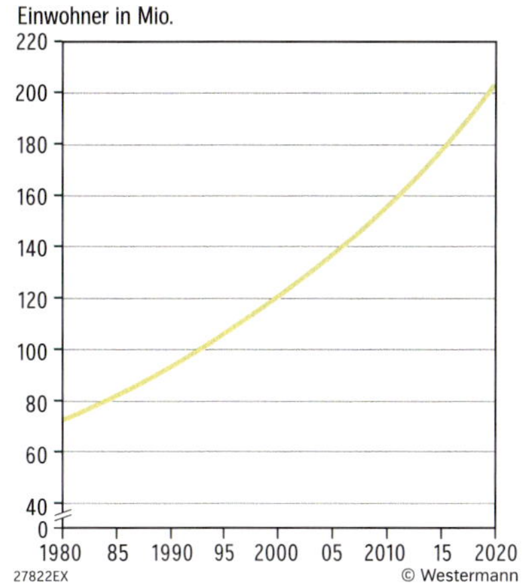

M8 Bevölkerungsentwicklung Nigerias

M5 Zugang zu frischem Trinkwasser auf dem Land

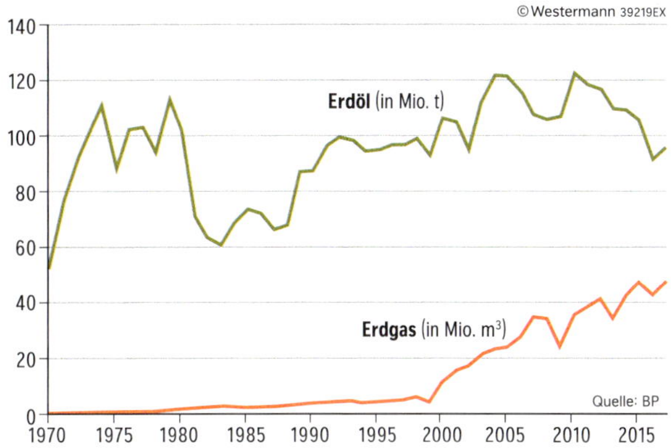

M9 Produktion von Erdöl und Erdgas in Nigeria

M6 Verkaufsstand auf dem Land

Nigeria zählt heute zu den zehn größten Erdölexporteuren der Welt. Im Jahr 1958 fanden ausländische Unternehmen im Nigerdelta Erdöl. Bis zu diesem Zeitpunkt wurden vorwiegend landwirtschaftliche Produkte wie Kakao und Palmöl exportiert. Heute stammen rund 95 Prozent der Exporterlöse aus dem Erdölgeschäft, das zudem gut 80 Prozent der Staatseinnahmen ausmacht. Die Wirtschaft Nigerias ist einseitig auf das Erdöl ausgerichtet. Man spricht von Monowirtschaft.

Die Erdölförderung in Nigeria ist mit großen Umweltschäden verbunden z. B. dem Austritt von Erdöl an Förderlöchern oder beschädigten Pipelines, sodass in vielen Gebieten weder Landwirtschaft noch Fischfang mehr möglich sind. Die bei der Produktion von Erdöl flüchtigen Gase werden direkt vor Ort verbrannt und gefährden damit die Gesundheit der Anwohner. Die Einnahmen aus dem Erdölsektor kommen überwiegend ausländischen Konzernen und Großprojekten der Industrie sowie der Infrastruktur zugute. Die Mehrheit der Bevölkerung profitiert davon nicht.

M7 Innerstaatliche Konflikte

M10 Erdöl in Nigeria

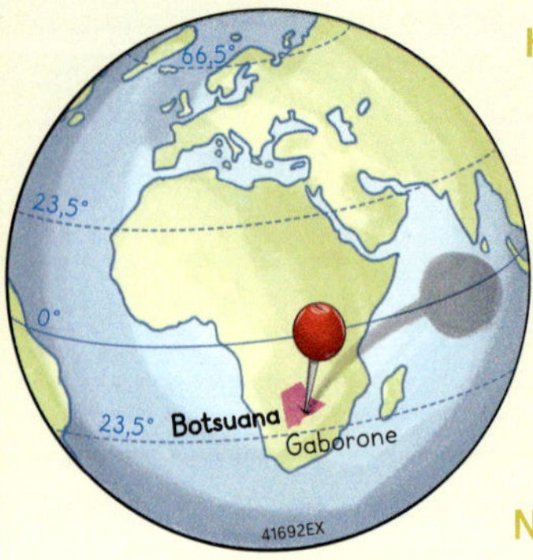

Keine Hungersnot, keine Unruhen, keine Umstürze – Botsuana gilt vielen als demokratischster Staat in Subsahara-Afrika mit solider Wirtschaft. Kein Land der Region hat ein höheres BIP pro Kopf. Was gelingt Botsuana besser als seinen Nachbarstaaten?

✶ **1.** Stelle das Land Botsuana kurz vor (M1 – M4, Info, Atlas).

2. Erläutere Faktoren, die zu einer positiven Entwicklung Botsuanas beitragen (Info, M3 – M8).

3. Botsuanas Entwicklungspotenzial:
a) Vergleiche die Entwicklung des BIP/ Kopf Botsuanas mit dem des restlichen Subsahara-Afrika (M8).
b) Durch einen Nachfragerückgang und Krisen im Bergbau des Landes sank das BIP/ Kopf von 2015 bis 2016 um etwa 25 Prozent. Diskutiert Maßnahmen, die die Politik ergreifen sollte.
c) Beschreibe das Tourismuspotenzial Botsuanas (M5, Atlas, Internet).

4. Erläutere Folgen der HIV/ Aids-Infektionsrate für Botsuana (S. 33/ M6, M9).

5. Erstelle eine Mindmap zum Aspekt: Botsuana – ein Musterstaat?

Botsuana

Fläche:	581 730 km²
Einwohner:	2,30 Mio.
Bevölkerungsdichte:	4 Einw./ km²
Stadtbevölkerung:	58 %
Hauptstadt:	Gaborone (232 000 Einw.)
Amtssprachen:	Setswana, Englisch
Länderkennzeichen:	BW

Erwerbstätige nach Wirtschaftssektoren

primär:	21 %
sekundär:	18 %
tertiär:	61 %

M2 Steckbrief Botsuanas (2019)

INFO

Botsuana – Wirtschaft und Politik

Botsuana gehört zu den wirtschaftlich stabilsten und erfolgreichsten Staaten Afrikas. Trotzdem steht das Land immer noch vor einigen Herausforderungen eines Entwicklungslandes: große Abhängigkeit von einem Rohstoff (Diamanten), begrenzte Infrastruktur (Straßen, Schiene, Wasser- und Stromversorgung, Telekommunikation) sowie hohe Arbeitslosigkeit und verbreitete Armut weiter Bevölkerungskreise.

Politisch ist Botsuana durch Stabilität und gute Regierungsführung (Good Governance) gekennzeichnet. Das Parlament und der Präsident werden demokratisch gewählt. Ein besonderes Augenmerk der Regierung liegt auf der Bildung. Etwa 18 Prozent der Staatseinnahmen werden in den Bildungssektor investiert.

M1 Das Kalahari-Becken in Botsuana

M3 Diamantenschleiferin in Botsuana

M6 Diamanten-Tagebau in Botsuana

Botsuana gehört zu den größten Diamantenproduzenten weltweit. Es war ein Vorteil, dass die reichen Diamantvorkommen erst kurz nach der Unabhängigkeit des Landes entdeckt wurden. Nach der Unabhängigkeit 1966 wurden die Erlöse aus dem Rohstoffhandel im Gegensatz zu anderen afrikanischen Ländern nicht verschwendet oder ins Ausland verlagert.
Wichtigster Träger der Wirtschaft bleibt weiterhin der Bergbau mit ca. 20 Prozent Anteil am BIP. Er erwirtschaftet 90 Prozent der Exporterlöse und mehr als 34 Prozent der Staatseinnahmen generell. In den vergangenen Jahren ist es aber gelungen, die Weiterverarbeitung der Rohdiamanten im Land zu fördern. Die Landwirtschaft trägt mit drei Prozent zum BIP bei, sorgt allerdings weiterhin für das bescheidene Einkommen weiter Bevölkerungskreise, vor allem in den ländlichen Gebieten. Der Tourismus steuert momentan etwa 15 Prozent zum BIP bei und ist auch vergleichsweise beschäftigungsintensiv. Weitere Schritte müssen folgen, um die noch einseitige Ausrichtung der Wirtschaft auf den Bergbau zu überwinden. Damit könnte auch das Problem der Arbeitslosigkeit im Land weiter entschärft werden.

M4 Wirtschaftsstruktur in Botsuana

M7 Geschäftszentrum der Hauptstadt Gaborone

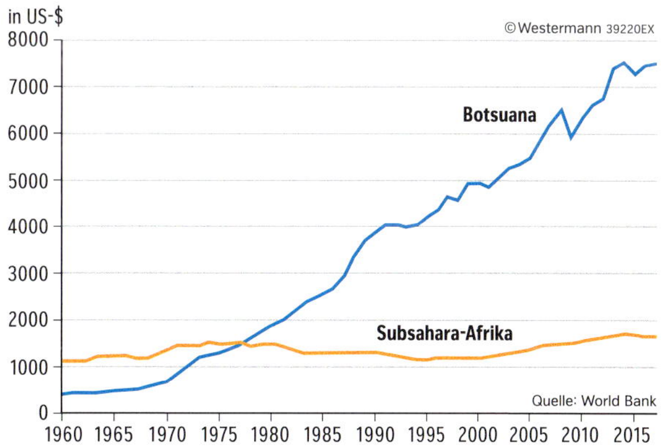

M8 Pro-Kopf-Einkommen in Botsuana und Subsahara-Afrika

Die politische Stabilität macht Botsuana zu einem sehr beliebten Urlaubsziel. Einerseits besteht Botsuana zu 80 Prozent aus der Kalahari-Wüste, zum anderen fasziniert das rund 15 000 km² große Okavango-Becken mit Hunderten von Tierarten und unzähligen kleinen Wasserwegen. Man kann hier auf Reisen und Safaris eine einzigartige Tier- und Pflanzenwelt bestaunen. Etwa 40 Prozent des Landes sind geschützte Naturparks.

M5 Tourismus in Botsuana

INFO 2

Good Governance

Gute Regierungsführung (engl.: Good Governance) bezeichnet ein gutes Regierungs- und Verwaltungshandeln, das sich an den Grundsätzen eines Rechtsstaates orientiert und frei von Korruption und Willkür ist.

Zusammenfassung: Afrika südlich der Sahara

M1 Afrika südlich der Sahara

Leben und Wirtschaften in der Sahelzone
Subsahara-Afrika ist geprägt von der Sahelzone mit ihrer Savannenvegetation und den äquatorialen Regenwäldern. Traditionelle Wirtschaftsformen in der Sahelzone sind der Nomadismus mit der Viehwirtschaft sowie der Hackbau. Der Sahel ist von Desertifikation bedroht, da vor allem durch das Bevölkerungswachstum in der Region die Menschen gezwungen werden, die Anbauflächen immer weiter auszudehnen und Bäume und Sträucher für Brennholz abzuholzen. Ebenso ist die Überweidung ein Problem. Dadurch ist der Boden nicht mehr ausreichend geschützt und wird abgetragen – die Wüste wächst. Seit einigen Jahren werden einfache Maßnahmen ergriffen, um gegen de Desertifikation vorzugehen.

Leben und Wirtschaften im tropischen Regenwald
Im Regenwald wird traditioneller Wanderfeldbau betrieben. Hierbei werden sowohl die Wirtschaftsflächen als auch die Siedlungen nach gewisser Zeit verlegt. Die neuen Flächen werden durch Brandrodung des Primärwaldes gewonnen. Diese Anbauform dient vorwiegend der Subsistenzwirtschaft. Dem entgegen steht die Plantagenwirtschaft, bei der Cash Crops angebaut werden. Das passiert oft in der Form des Monoanbaus. Dabei wird nur ein Produkt großflächig angebaut. Die nachhaltigere Methode ist der Anbau im Agroforstsystem, wobei auf Mischkulturen gesetzt wird. Damit die Bauern in der Region für ihre Arbeit fair bezahlt werden, ist es notwendig, beim Einkauf auf Produkte mit einem Fairtrade-Gütesiegel zu achten.

Beispielstaaten im subsaharischen Raum
Der Staat Nigeria weist Merkmale eines Entwicklungslandes auf. Trotz der großen Erdöl- und Erdgasvorkommen lebt der Großteil der Bevölkerung unterhalb der Armutsgrenze. Misswirtschaft und Korruption sind Auslöser dafür. Zudem hat das Land mit großen Umweltproblemen zu kämpfen, da auslaufendes Erdöl und das Abfackeln ungenutzten Erdgases die Natur beschädigt.
Botsuana hingegen konnte binnen weniger Jahre eine Steigerung seines BIPs erzielen. Antriebskräfte dafür waren eine gute Regierungsführung, Investitionen in Bildung und die Ausrichtung der Wirtschaft auf mehrere Zweige.

Fachbegriffe

Sahel	Desertifikation	Agroforstwirtschaft	
Nomaden	Cash Crop	Wanderfeldbau	Plantagen
Food Crops	Übernutzung	Brandrodung	Monokultur
Überweidung	Bodenerosion	Sekundärwald	Subsistenzwirtschaft

Teste dich 4 – Afrika südlich der Sahara

Entscheide, welche der gegebenen Antworten die richtigen sind. Am Ende jedes Tests kannst du deine Lösungen mit dem QR-Code oder dem Webcode (Eingabe des Codes auf der Internetseite www.westermann.de) überprüfen.

WES-115502-004

1. Landwirtschaft im subsaharischen Afrika.
a) Ordne die Schlagwörter den einzelnen Fotos A – D zu.
b) Ergänze zu jedem Foto zwei weitere Begriffe.

vergrößerte Viehherden | Nomaden | Wüstenausbreitung | Monokultur | Sahelzone | Plantagenwirtschaft | Dürre | Anbauflächenvergrößerung | Wanderfeldbau | Überweidung | exportorientiert | Hackbauern | Bodenerosion

2. Entscheide dich! Berichtige die falschen Aussagen.

Die Bezeichnung für umherziehende Viehhirten ist Nomaden.	A richtig	B falsch
Der Name der Bereiche südlich der Sahara ist Sahel.	A richtig	B falsch
Eine Form nachhaltiger Nutzung des tropischen Regenwaldes ist die Plantagenwirtschaft.	A richtig	B falsch
Wanderfeldbau ist die deutsche Bezeichnung für shifting cultivation.	A richtig	B falsch
Anbauprodukte, die zur eigenen Ernährung dienen, nennt man Cash Crops.	A richtig	B falsch
Der Regenwald in Afrika ist flächenmäßig größer als in Südamerika.	A richtig	B falsch

3. Ordne die Staaten Subsahara-Afrikas von West nach Ost. Nenne die jeweilige Hauptstadt.

4. Ordne der Abfolge des Wanderfeldbaus ① – ⑤ das entsprechende Ereignis zu.
Das Lösungswort ergibt ein afrikanisches Land, in dem Wanderfeldbau betrieben wird.

Beginn: Bäume und Büsche werden abgeschlagen → ① → ② → ③ → Maniok, Bananen, Mais und Gemüse werden gepflanzt → ④ → Feld wird aufgegeben → ⑤ → Beginn

G Pflanzen werden abgebrannt.
B Asche dient als Dünger.
N Wald wächst nach.
A Sträucher und Bäume verkohlen.
U Nährstoffe im Boden sind nach drei bis vier Jahren verbraucht.

Lösungswort: _____

Für Geographieentdecker!
Suche bei deinem nächsten Einkauf nach einem oder mehreren Fairtrade-Produkten. Informiere dich über die Herkunft und die Herstellung des Produkts.

5. Nordafrika und Westasien

Die Skyline von Dubai mit dem 829 m hohen Burj Khalifa

Nordafrika und Westasien im Überblick

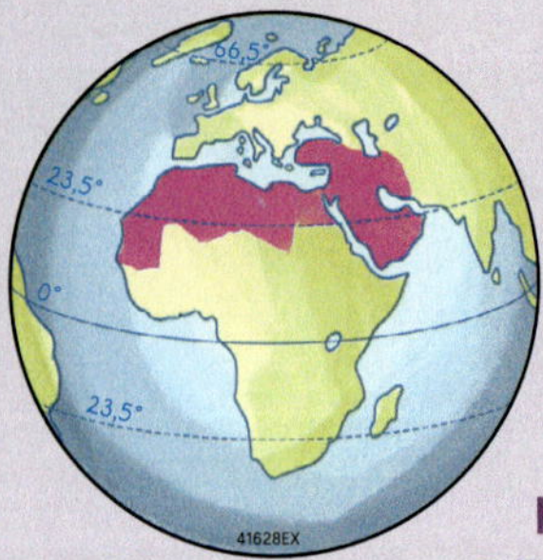

Nordafrika und Westasien sind vielfältig. Hier sind z. B. drei Weltreligionen entstanden und es gibt enorme Vorkommen an Erdöl und -gas. Räumlich erstreckt sich die Region über den Maghreb und den Nahen Osten hinaus, diese jedoch bilden das Kerngebiet. Geprägt durch die gemeinsame Sprache Arabisch entfaltet sich die Kultur in vielen Ländern unterschiedlich. Welche Besonderheiten zeichnen den Raum noch aus?

1. Nordafrika und Westasien – Orientierung:
a) Benenne die jeweilige Hauptstadt (M1, Atlas).
✶ b) Nenne Rekorde der Region (Atlas, Internet).
c) Bestimme zwei Lagemerkmale für die Region (M1, Info, Atlas).
d) Nenne Sprachen, die im Maghreb und Nahen Osten gesprochen werden (M2, Atlaskarte: Erde – Sprachen).
✶ e) Die Arabische Liga ist eine Internationale Organisation arabischer Staaten. Nenne ihre 22 Mitgliedsstaaten (M1, M3, Atlaskarte: Erde – Politische/ Militärische Bündnisse).

2. Beschreibe anhand der Fotos Gemeinsamkeiten und Unterschiede zu Europa (M4 – M9).

E **3.** Nenne mögliche Ursachen dafür, dass Konflikte in dieser Region existieren (Atlaskarte: Erde – Naher Osten Konfliktstrukturen).

INFO

Der Begriff Arabischer Raum
Oft findet man in Büchern für Nordafrika und Westasien die Bezeichnung „arabischer Raum“. Darunter werden Staaten gezählt mit einer mehrheitlich arabischen Kultur. Merkmale sind z. B. sprachliche (arabisch), religiöse (Islam), politische (Arabische Liga) und historische Gemeinsamkeiten. Diese Region galt bereits im Mittelalter als besonders fortschrittlich in Medizin, Mathematik, Chemie, Astronomie und Geographie.

„Der **Maghreb** ist ein heiliger Vogel: Sein Leib ist Algerien, sein rechter Flügel Tunesien, sein linker Marokko“, heißt es in einem Sprichwort. Das Wort Maghreb leitet sich aus dem Arabischen (Al-Maghrib = der Westen) ab. Neben den genannten Ländern gehören auch Libyen und Mauretanien dazu. Die meisten dieser Länder haben Anteil am Atlasgebirge und waren bis Mitte des 20. Jahrhunderts französisches Kolonialgebiet. Seit 1989 arbeiten die Länder in der Union des arabischen Maghreb wirtschaftlich und politisch zusammen.

M2 Union des arabischen Maghreb

M1 Regionen Maghreb und Naher Osten

Wusstest du, dass…

- die Länder, die im Deutschen als Naher Osten bezeichnet werden, im englischsprachigen Raum „Middle East“ genannt werden?
- die Liga der Arabischen Staaten aus 22 Mitgliedern besteht, z. B. aus afrikanischen und asiatischen Ländern, die in diesem Rahmen zusammenarbeiten?
- wir mit arabischen Ziffern rechnen und Wörter wie Honig, Wüste, Dromedar, Kaffee, Koffer oder Mosaik aus dem Arabischen stammen?
- Arabisch eine der sechs Amtssprachen der Vereinten Nationen ist?
- hier ganzjährig ein trockener Passatwind aus dem Nordosten weht und dieser die Landschaftsformen Steppen, Halbwüsten und Wüsten prägt?
- über 300 Millionen Menschen in der Region wohnen und sich die meisten davon zum Islam bekennen?
- die Tuareg ein indigenes Volk in Nordafrika sind und sie rund drei Millionen Menschen zählen?

M3 Sieben Fakten zu Nordafrika und Westasien

M4 Traditioneller Markt in Marokko

M7 Starbucks-Filiale in den Vereinigten Arabischen Emiraten

M5 Tuareg in Algerien

M8 Verschleierte und unverschleierte Frauen in Jordanien

M6 Ziehbrunnen in Ägypten

M9 Kreisbewässerung in Katar

Die Ressource Wasser in Trockenräumen

Hohe Tagestemperaturen und Trockenheit sind typisch für Nordafrika und Westasien. Viele arabische Länder befinden sich in der trockenen Passatklimazone – dort prägen Wüsten und Halbwüsten die Landschaft. Die Ressource Wasser ist nicht überall gleich verfügbar. Führt solch ein Ungleichgewicht zu Konflikten?

1. Klima:
- a) Vergleiche die Klimadiagramme (M3).
- b) Beschreibe die geographische Lage der Klimastationen (Atlas).
- * c) Stelle Zusammenhänge zwischen Relief, Klima, Wasser und Vegetation dar (M3, Atlas).
- d) Vergleiche die Temperaturen auf der Arabischen Halbinsel im Januar und Juli mit denen in deinem Schulort (M3, Internet).

2. Nenne Länder, die Anteil am fruchtbaren Halbmond haben und Länder, in denen Regenfeldbau betrieben wird (M1, M2).

3. Konflikte um Wasser:
- a) Erkläre, warum das Südostanatolienprojekt unterschiedlich bewertet wird (M4 – M6).
- b) Fertige eine Tabelle an zu Vor- und Nachteilen, die sich durch den Bau von Staudämmen ergeben (M5, M6).
- c) Vergleiche die verfügbare Wassermenge (Wasserpotenzial) von Euphrat und Tigris mit dem Wasserbedarf der Anrainerstaaten (M7).
- E d) Nenne zusätzlich zu Landwirtschaft und Stromerzeugung weitere Nutzungsmöglichkeiten von Wasser (Internet).

M1 Regenfeldbau und Fruchtbarer Halbmond

Der Regenfeldbau beschreibt eine Art der Landwirtschaft, die ausschließlich mit Wasser aus Niederschlägen betrieben wird. Die Felder werden also nicht zusätzlich künstlich bewässert. Im Gebiet des **Fruchtbaren Halbmondes** regnet es vor allem im Winter.
In dieser Region entstanden die frühesten Städte: Uruk und Eridu gab es schon im vierten Jahrtausend v. Chr. Das dortige **Mesopotamien** gilt als kulturelle Wiege der Menschheit. Hier wurden auch zuerst Ackerbau und Viehzucht betrieben.
Die Menschen konnten dank des Niederschlages und fruchtbaren Bodens hier sesshaft werden.

M2 Regenfeldbau und Fruchtbarer Halbmond

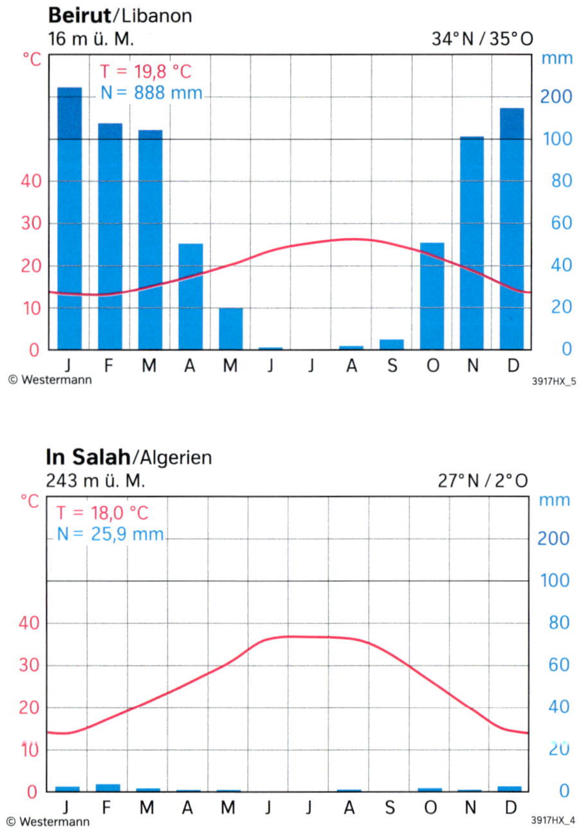

M3 Klimadiagramme von Beirut und In Salah

INFO 1

aride und humide Gebiete

Als arid werden Gebiete bezeichnet, in denen mehr Wasser verdunstet, als Niederschlag fällt. Sie sind niederschlagsarm und trocken, weisen also Wassermangel auf. Hier verdunstet so viel Wasser, dass der ohnehin geringe Niederschlag völlig aufgebraucht wird.
Als humid werden Gebiete bezeichnet, in denen mehr Niederschlag fällt, als Wasser verdunstet. In humiden (feuchten, niederschlagsreichen) Gebieten herrscht Wasserüberschuss.

Sowohl der Euphrat als auch der Tigris entspringen auf dem Staatsgebiet der Türkei. Die Türkei nutzt das Wasser für ein umfangreiches Bewässerungsprojekt namens GAP. Es dient der eigenen Landwirtschaft und zur Stromerzeugung. GAP ist dabei die türkische Abkürzung für Güneydoğu Anadolu Projesi und bedeutet übersetzt Südostanatolien-Projekt. Es umfasst 22 Staudämme sowie 19 Wasserkraftwerke und Bewässerungsanlagen. Der Teil des dafür benutzten Wassers fehlt wiederum in den anderen Anrainerstaaten der beiden Flüsse.

M4 **Das Südostanatolien-Projekt**

Lya (22): Seitdem die Türkei die vielen Staudämme gebaut hat, überschwemmt der Tigris die Felder in meinem irakischen Dorf nicht mehr so häufig. Er führt deutlich weniger Wasser, das für unsere Landwirtschaft fehlt. Auch die Fischer beklagen, dass sie weniger Fische fangen als früher. Jetzt werden hier bei uns mehr Staudämme geplant, dafür sollen einige Dörfer umgesiedelt werden.

Tarik (24): Ich habe hier im Südosten der Türkei endlich wieder einen Arbeitsplatz gefunden, diesmal in der Landwirtschaft. Vorher habe ich in einer Textilfabrik gearbeitet. Der Strom für die Fabrik kam dank der Wasserkraft, einer erneuerbaren Energie, die saubere und kostengünstige Elektrizität bietet. Allerdings war der Lohn dort für alle Mitarbeiterinnen und Mitarbeiter sehr gering.

M5 **Lya und Tarik berichten aus dem Irak bzw. der Türkei**

Wusstest du, dass...

- der Staudamm zu den größten der Welt zählt und seit 1992 in Betrieb ist?
- das dazugehörige Wasserkraftwerk einen großen Anteil des Stroms der Türkei erzeugt?
- „Glücklich ist, wer sich ein Türke nennen darf." auf dem Damm geschrieben steht?
- für den Bau archäologische Stätten überflutet und Zehntausende Menschen umgesiedelt wurden?

M6 **Der Atatürk-Staudamm in der Türkei**

INFO 2

Das Südostanatolien-Projekt gilt als streng bewacht. Türkisches Militär sichert mehrere Objekte wie den Atatürk-Staudamm z. B. mit Flugabwehrraketen. Der ehemalige türkische Staatspräsident Süleyman Demirel wird in diesem Zusammenhang oft mit dem Satz „Mit dem Wasser ist es wie mit dem Öl. Wer an der Quelle des Wassers sitzt, hat ein Recht darauf, dass es ihm niemand streitig machen kann" zitiert.

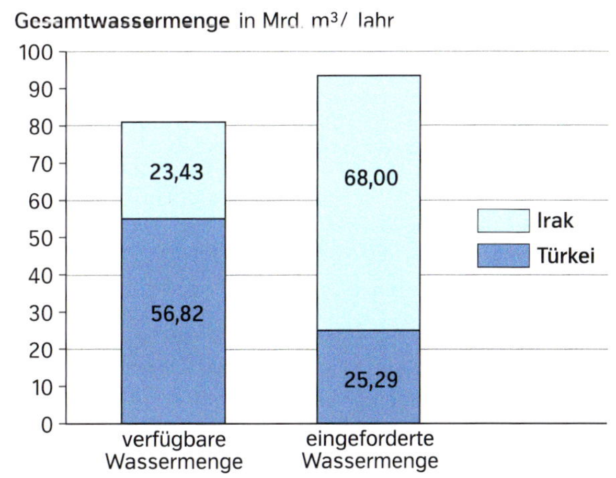

Quelle: Stuck, E.: Die Türkei und das Wasser.
In: Geographischer Rundschau, Heft 4/2003, S. 24 (verändert)

26569EX_1
© Westermann

M7 **Wasserpotenzial des Einzugsgebietes von Euphrat und Tigris und die von den Anrainern jährlich benötigte Wassermenge**

Traditionelle Oase

Oasen sind bedeutende Knotenpunkte – dort, wo Wasser verfügbar ist, können Menschen, Tiere und Pflanzen gut leben. So sind Oasen seit langer Zeit ein einzigartiger Lebensraum: Hier werden Ackerbau und Handel betrieben. Karawanen, die durch die Wüste Waren transportieren, frischen vor Ort ihre Wasser- und Lebensmittelvorräte auf. Doch wo kommt das Wasser her, das hier benutzt wird?

1. Beschreibe die Oase (Info, M1).
2. Landwirtschaft (M2, M3):
   a) Nenne Pflanzen, die in Oasen angebaut werden (M2, M3).
   b) Erkläre, warum der Stockwerkanbau dafür eine angemessene Form ist (M2).
3. Nenne Lagemerkmale von Oasen (M4, Atlas).
4. Wassergewinnung in Oasen:
   a) Ordne die verschiedenen Oasentypen den Skizzen (1 – 4) und den dazugehörigen Erklärungen (A – D) zu (M5, M6):
   Flussoase, Grundwasseroase mit Brunnen, Quelloase, Oase mit artesischem Brunnen.
   b) Beschreibe eine artesische Brunnenoase (M5, M6, Probier´s aus!)

E ✶ 5. Erkläre, woher das Trinkwasser in deinem Heimatort kommt (Internet).

INFO

Oase
Das Wort Oase bedeutet so viel wie „fruchtbare Stelle in der Wüste". Oasen befinden sich in ariden Gebieten und sind gekennzeichnet von dichtem Pflanzenbewuchs durch die dortige Wasserverfügbarkeit. Sie sind bevölkert und heben sich dadurch von der Umgebung deutlich ab.

M2 Stockwerkbau in einer Oase

Der Ackerbau in einer **Oase** dient oft der Subsistenzwirtschaft. In vielen Fällen bewirtschaftet eine Familie oder eine kleine Gemeinschaft zusammen ein Stück Land. Dabei spielt Profit eine untergeordnete Rolle. Bewässert werden die Kulturpflanzen z. B. durch kleine Kanäle und Gräben. Um die Flächen so effektiv wie möglich zu nutzen, wird Stockwerkanbau betrieben. So wird durch ein biologisches Gleichgewicht der Boden geschützt, indem auf drei Ebenen (Bodenschicht, Krautschicht, Baumschicht) unterschiedliche Vegetation sich gegenseitig ergänzt.

M3 Landwirtschaft in einer Oase

M1 In der Stadt El Menia (Algerien) leben 45 000 Menschen. El Menia ist eine artesische Brunnenoase. Rund 20 000 Dattelpalmen und andere Nutzpflanzen werden pro Minute mit 30 000 Litern Wasser bewässert.

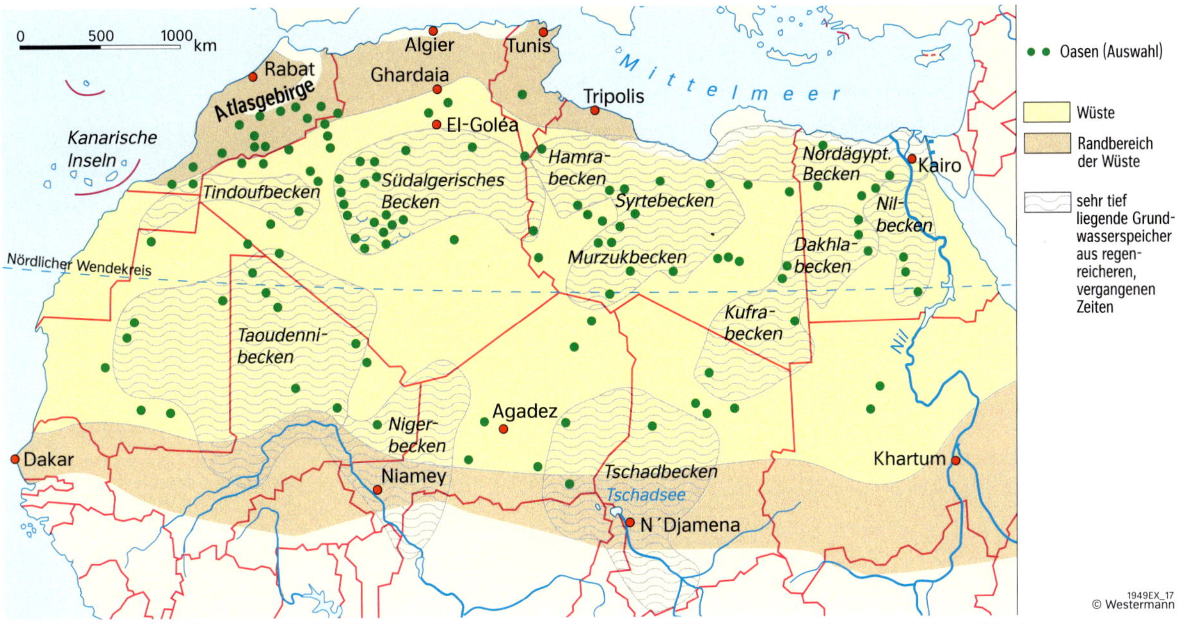

M4 Oasen Nordafrikas

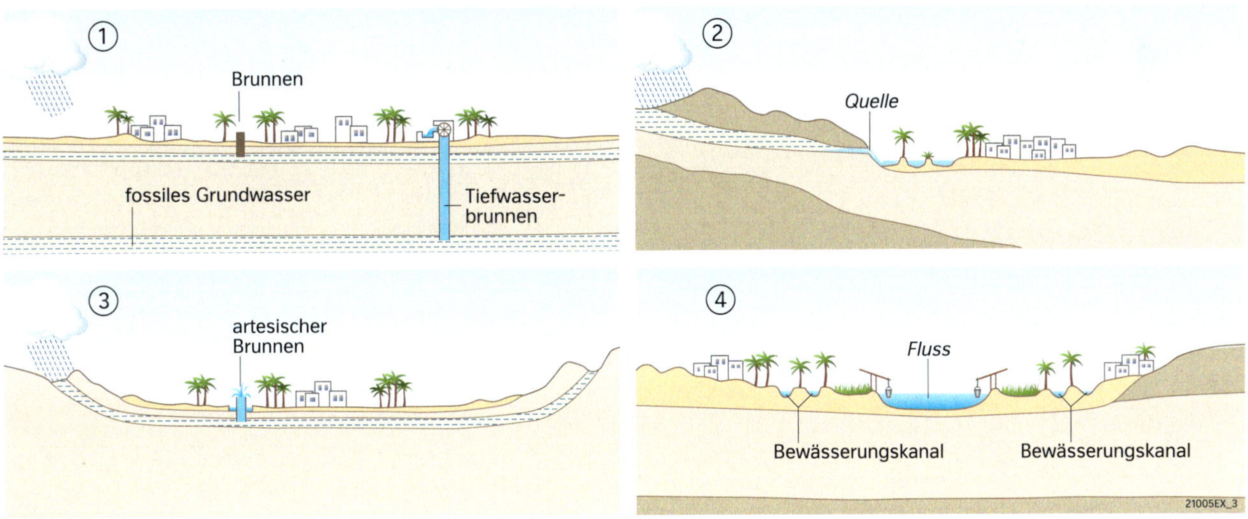

M5 Oasentypen

Ⓐ Das Grundwasser wird aus einer wasserführenden Schicht durch einen Brunnen, z. B. mit einer Pumpe, an die Oberfläche befördert.

Ⓑ Ein Fremdlingsfluss durchfließt ein trockenes Gebiet.

Ⓒ Regen über einem Gebirge versickert bis zu einer wasserstauenden Schicht. Darüber fließt das Wasser unterirdisch weiter – bis es in der Wüste wieder an die Oberfläche tritt.

Ⓓ **Artesische Brunnen** liefern weniger oder kein Wasser mehr, wenn längere Zeit mehr Grundwasser verbraucht wird, als sich neu bilden kann.

M6 Oasentypen

PROBIER´S AUS!

Artesischer Brunnen

Befestige einen Schlauch halbkreisförmig an zwei Trichtern. Stich in die Mitte des Schlauches ein Loch und verschließe es mit einem Zahnstocher. Befülle den Schlauch komplett durch einen Trichter mit Wasser. Entferne den Zahnstocher und beschreibe deine Beobachtung.

Moderne Oase

Die Oasenstädte werden immer größer, u. a. weil Nomadenstämme durch neue wirtschaftliche Möglichkeiten sesshaft geworden sind. Um mehr Menschen als früher versorgen zu können, mussten die Oasen modernisiert werden. Kann man diese rasante Modernisierung nachhaltig gestalten?

1. Beschreibe Veränderungen in Oasen hinsichtlich Bebauung, Bewässerung und Ackerbau (M1, M4).

2. Viele Oasen haben sich in den letzten Jahrzehnten zu Touristenzentren entwickelt:
a) Beschreibe, wie der Tourismus Oasen verändert (M1 – M4).
b) Nimm durch einen Gewichtungsstrahl Stellung, ob Tourismus in Oasen positiv oder negativ zu bewerten ist. Begründe deine Bewertung (M1 – M4, Info).

3. Versalzung der Böden:
a) Beschreibe die Auswirkungen eines versalzten Bodens (M5, Probier´s aus!).
b) Erkläre, warum in einer Oase nicht nur bewässert, sondern auch entwässert werden muss (M5, M7, Probier´s aus!).

M2 Luxushotel in der Oase Tamerza, Tunesien

M3 Touristen bei einem Ausflug in die Wüste

Mohammad (35), Manager einer Ecolodge:
Unser Luxushotel ist aus natürlichen Materialien gebaut, d.h. komplett aus Lehm. Bei uns ist keine Klimaanlage nötig, denn alle Zimmer sind mit traditionellen Windfängern ausgestattet. Als Beleuchtung benutzen wir Öllampen und Kerzen, unsere Verpflegung besteht aus Bio-Köstlichkeiten. Wir haben einen Naturpool und Abfalltrennung ist selbstverständlich.

Isabel (25), Touristin:

Von wegen Luxus! Das Internet ist langsam, hierherzukommen hat durch die schlechten Straßenverhältnisse viel Zeit gekostet und dann gibt es nur einheimisches Essen und keine große Shopping-Mall.

Arman (42), Landwirt:

Wir haben hier genügend Wasser zur künstlichen Bewässerung, das führt aber zur **Versalzung** der Böden und sinkenden Erträgen. Ich baue Gemüse, Dattelpalmen und Olivenbäume an – mehrere Jobs sind aber notwendig, um das Einkommen für meine Familie zu sichern. Deshalb habe ich, wie viele Siwaner, einen Zweitjob in der Mineralwasserfabrik der Stadt. Andere Landwirte arbeiten z. B. zusätzlich als Touristenführer.

Ahmad (57), Arzt:

Früher kamen Hunderte Reisende zu uns, heute besuchen uns jährlich fast 400 000 Touristen. Viele von uns haben Arbeit in den Hotels gefunden. Die Jobs in der Tourismuswirtschaft sind für junge Leute interessanter als in der Landwirtschaft, weil sie dort mehr verdienen. Sorgen bereitet mir der steigende Wasserverbrauch in unserer Oase. Wir Einheimischen verbrauchen pro Person durchschnittlich nur 120 Liter pro Tag, ein Tourist dagegen fast 700 Liter. Wir müssen immer tiefer ins Erdreich bohren, um Wasser zu fördern.

M1 Kurze Berichte über das Leben in Siwa, Ägypten

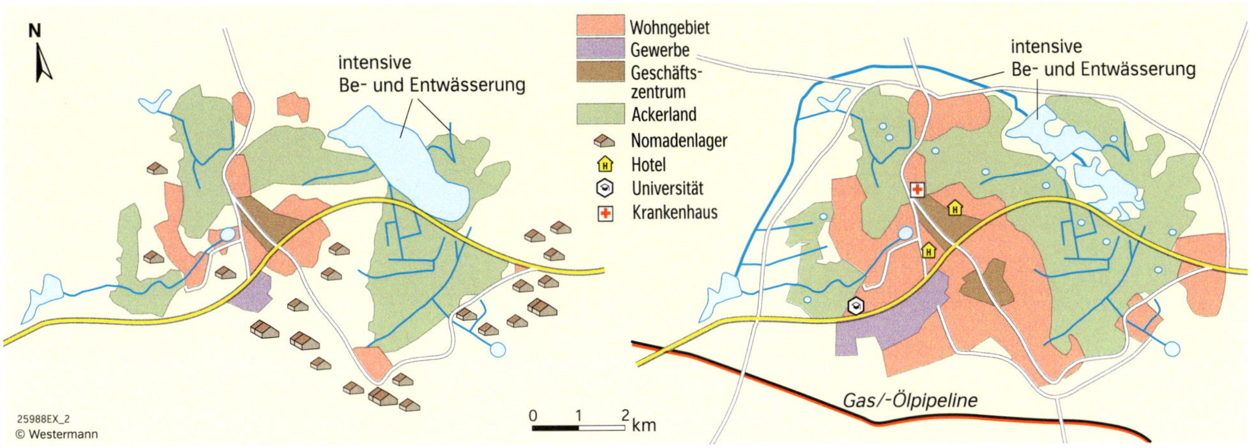

M4 Oase Ouargla, Algerien, 1960 (links) mit rund 50 000 Einwohnern und heute (rechts) mit ca. 150 000 Einwohnern

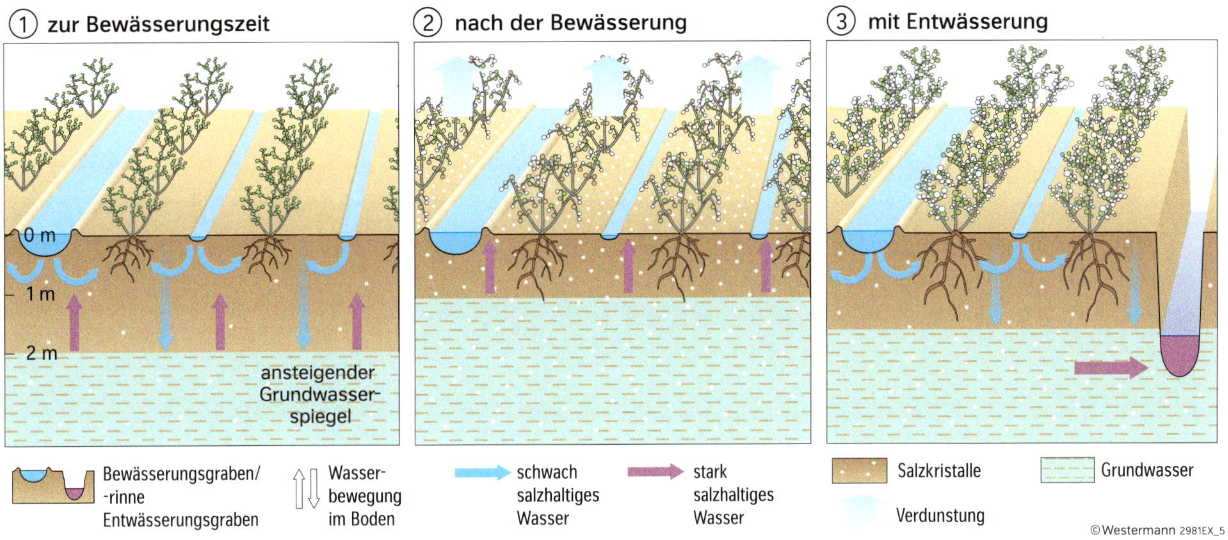

M5 Versalzung und Gegenmaßnahmen

PROBIER'S AUS!

Versalzung

Streue zwei Esslöffel Salz in eine Schale. Bedecke das Salz mit einer 5 cm dicken Schicht Erde. Wässere den Boden und stelle die Schale auf eine Heizung. Beschreibe deine Beobachtung nach drei Tagen.

Die zunehmende Versalzung in Oasen ist ...

ein ökologisches Problem — kein ökologisches Problem

M6 Gewichtungsstrahl

M7 Be- und Entwässerung in einer Oase

INFO

Gewichtungsstrahl

Durch einen Gewichtungsstrahl kann bildhaft Stellung zu einem Thema genommen werden. Zwischen den beiden gegensätzlichen Vorgaben an den Pfeilenden kann eine Position je nach Standpunkt gewählt werden.

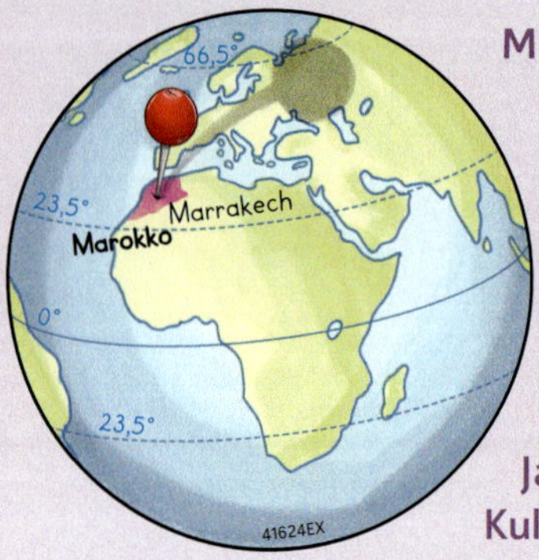

Marrakech ist eine Millionenstadt in Marokko und wird auch die „Rote Stadt" genannt. Der Spitzname nimmt Bezug auf die Farbe, die viele Gebäude der Stadt haben. Zahlreiche Touristen kommen jedes Jahr, um die Architektur und Kultur, vor allem in der Altstadt, zu bewundern.

Was zeichnet eine traditionelle Altstadt in Nordafrika und Westasien aus?

1. Beschreibe den Aufbau einer traditionellen orientalischen Stadt (M1 – M4).
2. Stadtstruktur der Altstadt:
   a) Erkläre, welchen Einfluss die Religion auf die Altstadt Marrakechs hat (M2 – M5).
   b) Beschreibe die Anpassung des Baustils und der Architektur an die Temperaturen (M1, M6, M8).
   c) Nenne Vor- und Nachteile, Wohnviertel nach dem Sackgassenprinzip zu bauen (M2, M3).
3. ✶ Vergleiche die Stadtpläne anderer Großstädte Nordafrikas und Westasiens mit der Altstadt von Marrakech (Atlas, Internet).
4. Ⓔ Vergleiche den Aufbau einer sächsischen Altstadt mit dem einer traditionellen orientalischen Stadt (M1 – M9, Internet).

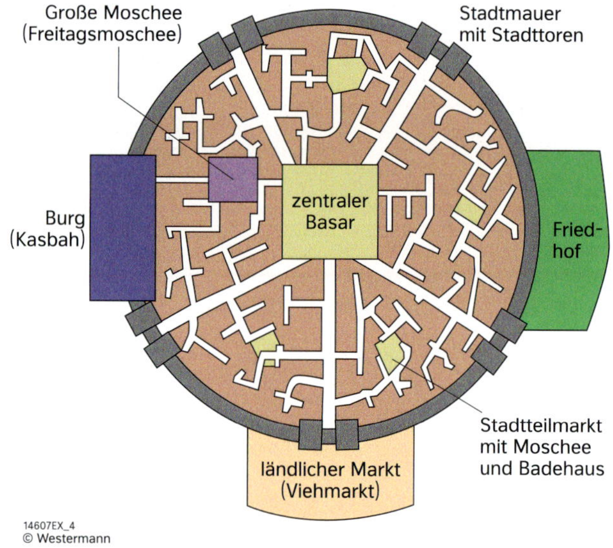

M2 Modell einer traditionellen orientalischen Stadt

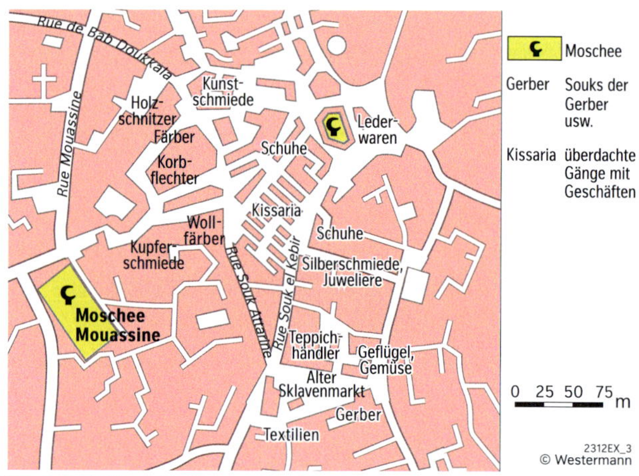

M3 Stadtplanausschnitt Souk Marrakech

M1 Blick über die Altstadt von Marrakech

Traditionelle orientalische Städte zählen zu den ältesten weltweit. Sie wurden seit dem 6. Jahrhundert stark vom Islam geprägt.
Der **Basar** (persisch) oder Souk (arabisch) war früher das Geschäfts- und Handelszentrum der Altstädte. Das politische Zentrum und Sitz des Herrschers war die **Kasbah** (Burg). Von den Stadttoren führten breite Straßen in die Mitte der Stadt. Hier befindet sich die Moschee, der religiöse Mittelpunkt der Stadt. Sie überragt mit ihrem **Minaretten** die anderen Gebäude der **Medina** (Altstadt). In der Nähe der Moschee befinden sich Hamams (Badehäuser) und Madāris (Koranschulen). Oft haben sich je nach Bevölkerungsgruppe eigene Wohnviertel entwickelt. Diese unterscheiden sich z. B. nach Sprache, Beruf oder Religion. Viehmarkt, Friedhöfe sowie Einrichtungen mit starken Geruchs- und Lärmbelästigungen befanden sich am Rand der Stadt oder vor der Stadtmauer.

M4 Die Altstadt traditionell orientalischer Städte

- **Baurecht- und Nachbarschaftsrecht:** „Kennt ihr die Rechte des Nachbarn? […] Ihr dürft nicht so bauen, dass ihr ihm den Wind abschneidet ohne seine Erlaubnis."
- **Straßenbreite:** „Wenn ihr über die Breite der Straße uneinig seid, macht sie sieben Ellen breit."
- **Schutz der Privatsphäre:** „Wenn jemand in ein Haus blickt ohne Erlaubnis der Bewohner und sie ihm ein Auge ausschlagen, so hat er keinen Anspruch auf Blutgeld oder Strafverfolgung."
- **Notwendigkeit öffentlichen Bäder (Hamams):** „Es ist die Pflicht eines jeden Muslim, (mindestens) einmal in der Woche ein Bad zu nehmen und seinen Kopf und den ganzen Körper zu waschen."

M5 Altes islamisches Baurecht

Eine Moschee ist in erster Linie ein religiöser Ort, aber z. B. auch ein sozialer Treffpunkt in einer Stadt. So wie es verschiedene Kirchen gibt, können auch Moscheen unterschiedlich sein. Ein typisches Bauelement ist jedoch das Minarett – eine Art Turm, von dem Gebetsrufe verbreitet werden. Auf dem Gelände jeder Moschee sind Vorrichtungen für eine rituelle Waschung vorhanden. Danach können Gläubige den wichtigsten Raum betreten: den Gebetsraum. Hier ist z. B. deutlich die Richtung nach Mekka erkennbar, in die man sich zum Beten wenden muss. Das Freitagsgebet wird immer von der Minbar, einer Kanzel, verlesen.

M6 Die Moschee

M7 In einem Hamam

Ein Riad ist ein traditionelles marokkanisches Haus mit einem Garten als Innenhof. Dort spielt sich das Familienleben ab. Ein Brunnen kühlt die Lufttemperatur und Pflanzen spenden Schatten. Von außen ist das Haus nach islamischem Baurecht schmucklos, denn man soll seinen Reichtum nicht zeigen. Die hellen Außenwände reflektieren die Sonnenstrahlung. Sie besitzen keine Fenster, sondern nur Licht- und Belüftungsöffnungen. Das flache Dach neigt sich zum Innenhof, so kann nachts die kühlere Luft besser absinken. Alle Häuser sind ungefähr gleich hoch. Deshalb beschatten sie sich tagsüber gegenseitig und der heiße Wind kann ungehindert über die Dächer streichen. Viele Riads in Marrakech werden an Touristen vermietet. Ein Großteil der Häuser in der Medina ist auch an Ausländer verkauft worden, die diese saniert haben. Die Marokkaner und Marokkanerinnen, die es sich leisten konnten, sind in modernere Wohnungen in der Neustadt gezogen.

M8 Blick in einen marokkanischen Riad

Seit einigen Jahren kaufen Familien aus Europa Gebäude in der Medina. Sie bauen diese zu Gästehäusern um oder wohnen selbst darin. Meist ergibt sich auch Nutzen für die Nachbarhäuser, denn sie werden ebenfalls an die neuen Wasser-, Telefon- und Stromleitungen angeschlossen. Auch die einheimischen Bauunternehmer und Handwerker profitieren vom Bauboom.
Aber es gibt auch Schattenseiten: Die Lebenshaltungskosten wie Miete und Lebensmittel steigen für die einheimische Bevölkerung. Die Denkmalschützer beklagen, dass bei der Renovierung der Häuser nicht genug auf die traditionelle Bauweise geachtet wird. Weiterhin kommt es zu kulturellen Problemen: Sonnen sich zum Beispiel Touristen auf der Dachterrasse eines ihrer Gästehäuser in knapper Bikini- und Badehosenbekleidung, so stört das die muslimischen Nachbarn.

M9 Die Entwicklung der Altstadt

Marrakech im Wandel

Mit der französischen Kolonialzeit in Marokko begann sich Marrakech zu verändern. Die enge, verwinkelte Altstadt bot keinen Platz mehr für Neues innerhalb der Stadtmauer. Es entstanden neue Stadtviertel mit Wohnungen, Industriegebieten und Geschäften im europäischen Stil. Viele Arbeiter zogen aus dem Umland in die Stadt. Wie sieht eine Stadt aus, die gleichzeitig traditionelle und moderne Strukturen aufweist?

1. Die Bevölkerungszahl von Marrakech wuchs rasant:
- ★ a) Stelle die Tabelle M3 in einem Säulendiagramm dar. S. 151
- b) Beschreibe die Auswirkungen des Bevölkerungswachstums auf die Stadt (M1, M2, M5).

2. Die Stadtstruktur von Marrakech verändert sich:
- a) Vergleiche die Altstadt und die Neustadt von Marrakech (M1, M2, M4, M5, S. 108/ M2).
- b) Beschreibe, wie und wo Einwohner mit unterschiedlichem Einkommen in Marrakech leben (M1, M2, M4, M6).
- c) Überprüfe, ob das Modell M1 auf andere traditionelle orientalische Städte anwendbar ist (Atlaskarte: Naher und Mittlerer Osten – Damaskus).

3. Vergleiche die Produkte in Shopping-Malls mit denen, die im Souk der Altstadt angeboten werden (M8, S. 108/ M3).

Jahr	Einwohnerzahl
1900	75 000
1940	200 000
1960	243 000
1980	416 000
2000	751 000
2020	1 003 000

M3 Bevölkerungsentwicklung von Marrakech

M4 Wohnsiedlung nahe des Stadtrandes

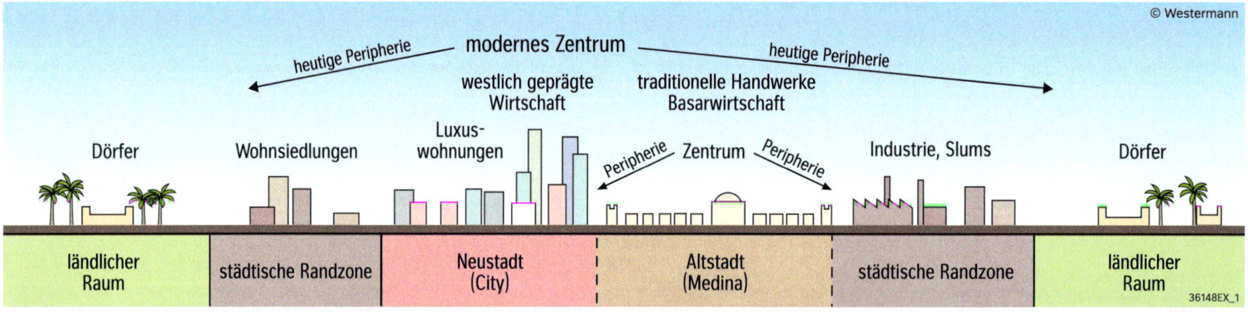

M1 Querschnitt eines modernen Stadtstrukturmodells der traditionellen orientalischen Stadt

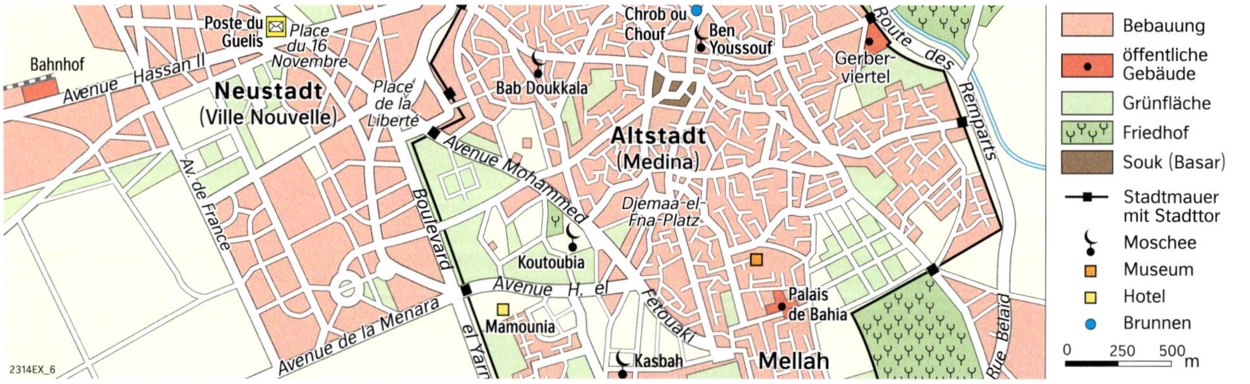

M2 Ausschnitt aus dem Stadtplan von Marrakech Altstadt und Neustadt

Im 20. Jahrhundert begann sich Marrakech zu wandeln. Außerhalb der Medina entstand ein moderner, weitläufiger Stadtteil mit geometrischem Grundriss, geradlinigen und breiten Straßen, repräsentativen Plätzen und mehrstöckigen Wohnblöcken in einem mediterran-europäischen Stil. Hier, jenseits der Stadtmauer, entwickelte sich eine moderne City mit Büro- und Verwaltungsgebäuden, Hotels, Banken und Niederlassungen ausländischer Firmen. Großhandel und Gewerbebetriebe wurden aus der Altstadt an Standorte entlang der Ausfallstraßen und Bahnlinien ausgelagert. Auch die reiche Oberschicht verließ die Medina und zog in komfortable Neubauten oder Villenviertel in stadtnahen, landschaftlich schönen Gegenden, weil dort große Grundstücke erworben und bebaut werden konnten, die gleichzeitig luxuriöses Wohnen und ungestörtes Leben mit allen Vorteilen der Großstadt ermöglichten.

M5 Die Neustadt von Marrakech im Wandel

Schöne Villa in sicherer Nachbarschaft!

Zu verkaufen: Haus mit drei Schlafzimmern, insgesamt 256 m² Wohnfläche mit einem 1 313 m² Grundstück in bester Lage.

Nur zehn Minuten entfernt vom Royal Golf Platz Marrakech befindet sich die Villa in einem von Mauern abgetrennten luxuriösen Viertel. Arbeiten Sie in Ihrem klimatisierten Arbeitszimmer oder entspannen Sie im 65 m² Pool – der Ausstattung des Hauses fehlt es an nichts. Inklusive sind private Parkplätze, ein Brunnen und eine große Terrasse. Auf Wunsch sind alle Zimmer voll möbliert, inkl. marokkanischer Kunst. Ein Sicherheitsdienst steht Ihnen jederzeit zur Verfügung.

M6 Werbeanzeige für eine Luxuswohnung in der Neustadt

M7 Streetart in der Neustadt vom Künstler Hendrik „ecb" Beikirch: Wandbild als Verknüpfung zwischen Tradition und Moderne, etwas, das in der Altstadt unmöglich wäre

Shopping-Mall Almazar	Shopping-Mall Carre Eden
Carrefour	Lacoste
Adidas	Burger King
Orange	H&M
Reebok	Starbucks
Swatch	Hunkemöller
Yves Rocher	Domino`s Pizza
Nectarome	Le Maroquin
Bertrand Shoes	Oliveri
Alami Floral	MacroSec

M8 Auswahl an Geschäften in der Neustadt

Erdöl entstand vor Millionen von Jahren durch Ablagerung und Umwandlung von abgestorbenen Pflanzen und Kleinstlebewesen. Man kann mit dem Rohstoff z. B. heizen und Plastik oder Benzin herstellen. Solche Nutzungen machen es auf der ganzen Welt begehrt, doch nicht überall kann Erdöl gewonnen werden. Gerade Nordafrika und Westasien sind Gebiete, in denen viel Erdgas und -öl gefördert werden können. Warum wird Erdöl und -gas eine so hohe Bedeutung zugemessen?

1. Förderung von Erdöl und Erdgas:
   a) Nenne Länder, die Erdöl und Erdgas fördern (Info, Atlas).
   b) Gib für Länder in Nordafrika und Westasien konkrete Lagerstätten und Exportmengen an (M4, Atlas, Internet).
   c) Beschreibe die Förderung von Erdöl und dessen Transportmöglichkeiten (M2, M3, M7).

★ 2. Erläutere Auswirkungen der Entwicklung des Erdölpreises auf die erdölexportierenden Länder (M4, M5, Topic-Foto S. 98/99).

3. Liste auf, wozu die in einer Erdölraffinerie destillierten Stoffe benutzt werden (M6).

Ⓔ 4. Bewerte die Förderung von Erdöl und Erdgas als endliche Ressource im Vergleich zur Nutzung erneuerbarer Energieträger (M8, M9).

Ⓔ 5. Achte bei deinem nächsten Einkauf (online oder im Laden) auf Produkte, die Erdöl enthalten. Suche für zwei Produkte deiner Wahl Alternativen, für die kein Erdöl verarbeitet wurde (M1, Internet).

INFO

OPEC
(Organization of the Petroleum Exporting Countries)

Die Organisation erdölexportierender Länder wurde 1960 gegründet und hat ihren Sitz in Wien (Österreich). Ihr gehören derzeit 13 Länder an: Algerien, Angola, Äquatorialguinea, Gabun, Iran, Irak, D. R. Kongo, Kuwait, Libyen, Nigeria, Saudi-Arabien, Vereinigte Arabische Emirate und Venezuela. Zusammen fördern die Länder fast die Hälfte allen Erdöls der Erde und geben an, dass sie über die meisten Erdölreserven verfügen.

Wusstest du, dass...
in sehr vielen Alltagsprodukten **Erdöl** verarbeitet wird? Je nach Hersteller findet man verarbeitetes Erdöl in Büchern, bei Farben, im Plastikspielzeug, in Textilien durch Kunststofffasern, im Tapetenleim, in Kaugummis, in vielen Kosmetikprodukten wie Mascara, Bodylotion und Duschgel, in Kerzen, im Grillanzünder, als PET-Flaschen, als Kreditkarte und in Kopfschmerztabletten.

M1 Produkte, die in der Herstellung Erdöl beinhalten

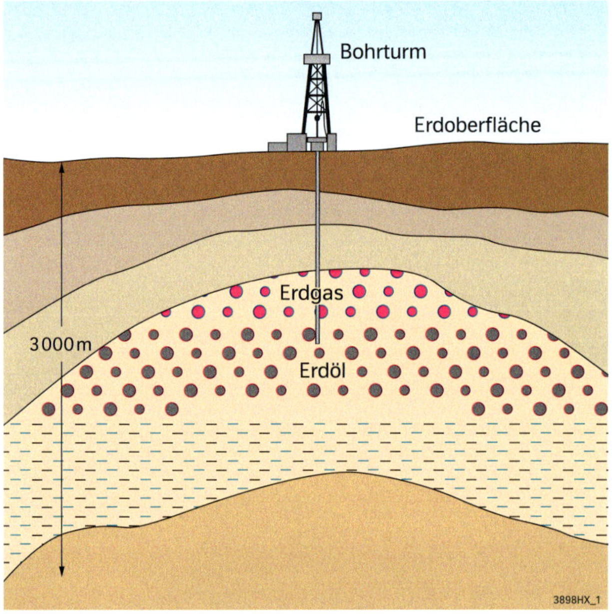

M2 Erdöl- und Erdgaslagerstätten

M3 Erdölförderung durch eine Pferdekopfpumpe

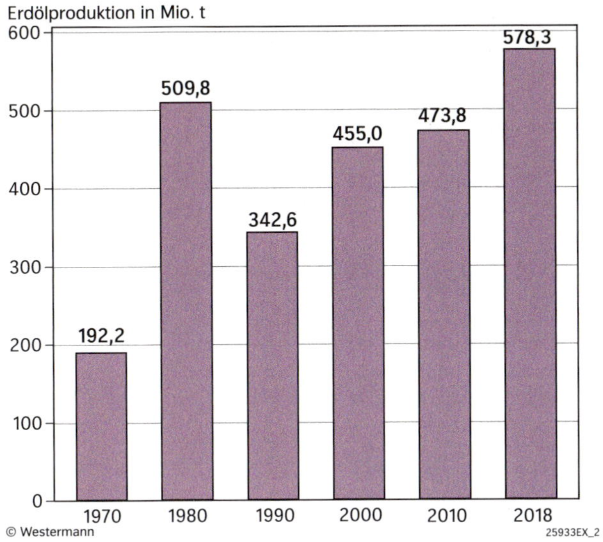

M4 Erdölproduktion in Saudi-Arabien

M7 Pipelines verlaufen über Tausende Kilometer am Meeresboden, unter der Erde oder oberirdisch, häufig über viele Landesgrenzen hinweg.

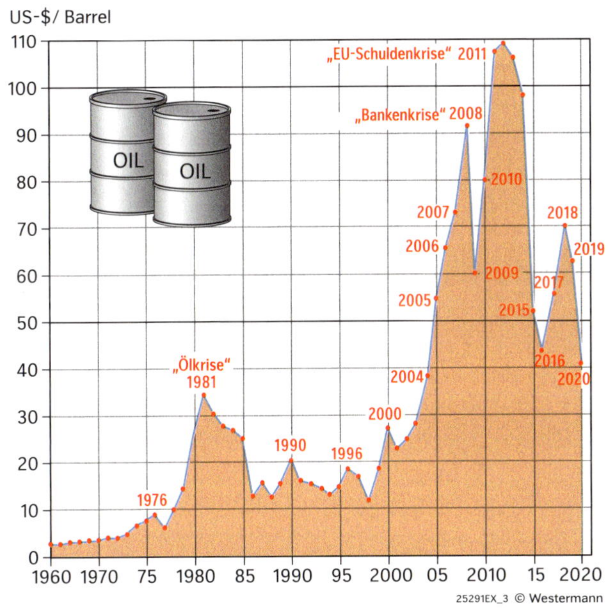

M5 Entwicklung des Rohölpreises

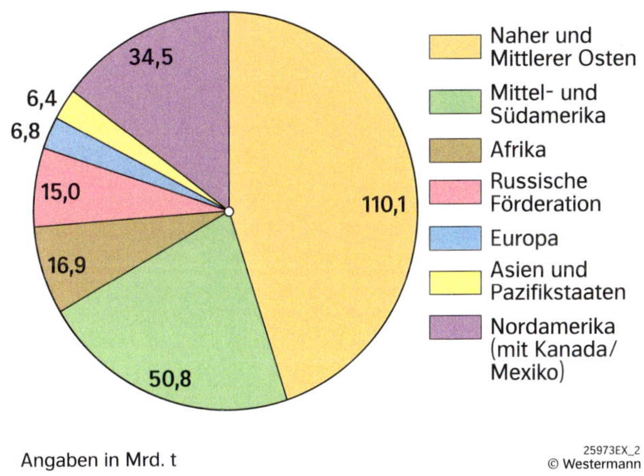

M8 Weltweite Erdölreserven (2018)

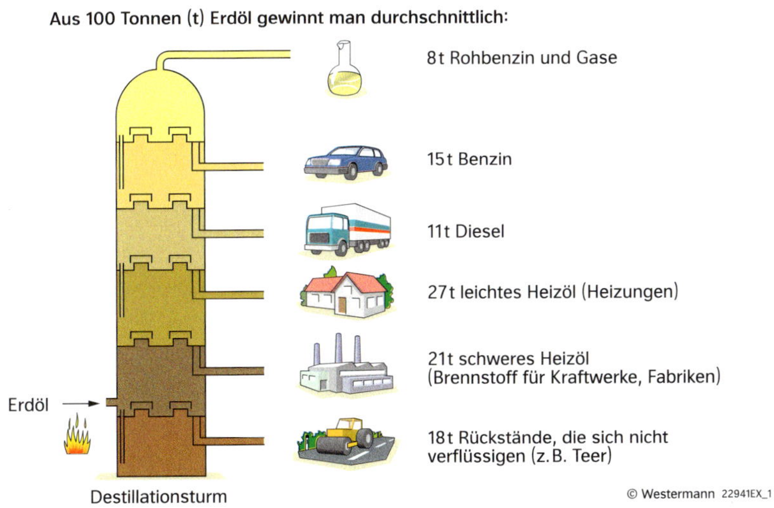

M6 Produkte, die in einer Erdölraffinerie hergestellt werden

Die Bundesanstalt für Geowissenschaften und Rohstoffe hat errechnet, dass es weltweit noch 819000 Milliarden Kubikmeter Erdgasreserven gibt. Nach derzeitigem Stand der Technik und wenn man die Ressource gewinnbringend abbauen möchte, ist es möglich, 192000 Milliarden Kubikmeter **Erdgas** zu fördern. Geht man von der momentanen Förderung aus und würde diese die nächsten Jahre über gleich bleiben, reicht das Erdgas dann noch etwa für die nächsten 60 Jahre.

M9 Erdgas als fossile (endliche) Ressource

Die Suche, die Förderung, der Transport und die Verarbeitung von Erdöl und Erdgas stellen die Ökologie vor Herausforderungen: Zum Beispiel werden Wälder gerodet oder bisher unberührte Küstenregionen in Industrieanlagen verwandelt. Bei der Verbrennung von Erdöl wird das Treibhausgas Kohlenstoffdioxid freigesetzt. Durch Schäden an Pipelines, Defekte auf Ölbohrplattformen oder Unfälle von Tankerschiffen gelangt das Öl in die Umwelt und verursacht massive Probleme für Flora, Fauna und Menschen. Wie muss der Mensch solchen Umweltgefahren begegnen?

1. Erläutere positive Entwicklungen durch die Erdölwirtschaft in den letzten Jahren (M1, M4).
2. Ölkatastrophen:
   a) Beschreibe anhand der Bilder Auswirkungen eines Ölunfalls auf die Umwelt (M5).
   b) Beschreibe Ansätze, die Umwelt besser zu schützen (M7, M8).
3. Nenne Beispiele für die Auswirkungen des Klimawandels in Nordafrika und Westasien (M6, Atlas).
4. (E) Nenne Beispiele für Produkte, die up-, re- und downcyclet werden können (M2, Internet).

M1 Ein Hafen in Dubai um 1970 (oben) und im Jahr 2016 (unten)

- **Upcycling**: Upcycling beschreibt eine stoffliche Aufwertung. Aus Abfallprodukten werden neuwertige Produkte hergestellt.
- **Recycling**: Zentral beim Recycling ist eine Wiederverwertung von Abfallprodukten.
- **Downcycling**: Beim Downcycling wird Material recycelt, jedoch entsteht eine geringere Qualität als vorher und auch eine eingeschränkte Funktionalität, das Produkt ist also nicht wie beim Recycling gleichwertig zum vorherigen Zustand.

M2 **Upcycling, Recycling, Downcycling**

Ende 2018 stellte eine Firma aus Österreich ein Verfahren vor, das es ermöglicht, pro Stunde aus 100 kg Kunststoffabfall ca. 100 Liter synthetisches Rohöl (ReOil) herzustellen. Bei der Verarbeitung von diesem entstehen weniger Treibhausgase als bei der Verbrennung von normalem Erdöl. Solche Anlagen wurden schon öfter getestet, bisher konnte aber meist nur Schweröl hergestellt werden. Außerdem ist der Energieverbauch für die Umwandlung technisch bedingt noch enorm.

M3 **ReOil**

Jahr	monatliches Durchschnittseinkommen in Dubai
2006	1 259 €
2012	2 092 €
2020	2 513 €
	BIP von Saudi-Arabien
2005	278 Mrd. €
2010	447 Mrd. €
2015	554 Mrd. €
2020	681 Mrd. €
	Arbeitslosenrate im Oman
2005	5,0 %
2010	5,0 %
2015	3,6 %
2020	2,7 %

M4 **Ausgewählte wirtschaftliche Daten**

M5 **Erdöl kann ökologische Katastrophen auslösen.**

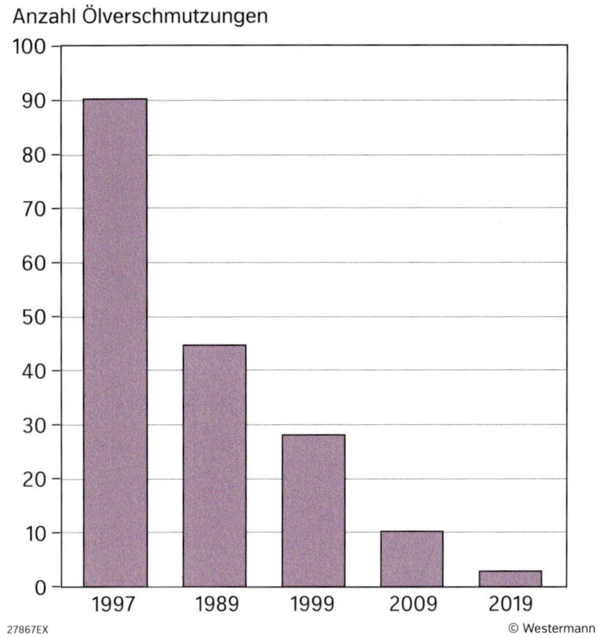

M7 **Anzahl an Ölverschmutzungen weltweit von mindestens sieben Tonnen**

Per Öltanker wird ungefähr die Hälfte des Erdöls weltweit verschifft. Die technischen Anforderungen an Reedereien, die solche Schiffe bauen, sind enorm. Flüssiges Erdgas muss z.B. in Behältern bei einer Temperatur von -160 ° C transportiert werden, Rohöl bei ca. 50 ° C. Die Umweltstandards sind im Laufe der Zeit erhöht worden: In Schutzgebieten schalten die Schiffe auf einen zweiten Tank und fahren mit Marinediesel statt Schweröl. Die Vereinten Nationen haben 2016 auch neue Grenzwerte festgelegt, durch die z.B. weniger Schwefel im Treibstoff sein darf. Einige Tanker fahren mittlerweile mit einer Abgasreinigungsanlage. Um Liege- und Entsorgungsgebühren in Häfen zu sparen, wurde früher viel Öl einfach im Meer verklappt, dies ist mittlerweile illegal. Die Entsorgung von alten Tankern stellt noch ein Problem dar: Nachdem ein Schiff jahrzehntelang auf See gefahren ist, wird es oft in Länder aussortiert, die einen schlechten Umweltstandard beim Verschrotten gewährleisten.

M8 **Umweltstandards in der Hochseeschifffahrt**

Viele Fortbewegungsmittel wie Autos, Busse, Flugzeuge und Schiffe benötigen Treibstoff, der aus Erdöl hergestellt wird. In den meisten Motoren wird bei der Verbrennung von Treibstoff dann Kohlenstoffdioxid (CO_2) in die Luft freigesetzt. CO_2 ist ein Treibhausgas, das auch natürlich in der Erdatmosphäre vorkommt. Durch die Verbrennung von Treibstoffen trägt der Mensch jedoch dazu bei, dass sich in einem viel größeren Ausmaß als normal Kohlenstoffdioxid in der Atmosphäre befindet. Das verstärkt den Treibhauseffekt, durch den sich der Planet zunehmend erwärmt.

M6 **Erdöl als ein Verstärker des Klimawandels**

Die Pilgerreise nach Mekka ist eine der fünf Säulen des Islam. Der Koran hält jeden Muslim an, einmal in seinem Leben an der sogenannten Hadsch teilzunehmen. Aber auch das alltägliche Leben wird von der Religion beeinflusst. Wie stark prägt der Glaube des Islam die schulische Laufbahn? Welche verschiedenen Möglichkeiten haben Kinder in Nordafrika und Westasien, einen Schulabschluss zu erhalten?

1. Beschreibe, was marokkanische Schulkinder beispielsweise im Geographieunterricht lernen (M1).
2. Sprachvielfalt:
   a) Nenne Sprachen, die laut Atlaskarte in Nordafrika und Westasien gesprochen werden und ergänze die in M2 und M6 genannten Unterrichtssprachen.
   b) Erkläre, warum in Nordafrika auch Französisch gesprochen wird (Internet).
3. E ★ Vergleiche die Bildungssituation in unterschiedlichen Ländern (M2 – M7).
4. Beschreibe Gemeinsamkeiten und Unterschiede zwischen dem Religionsunterricht an deiner Schule mit dem Unterricht in einer Koranschule (M3).

M1 **Eine Seite aus einem marokkanischen Geographieschulbuch**

In den meisten Staaten besteht Schulpflicht für Kinder zwischen dem 6. und 14. bzw. dem 15. Lebensjahr. Am längsten gehen die Kinder im Iran zur Schule (11 Schuljahre). Die kürzeste Schulzeit absolvieren Kinder in Mauretanien (5 Schuljahre). Staatliche Schulen sind kostenlos, die Kinder tragen allerdings Schuluniformen, die, genau wie die Lehrbücher, bezahlt werden müssen.
Es gibt verschiedene Schulformen. Trotzdem ist das Bildungsniveau je nach politischer Situation des Landes unterschiedlich. So sind Schulen in den Ländern der Arabischen Halbinsel meist gut ausgerüstet. Hier werden relativ kleine Klassen nach Geschlechtern getrennt unterrichtet.
Manche Ländern, wie z. B. Libyen und Jemen, verharren in einer schlechten Bildungssituation aufgrund mangelnder Ausstattung, Umfunktionierung oder Zerstörung von Schulen durch kriegerische Auseinandersetzungen. Mehrsprachiger Unterricht ist in vielen Ländern typisch. So wird in Marokko und Mauretanien auf Arabisch, Französisch und Berberisch unterrichtet. In Tunesien können die Schülerinnen und Schüler sogar Deutsch als Wahlfach belegen. Kostenpflichtige Privatschulen und Nachhilfeunterricht sind typisch für den Libanon, Kuwait und andere Staaten der Arabischen Halbinsel. Insgesamt werden Jungen häufiger eingeschult als Mädchen. Die Schulabbrecherquote ist relativ hoch.

M2 **Schulalltag in verschiedenen Ländern Nordafrikas und Westasiens**

Viele muslimische Jungen und Mädchen besuchen ab dem 4. Lebensjahr eine Koranschule, oft sogar zusätzlich zu ihrer normalen Schulausbildung. Der Unterricht findet häufig in einer Moschee statt. Dabei wird vor allem der Koran besprochen und dessen Suren (die einzelnen Kapitel) werden auswendig gelernt. Es wird aber auch gelehrt, wie man sich religiös verhält, z. B. bei Freitagsgebeten oder im Fastenmonat Ramadan.

M3 **Kinder in einer Koranschule**

	Marokko	Katar	Türkei	Schweden
Anteil der Bildungsausgaben am Bruttoinlandsprodukt	5,2 % (2017)	2,7 % (2019)	3,8 % (2017)	7,1 % (2017)
Alphabetisierungsrate	73,8 % m 83,3 % w 64,6 % (2018)	93,5 % m 93,1 % w 94,7 % (2017)	96,2 % m 98,8 % w 93,5 % (2017)	99,9 % m 99,9 % w 99,9 % (2016)
gesamte erwartete Bildungs- und Ausbildungszeit	14 Jahre m 14 Jahre w 14 Jahre (2019)	12 Jahre m 12 Jahre w 14 Jahre (2019)	18 Jahre m 19 Jahre w 18 Jahre (2018)	20 Jahre m 19 Jahre w 21 Jahre (2018)

M4 Statistiken zur Bildung in ausgewählten Ländern

Cheikha ist elf Jahre alt und wohnt in einem kleinen Dorf im Südosten Mauretaniens, nahe der Grenze zu Mali. Sie läuft acht Kilometer zu ihrer Schule in Timbédra. Dafür braucht sie fast zwei Stunden. Auf dem Weg sieht sie auch einige Schulbusse, die Kinder aus der Stadt in verschiedene Schulen fahren. Nicht jeden Tag geht Cheikha auch wieder nach Hause, das würde zu viel Zeit kosten und der Weg an der Straße in die Hauptstadt Nouakchott kann im Dunkeln ziemlich gefährlich sein. Die Schule hat ein Wohnheim. Dort kann sie unter der Woche übernachten. Das Geld dafür stammt von einem Stipendium, welches sie sich durch ihren Fleiß und gute Noten verdient hat. Cheikhas Eltern sind sehr stolz auf sie, weil andere Mädchen nicht so viel Glück haben und eine Schule besuchen können.

M5 Ein langer Schulweg in Mauretanien

INFO

Die meisten Länder in Nordafrika und Westasien verfügen über Nationalbibliotheken. Eine der bedeutendsten ist die Nationalbibliothek von Ägypten, die gleichzeitig die größte öffentlich zugängliche Bibliothek des Landes ist. Der Auftrag von einer Nationalbibliothek ist es, alle gedruckten Werke des Landes zu sammeln, sowie wichtige internationale Publikationen bereitzustellen.

Die „Swiss International Scientific School" ist eine Privatschule in Dubai. Um die 7. Klasse besuchen zu können, bezahlt man für das Schuljahr 2020/21 88000 VAE-Dirham, was ungefähr 28000 Euro entspricht. Unterrichtet werden Kinder im Alter zwischen drei und 18 Jahren. Auf dem Gelände der Schule gibt es auch ein Wohnheim. Gelernt wird bilingual entweder auf Englisch und Französisch oder Englisch und Deutsch. Lehrer und Lehrerinnen aus vielen verschiedenen Ländern unterrichten eine Vielzahl an Schülern und Schülerinnen aus noch mehr unterschiedlichen Ländern.

M6 Privatschule in den Vereinigten Arabischen Emiraten

Universitäten und Fachhochschulen aus Deutschland gehen immer häufiger eine Partnerschaft mit Hochschulen in Nordafrika und Westasien ein. Sowohl in der Forschung als auch in der Lehre wird zusammengearbeitet. Dies erleichtert es auch für Studierende, z.B. ein Semester über Austauschprogramme, an anderen Hochschulen zu lernen. Es gibt mittlerweile auch gemeinsame Studiengänge. Auf diese Weise kann die ökonomische und soziale Kooperation zwischen verschiedenen Ländern gestärkt werden. So arbeiten beispielsweise die Friedrich-Schiller-Universität Jena und die Jordan University of Science and Technology in Irbid, Jordanien zusammen.

M7 Kooperationen von Hochschulen

Zusammenfassung: Nordafrika und Westasien

M1 Satellitenaufnahme von Dubai (2016) bei Nacht und mit leichter Bewölkung

Nordafrika und Westasien im Überblick
Nordafrika und Westasien sind geographisch und politisch bedeutsame Regionen. Eine Vielzahl der Staaten ist in Bündnissen integriert, z. B. in der Union des arabischen Maghreb und der Arabischen Liga.

Die Bedeutung der Ressource Wasser
In Nordafrika und Westasien befinden sich klimatisch extreme Lebensräume, die durch Trockenheit und Hitze geprägt sind. Nicht nur durch die Knappheit an Wasser entstehen Konflikte in der Region. Wüsten mit besonderen Merkmalen sind entstanden, deren Oasen trotzdem vielfältiges Leben und Wirtschaften ermöglichen, z. B. durch artesische Brunnen. Diese Oasen sind in den vergangenen Jahren stark gewachsen. Viele haben sich schon zu größeren Städten entwickelt.

Städte im Wandel
Traditionelle orientalische Altstädte (Medinas) weisen einen typischen Grundriss auf. Besondere Kennzeichen sind die zentrale Lage des Souk und der Kasbah sowie große Moscheen und eine Stadtmauer. Die traditionellen orientalischen Städte durchlaufen seit Jahrzehnten einem Wandel. Eine Vielzahl an Aktivitäten wie Wohnen, Arbeiten und Einkaufen verlagert sich in neugebaute Stadtteile. Das typische Sackgassenprinzip wird hier aufgebrochen. In den Neustädten sind europäische Einflüsse deutlich erkennbar.

Erdöl und Erdgas
Viele Länder Nordafrikas und Westasiens sind reich an Erdöl- und Erdgasvorkommen. Der Export dieser Rohstoffe führte in einigen Staaten zu einem rasanten wirtschaftlichen Wachstum. Dieses Wachstum geht aber zum Teil zulasten der Umwelt. Zum einen führen Tankerunfälle zu katastrophalen Folgen für Tiere und Natur. Zum anderen wird durch die Verbrennung von Treibstoff, der aus Erdöl hergestellt wird, CO_2 freigesetzt, welches den Treibhauseffekt verstärkt.

Kultur und Bildung
Kulturell bieten die Länder der Region viele Gemeinsamkeiten, z. B. historisch, sprachlich und religiös. Die Bildungssituation in den Ländern ist sehr unterschiedlich.

Fachbegriffe

Maghreb	Oase	Basar	Minarett
Fruchtbarer Halbmond	artesische Brunnenoase	Kasbah	Erdöl
Mesopotamien	Versalzung	Medina	Erdgas

Teste dich 5 – Nordafrika und Westasien

Entscheide, welche der gegebenen Antworten die richtigen sind. Am Ende jedes Tests kannst du deine Lösungen mit dem QR-Code oder dem Webcode (Eingabe des Codes auf der Internetseite www.westermann.de) überprüfen.

WES-115502-005

1. Entscheide dich! Berichtige die falschen Aussagen.

a) Der Maghreb befindet sich auf der Arabischen Halbinsel. A richtig B falsch

b) In ariden Gebieten verdunstet weniger Wasser als Niederschlag fällt. A richtig B falsch

c) Erdöl ist ein unbegrenzt vorhandener Rohstoff. A richtig B falsch

2. Vervollständige die Sätze mit der richtigen Lösung.

a) Ein traditionelles marokkanisches Haus mit einem Garten als Innenhof heißt...
□ Hamam □ Minarett □ Kasbah □ Riad □ Madari.

b) Ein indigenes Volk in Nordafrika sind die
□ Samen □ Tuareg □ Sorben □ Ostfriesen.

c) Die OPEC beschäftigt sich als Organisation mit...
□ Erdöl □ Erdgas □ Braunkohle □ Windkraft □ Geothermie.

3. Ordne die Fotos den Teilen des Stadtmodells zu.

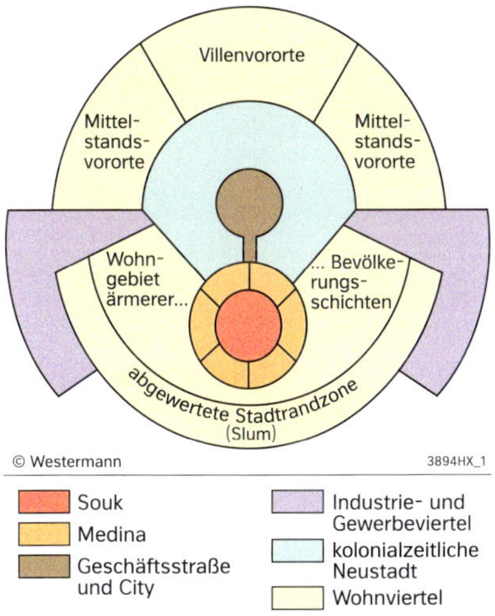

4. Werte die Karikatur aus.

GESALZENE PREISE

5. Entscheide, welche Aussagen zum Bild M1 richtig sind.

A Das Satellitenbild zeigt eine Stadt im Maghreb.
B Das monatliche Durchschnittseinkommen der Stadt Dubai konnte in wenigen Jahren durch den Export von Erdöl gesteigert werden.
C Die hohe Beleuchtung bei Nacht weist auf einen hohen Anteil an touristischem Angebot hin.
D Gut zu erkennen sind Straßen, Fabriken und Felder.
E Die dunkle Fläche im unteren Teil des Bildes zeigt die Küstenlinie und das Meer.

Für Geographieentdecker!

Suche im Internet nach Musikern oder Musikerinnen aus Nordafrika oder Westasien, übersetze Songtexte mithilfe einer Übersetzungswebseite. Beschreibe Themen, die in den Liedern verarbeitet werden.

6. Wahlthemen

Oben: Safari in Kenia Unten: Kapstadt (Südafrika) aus der Luft

Oben: Die Oper im Hafen von Sydney (Australien)   Unten: Kreutfahrttouristen in der Antarktis

Tourismus als Wirtschaftsfaktor

Etwa drei Viertel der Deutschen planen mindestens einen Urlaub im Jahr. Die Tourismusbranche wirbt stetig mit neuen, ausgefallenen Angeboten. Kreuzfahrtschiffe, Billigflieger und ein wachsendes Angebot an organisierten Individualreisen bringen uns bequem auch in weit entfernte Regionen. Fernreisen und kurze Inlandstrips kann man bequem online buchen oder sogar im Discounter kaufen. Welche Arten von Tourismus können unterschieden werden? Und was bedeutet die steigende Zahl von Touristen für die Zielländer?

✶ **1.** Führt eine Umfrage in eurer Klasse über die Urlaubsziele der Familien durch. Stellt eure Ergebnisse in einem Diagramm dar.

2. Beschreibe den Anteil des Ferntourismus deutscher Reisender (M2, M4, Internet).

3. Im Tourismus werden verschiedene Arten unterteilt:
   a) Erkläre die Arten des Tourismus (M1).
   b) Ordne die Reiseziele den Tourismusarten zu (M1, M3, M5, M6).
   c) Erläutere mögliche Auswirkungen des Tourismus auf die jeweilige Region (M5 – M7).
   d) Nenne Berufsgruppen, die durch ausbleibenden Tourismus bedroht sind (M7).

Angebote eines Reisebüros:
- *Grönland – Welt der Eisberge*
- *Russland – Wandern in Kamtschatka*
- *Nepal – Trek in das Basislager des Mount Everest*
- *Mongolei – Land des blauen Himmels*
- *Jordanien – Felsenstadt und Wüstenland*
- *Kuba – Erkundung mit dem Fahrrad*
- *Peru – Auf den Spuren der Inka*

M3 Reiseträume

Tourismusarten		
nach Organisationsform	**nach Reiseziel und Erwartungen**	
• Pauschaltourismus: Fern- und Auslandsreisen per Flugzeug, online oder im Reisebüro gebucht, durch Reiseveranstalter organisiert, meist „all inclusive“ Urlaub • Individualtourismus: Reisen auf eigene Faust, eigene Reiseplanung meist mit Auto, Camper oder Bahn	• Erholungstourismus: Ruhe, Entspannung, Kultur, Vergnügen • Ferntourismus: Erholung weit weg vom Heimatort • Städtetourismus: in die Metropolen der Welt, oft Kurzurlaub, verbunden mit Besichtigungen und Einkäufen	• Kreuzfahrttourismus: Erlebnisreisen auf dem Wasser mit Kreuzfahrtschiffen • Eventtourismus: Großveranstaltungen und außergewöhnliche Ereignisse als Reiseziel • Religionstourismus: Besuch religiöser Stätten

M1 Tourismusarten

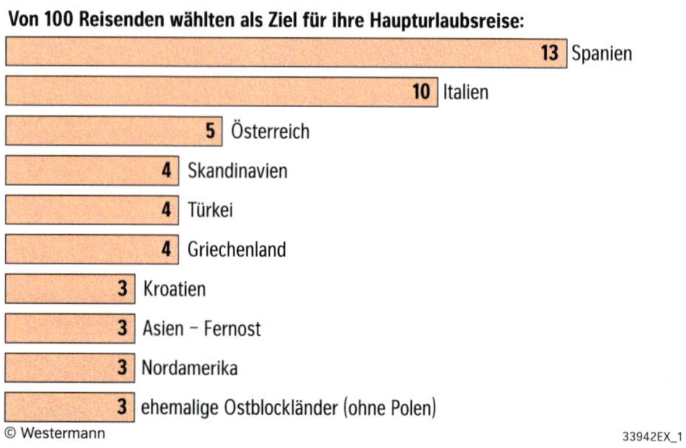

M2 Bedeutendste Reiseziele deutscher Touristen

Jahr	Reisen	Marktanteil
2010	4,5 Mio.	6,5%
2018	5,7 Mio.	8,1%
2019	5,9 Mio.	8,4%

M4 Fernreisen deutscher Touristen

Kreuzfahrtschiffe ermöglichen eine bequeme Reise über weite Entfernungen. Auf einer Kreuzfahrt z. B. entlang des Nils in Ägypten kann man die alten Hochkulturen mit faszinierenden Tempeln und Gräbern zwischen Assuan und Luxor erkunden. Dabei werden auf dem Schiff Vollpension und Unterhaltung geboten. Die organisierten Tagestouren führen deutsch sprechende Guides an.

Viele Erholungssuchende spricht ein Badeurlaub, z. B. in den arabisch geprägten Ländern, mehr an. Moderne Hotelanlagen, Sporteinrichtungen, weite Strände und nicht zuletzt das Klima erfüllen die Vorstellungen der Touristen. Der Bummel über einen Souk in einer traditionell orientalischen Stadt offenbart eine farbige Souvenirwelt und gibt einen kleinen Einblick in das Leben in der Region.

M5 Urlaub im Norden Afrikas

Für Touristen, die im Urlaub körperliche Betätigung mit dem Entdeckungsdrang koppeln möchten, bieten sich weltweit viele Möglichkeiten. In Kenia können Touristen mit geländegängigen Fahrzeugen und unter dem Schutz der Nationalparkführer wilden Tieren näher kommen und sie in ihrer natürlichen Umgebung beobachten.

Hochgebirge sind nicht nur für trainierte Bergsteiger ein begehrtes Ziel. So erklimmen zu Spitzenzeiten täglich Hunderte Touristen den Kibo. Mit 5895 m Höhe über dem Meeresspiegel ist er der höchste Berg Afrikas. Das schwere Gepäck, Zelte, Lebensmittel usw. tragen Einheimische. 1500 Träger und Bergführer sind so in der Hochsaison unterwegs.

M6 Urlaub im Osten Afrikas

Viele Menschen finden in der Tourismusbranche einen festen Arbeitsplatz. Der Dienstleistungssektor ist stark vom Tourismus abhängig. Das Hotelgewerbe, die Gastronomie und die Kulturwirtschaft eines Ortes könnten ohne Touristen kaum überleben. Aber auch das Handwerk und Taxiunternehmen profitieren vom Tourismus.

Aber was passiert, wenn die Touristen ausbleiben? Schon in den letzten Jahren hat es z. B. bei wirtschaftlichen Problemen in den Herkunftsländern Rückgänge der Einnahmen in den Zielländern gegeben.
Die Corona-Pandemie 2020/21 zeigt die Problematik der auf den Tourismus ausgerichteten Wirtschaft. Viele Einheimische sind so in ihrer Existenz bedroht.

M7 Risiken des Wirtschaftssektors Tourismus

Kenia – Entwicklung durch Tourismus?

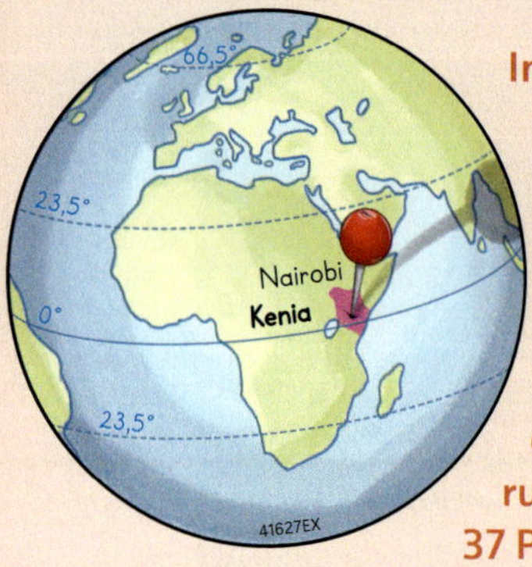

Im Dezember 1963 erlangte Kenia seine Unabhängigkeit von Großbritannien. Mit rund 51 Millionen Einwohnern zählt das Land zu den 30 bevölkerungsreichsten Staaten der Erde. Dabei sind etwa 40 Prozent der Bevölkerung jünger als 15 Jahre. Knapp 37 Prozent der Kenianer müssen mit weniger als 1,90 US-$ pro Tag auskommen und leben damit unter der offiziellen Armutsgrenze. Kann zukünftig der Tourismus die Entwicklung des Landes voranbringen?

1. Stelle das Land Kenia vor (M1 – M3, Atlas).
2. Nenne die Monate, in denen du das Land besuchen würdest und begründe deine Entscheidung. Benutze die Klimakarten im Atlas.
3. Der Tourismus hat für die Entwicklung des Landes einen hohen Stellenwert:
   a) Nennen Arten des Tourismus, die in Kenia möglich sind (M1, M3, M6, S. 122/ M1).
   b) Beschreibe die Entwicklung des Tourismus (M4).
   c) Erläutere die Auswirkungen auf Kenia und seine Bevölkerung (M4 – M6).
4. Stelle Pro und Kontra des Tourismus in Kenia in einer Tabelle gegenüber. Beachte die wirtschaftlichen, gesellschaftlichen und ökologischen Aspekte (M1, M4 – M6, Atlas, Info).

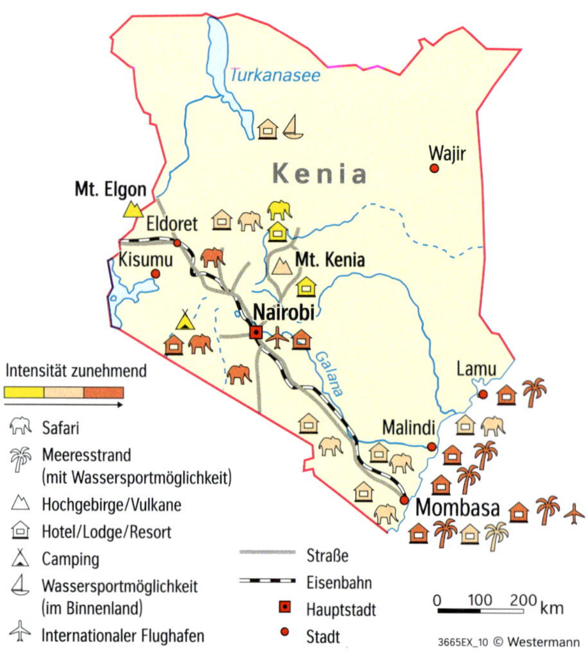

M1 Tourismuseinrichtungen

Kenia

Fläche:	582 646 km²
Einwohner:	51,4 Mio.
Bevölkerungsdichte:	88 Einw./ km²
Stadtbevölkerung:	30 %
Hauptstadt:	Nairobi (4,4 Mio. Einw.)
Amtssprachen:	Swahili, Englisch
Länderkennzeichen:	KEN
Währung:	Kenia-Schilling (KES)

In Kenia leben mehr als 40 verschiedene Ethnien, die mehr als 50 verschiedene Sprachen und Dialekte sprechen.

M2 Steckbrief von Kenia (2019)

M3 Mombasa Beach

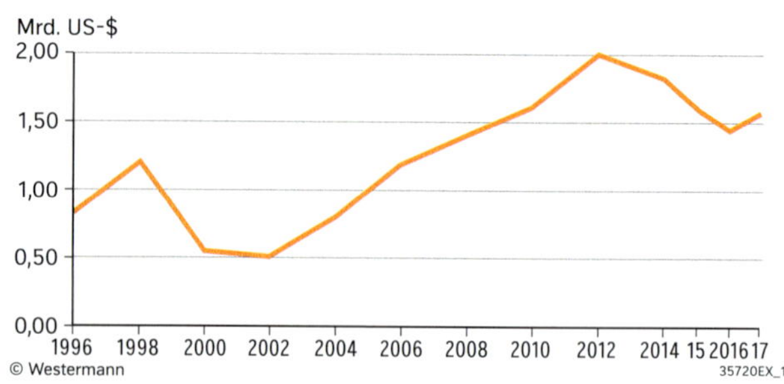

M4 Einnahmen Kenias durch Tourismus

2005	2010	2015	2020
621	1 039	1 833	2 075

M5 BIP pro Kopf in US-$

Eine Touristin aus Dresden

„Mein Mann und ich reisen gern nach Kenia. Wir verbinden in der Regel unseren Badeurlaub mit einer Safari durch eines der zahlreichen Wildreservate. Dort sind exotische Pflanzen und Tiere sowie großartige Naturlandschaften zu bewundern. Wir sind fasziniert von der Wildnis und von fremden Kulturen. Probleme mit dem Klima haben wir nicht.
Einheimische lernen wir nicht näher kennen. Sie begegnen uns nur als Kellner, Zimmermädchen, Fahrer und als Statisten für Fotos. Sämtliche Ausflüge unternehmen wir nur in Reisegruppen."

INFO

Immer wieder führen politische Unruhen und Krankheiten zum Einbruch des Wirtschaftssektors Tourismus, der, wie der Export von Waren, von internationaler Nachfrage abhängig ist. Die Corona-Pandemie setzte diese auf unbestimmte Zeit aus. Viele Menschen verloren ihre Arbeit. Eine Arbeitslosenversicherung gibt es nicht.

Lastenträger am Mt. Kenia

„Seit 2010 arbeite ich als Träger im Mt. Kenya Guides Club. Mein Lohn ist abhängig von der Zahl der Bergsteiger und von der Jahreszeit. Während der beiden Regenzeiten haben wir praktisch nichts zu tun. In der übrigen Zeit bin ich bis zu 13 Tage am Stück als Lastenträger am Berg tätig. Häufig fehle ich dann meiner Frau bei der Feldarbeit. Der Verdienst beträgt im Durchschnitt weniger als die Hälfte dessen, was ein Landarbeiter auf einer großen Farm bekommt. Deshalb müssen meine Kollegen und ich häufig noch anderen Arbeiten nachgehen, zum Beispiel als Fahrer oder als Inhaber von kleinen Läden."

Besitzerin eines Souvenirgeschäfts

„Die Souvenirs in meinem Laden werden vielfach von anderen Frauen in Heimarbeit hergestellt. Sie nutzen hier vorkommende Materialien und wenden traditionelle Techniken an.
Da die Produktion sehr aufwendig ist, bietet sie vielen Menschen einen Arbeitsplatz. Und weil weder Technik oder Materialien teuer aus dem Ausland eingekauft werden müssen, lässt sich mit dem Verkauf der Souvenirs hier in Kenia gutes Geld verdienen.
Besonders beliebt sind traditionelle Gebrauchs- und Schmuckgegenstände der nomadischen Hirtenvölker. Auch sie können somit vom Fremdenverkehr profitieren."

Gärtner in einem Hotel

Ich arbeite seit drei Jahren in einem Hotel als Gärtner. Im Monat verdiene ich 5 000 Kenia-Shillings (ca. 38 Euro). Mein bester Freund ist in der Stadt Mombasa in einem gehobenen Hotel als Chefkoch angestellt. Er kommt im Monat auf gut 20 000 Kenia-Shilling (ca. 150 Euro). Das ist ein gutes Gehalt für normale kenianische Verhältnisse. Mein Freund sagt immer: „Was eine einheimische Familie hier zum Leben benötigt, das ist weniger als das Trinkgeld, das ich bei einem Dinner in meinem Hotel bekomme".

Massai-Stammesältester

„Meine Leute wussten nichts von Profit, Tourismus oder Großwildparks. Erst mit dem Massentourismus begannen die negativen Folgen für Mensch und Umwelt. Wir werden nur noch als Objekte betrachtet, die man für Trinkgelder fotografiert oder arbeiten und tanzen lassen kann.
Aufgeputzt in Aufmachungen, die früher nur für besondere Anlässe reserviert waren, bieten unsere jungen Leute den Touristen gegen Trinkgeld Dienste an. Statt in die Schule zu gehen, tragen auf diese Weise schon Kinder zum Einkommen bei."

M6 Licht- und Schattenseiten des Tourismus in Kenia

Republik Südafrika – eine Wirtschaftsmacht Afrikas

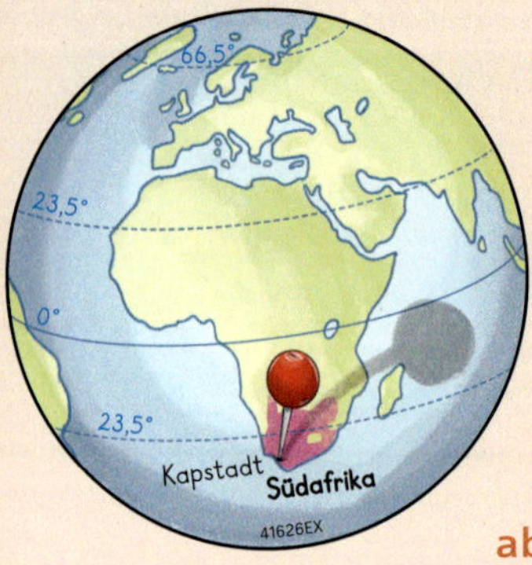

Am Kap der Guten Hoffnung liegt die Republik Südafrika. Südafrika ist das mit Abstand am stärksten industrialisierte Land Afrikas. Im Gegensatz zu anderen afrikanischen Ländern ist Südafrika nicht nur von einem Wirtschaftsbereich abhängig. Welche Faktoren begünstigen die wirtschaftliche Entwicklung des Landes?

1. Beschreibe die Lage Südafrikas (Atlas).

2. Fertige eine kartographische Skizze von Südafrika an. Benenne Gebirge, Landschaften, Flüsse und Millionenstädte (Atlas). S. 149

3. Stelle Zusammenhänge zwischen den natürlichen Bedingungen des Landes und der wirtschaftlichen Nutzung her (M1, M4 – M6, Atlas).

4. Der Dienstleistungssektor spielt in der Wirtschaft des Landes eine große Rolle:
a) Beschreibe die Bedeutung des Dienstleistungssektors für die Wirtschaft (M2, M3, M6 – M9)
b) Ein bedeutender Teil davon wird durch den Tourismus erwirtschaftet. Erläutere die naturräumlichen Bedingungen, die die Touristen in das Land locken (M8, Atlas).
c) Beschreibe weitere wirtschaftliche Gunstfaktoren von Südafrika (M10).

* **5.** Nenne Wirtschaftszweige, die auf dem Luftbild von Kapstadt zu erkennen sind (Topic-Foto S. 120/121, Internet).

Das Wappen der Republik Südafrika

Republik Südafrika

Fläche:	1 219 090 km²
Einwohner:	58,8 Mio.
Bevölkerungsdichte:	48 Einw. / km²
Stadtbevölkerung	67 %
Hauptstadt:	Pretoria (Regierungssitz)
Sitz des Parlaments:	Kapstadt
Amtssprachen:	Afrikaans, Englisch, Zulu, Xhosa, u. a.
Länderkennzeichen:	ZAF
Währung:	Rand (ZAR)

Bruttoinlandsprodukt (BIP): 351 Mrd. US-$

Bruttoinlandsprodukt nach verschiedenen Bereichen der Wirtschaft:

Landwirtschaft:	2,5 %
Industrie/Bergbau:	29,0 %
Dienstleistungen:	68,5 %

Arbeitslosenquote: 28,7 %

M2 Steckbrief der Republik Südafrika (2019)

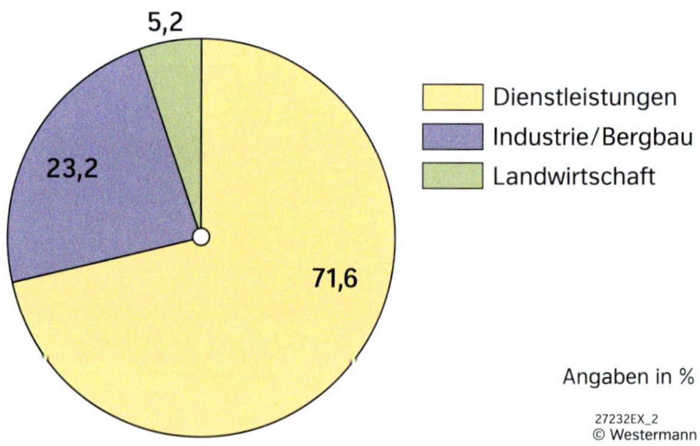

M3 Anteil der Erwerbstätigen nach Wirtschaftssektoren

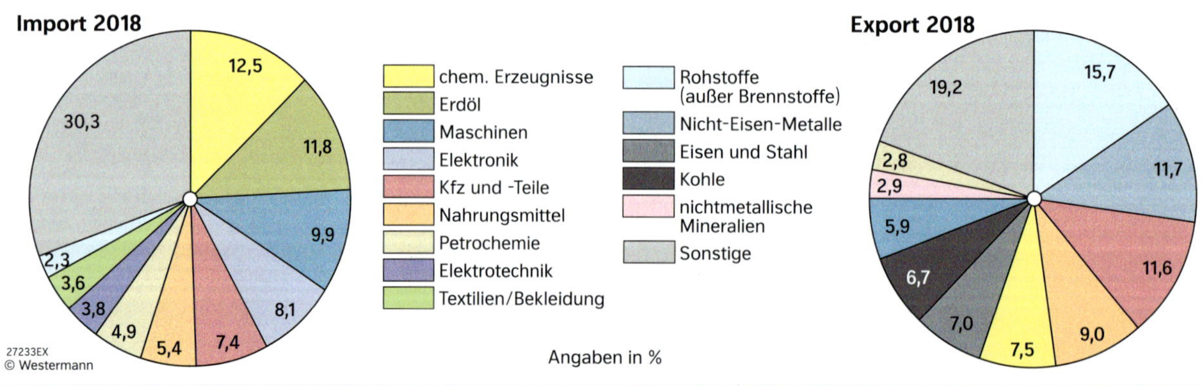

M1 Außenhandel Südafrikas

M4 Landwirtschaftliche Fläche vor Platinmine

M5 Arbeit in einer Goldmine

Südafrika ist seit Jahrzehnten eines der wichtigsten Bergbauländer der Erde. Hier finden sich u.a. Vorkommen von Platin, Chrom, Gold, Diamanten und Steinkohle.
Der Abbau sowie die Verarbeitung führten jedoch zu gravierenden Einschnitten in den Naturraum.
Zu den Exportgütern gehören auch landwirtschaftliche Produkte, wie z. B. Wein. Die Landwirtschaft ist wichtig für die Versorgung der Bevölkerung. Allerdings ist die Bewirtschaftung in vielen Regionen wegen schlechter Bodenqualität und Wassermangel problematisch.

M6 Bergbau und Landwirtschaft

M7 Arbeit in einer Automobilfabrik

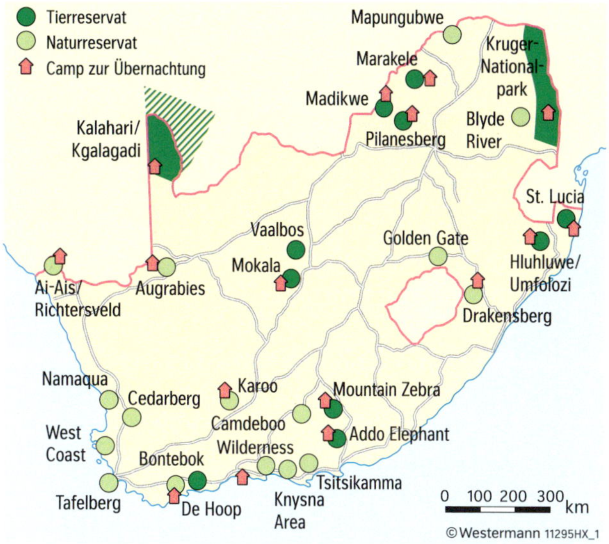

Es gibt 24 Nationalparks in Südafrika. Sie nehmen eine Fläche von ca. 81 000 km^2 ein. Ihre Aufgabe ist, den oft noch intakten Naturraum zu schützen. Die Parks spielen eine große Rolle innerhalb der Tourismusentwicklung, die verantwortungsvoll im Rahmen des Naturschutzes erfolgen soll. Immerhin kommen jährlich ca. 800 000 Touristen in das Land, die die Parks, Strände und Städte besuchen.

M8 Tourismus in Südafrikas Nationalparks

M9 Die Skyline von Johannesburg

Zu den großen Stärken Südafrikas zählen auch ein gut ausgebautes Verkehrsnetz, ein hochentwickeltes Bankwesen sowie anerkannte Wissenschaftszentren. Diese Standortvorteile nutzen internationale Konzerne. Sie schufen neue Arbeitsplätze und produzieren seit vielen Jahren in Südafrika. Trotzdem blieben Probleme bestehen. Die Zahl der Arbeitssuchenden wächst viel schneller als die Zahl neuer Arbeitsplätze. Die Arbeitslosigkeit beträgt etwa 29 Prozent. Politische Unsicherheiten, Stromausfälle und Streiks erschweren die wirtschaftliche Entwicklung.

M10 Standortfaktoren

Kolonialismus und Apartheid prägen die jüngere Geschichte Südafrikas. Die jahrzehntelange Unterdrückung der einheimischen Bevölkerung durch die weiße Regierung hinterließ deutliche Spuren. Woran kann man diese noch heute erkennen?

1. „Regenbogennation" – dieser Name wird wegen der vielen unterschiedlichen Volksgruppen oft für Südafrika benutzt. Beschreibe, wie dies auch in der Flagge sichtbar wird (M2).
2. Beschreibe anhand der Geschichte Südafrikas die vielfältige ethnische Zusammensetzung des Landes (M1, M3).
3. Die Zeiten der Apartheid sind tief in der Geschichte des Landes verwurzelt:
   a) Begründe, warum die Folgen der Apartheidspolitik noch nicht überwunden sind (M4, M7, Internet).
   b) Stelle Nelson Mandela in einem Kurzvortrag vor (Info, Internet).
4. * Weise am Beispiel von Johannesburg Merkmale einer einkommens- und herkunftsabhängigen Gliederung der Stadt nach (M7, Atlaskarte: Afrika – Johannesburg Bevölkerungsgruppen).

INFO 1

Nelson Mandela war ein ehemaliger Anti-Apartheid-Kämpfer Südafrikas. 27 Jahre saß er wegen seines Widerstandes gegen die **Apartheid** im Gefängnis. Von 1994 bis 1999 war er der erste Präsident Südafrikas nach dem Ende der Apartheid.

Die heutige Flagge wurde 1994 offiziell vom Land angenommen. Sie sollte das Ende der Apartheid bekräftigen. Für die Flaggenfarben gibt es keine offiziellen Erläuterungen. Eine mögliche Interpretation könnte wie folgt aussehen:
Der zusammenlaufende grüne Streifen kann für die Einheit des Landes, aber auch für die Naturreichtümer, die Landwirtschaft oder einfach für die Hoffnung stehen. Die Farben Schwarz und Weiß werden oft als Synonym der ethnisch vielfältigen Bevölkerung gesehen. Gelb steht für den Reichtum an Rohstoffen, Blau für die Ozeane, Rot für die Opfer der Befreiungskriege und Weiß für den Frieden. Ebenso lassen sich die Farben in den Flaggen ehemaliger Kolonialmächte und afrikanischer Bewegungen finden.

M2 Südafrikas Flagge

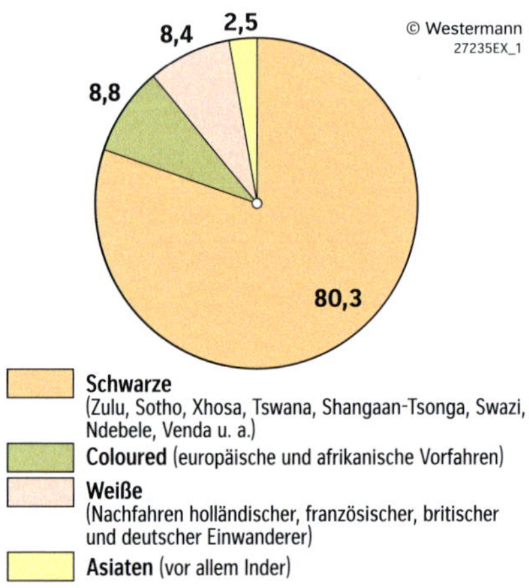

M3 Bevölkerungsgruppen

Im 15. Jahrhundert suchten die Europäer neue See- und Handelswege. Dabei landeten sie auch an der Küste im Süden Afrikas.
Im 17. Jahrhundert richteten die Niederländer am Kap der Guten Hoffnung einen Versorgungsstützpunkt ein. Dafür wurde die Ansiedlung von Bauern gefördert. Ihre Nachkommen sind die Afrikaans sprechenden Buren. Da dieses Land fruchtbar war, kamen nicht nur Holländer, sondern auch Deutsche und Franzosen. Die heimischen Volksgruppen wurden vertrieben oder als Sklaven auf den Farmen eingesetzt. Gegen die modernen Waffen der Europäer hatten sie keine Chance.
Anfang des 19. Jahrhunderts geriet das Gebiet unter britische Herrschaft und die Sklaverei wurde abgeschafft. Für die Arbeit auf den Zuckerrohrplantagen heuerte man Inder an. Die Buren sahen sich allerdings ihrer Existenzgrundlage beraubt. Sie wanderten nordwärts und unterwarfen die dortigen Bantustämme. Doch auch die Briten wollten expandieren. So brach zwischen ihnen und den Buren ein Krieg aus, den die Briten 1902 für sich entschieden. Die ehemaligen Burenrepubliken wurden Bestandteil des Britischen Empires.
1910 wurde die Südafrikanische Union aus den vier britischen Kolonien in Südafrika gegründet. Mit Inkrafttreten ihrer Verfassung verloren alle „Nicht-Weißen" das Wahlrecht. Diese Benachteiligungen verschärften sich in den kommenden Jahrzehnten.

M1 Kurzer Abriss der Geschichte Südafrikas vor der Apartheid

M4 Kapstadt – Township neben einer Einfamilienhaussiedlung

INFO

Townships

Townships wurden während der Apartheidpolitik in Südafrika errichtet. Sie dienten als einfache Sammelunterkünfte für einheimische Landarbeiter, die in den Städten Arbeit suchten. Nach dem Ende der Apartheid vergrößerte sich der Zustrom vom Land weiter. Freie Flächen innerhalb und am Rand der Townships wurden mit Wellblechhütten bebaut. Ein Ausbau der Strom- und Wasserversorgung fand nicht statt.

Ein besonders tragisches Kapitel begann 1948 mit der rigorosen Umsetzung der Apartheidsgesetze. Die Bevölkerung des Landes wurde darin in vier Hauptgruppen unterteilt: Weiße, Schwarze, Farbige und Asiaten/ Inder. Kontakte zwischen diesen ethnischen Gruppen waren untersagt. Das bedeutete:

- nach Ethnien getrennte Nutzung der öffentlichen Einrichtungen wie Schulen, Verkehrsmittel und Parks;
- räumlich abgetrennte Wohngebiete, die Townships, für die nicht europäischstämmige Bevölkerung am Rand der Städte;
- isolierte Siedlungsgebiete, die Homelands, für die afrikanischen Ethnien;
- das Wahlrecht war den „Weißen“ vorbehalten.

Gegner der Apartheid erhielten harte Strafen. Diese Politik führte zu einer jahrzehntelangen Isolation des Staates und einem zunehmenden Widerstand unter der Führung verschiedener Anti-Apartheidbewegungen, wie z. B. dem **African National Congress** (ANC) im Land.

Erst 1994 fanden die ersten demokratischen Wahlen statt. Nelson Mandela wurde zum Präsidenten gewählt. Die Folgen der jahrelangen Politik konnten jedoch nicht auf einmal beseitigt werden. Die räumliche Trennung von Wohngebieten in den südafrikanischen Städten ist bis heute erkennbar.

M5 Apartheid in Südafrika

M6 In einem Café im Zentrum von Johannesburg

M7 Im Township Soweto in Johannesburg

Australien im Überblick

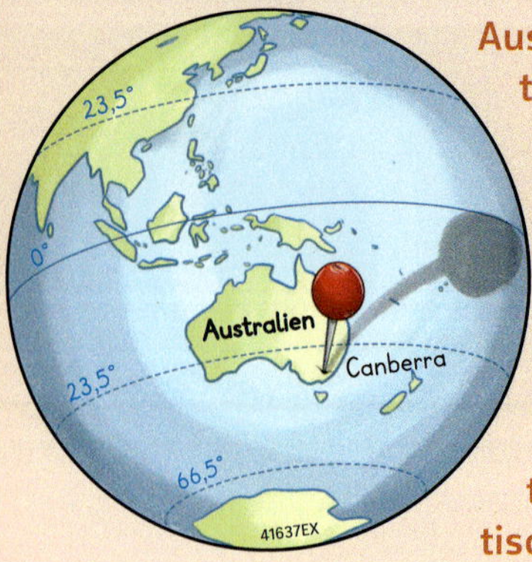

Australien ist der kleinste Kontinent und gleichzeitig das sechstgrößte Land der Erde. Auf der uns bekannten Weltkarte scheint Australien weit abgelegen. Welche Auswirkungen haben die isolierte geographische Lage und die teilweise extremen klimatischen Bedingungen auf den Naturraum?

1. Australien wird auch als „down under“ bezeichnet:
   a) Beschreibe die Lage des Kontinents im Gradnetz und seine Ausdehnung.
   b) Bestimme die Entfernungen zu den anderen Kontinenten.
   c) Beurteile, ob die Bezeichnung „down under“ für Australien korrekt ist (M1, Atlas).
2. Verorte die Rekorde in einer Karte (M3, Atlas).
3. Informiere dich über die Bedeutung der Flagge und des Wappen Australiens. Erläutere die verwendeten Symbole (M2, Internet).
4. Australien wird als trockener Kontinent bezeichnet. Erkläre die Niederschlagsarmut anhand der Passatzirkulation (Atlas, S. 54).
5. Beschreibe die Oberflächengestalt und das Gewässernetz Australiens (M4 – M7, Atlas).
6. Zeichne eine Profilskizze des Kontinents entlang des Breitengrades 30° s. Br.. Trage die Großlandschaften ein (M4, Atlas). S. 147

Australien

Fläche:	7 692 030 km²
Einwohner:	25,3 Mio.
Bevölkerungsdichte:	3,3 Einw./km²
Stadtbevölkerung:	81 %
Hauptstadt:	Canberra (460 000 Einw.)
Amtssprache:	Englisch
Länderkennzeichen:	AUS
Währung:	Australischer Dollar (AUD)
Bruttoinlandsprodukt:	1 387 Mrd. US-$
Erwerbstätige nach Wirtschaftssektoren	
primär:	3 %
sekundär:	20 %
tertiär:	77 %

M2 Steckbrief Australiens (2019)

Wusstest du, dass ...
- Australien der kleinste und trockenste Kontinent ist?
- das Great Barrier Reef das größte Korallenriff der Erde ist?
- der Mount Augustus und der Uluru (Ayers Rock) die größten Monolithen der Welt sind?
- im Sommer 2019 im **Outback** über 50° C gemessen wurden und deswegen auf den Wetterkarten dafür eine neue Farbe eingeführt werden musste?
- die Küstenlinie Australiens insgesamt 59 736 km beträgt (im Vergleich: Länge des Äquators etwa 40 075 km)
- Tasmanien die sauberste Luft der Welt hat?

M3 Rekorde

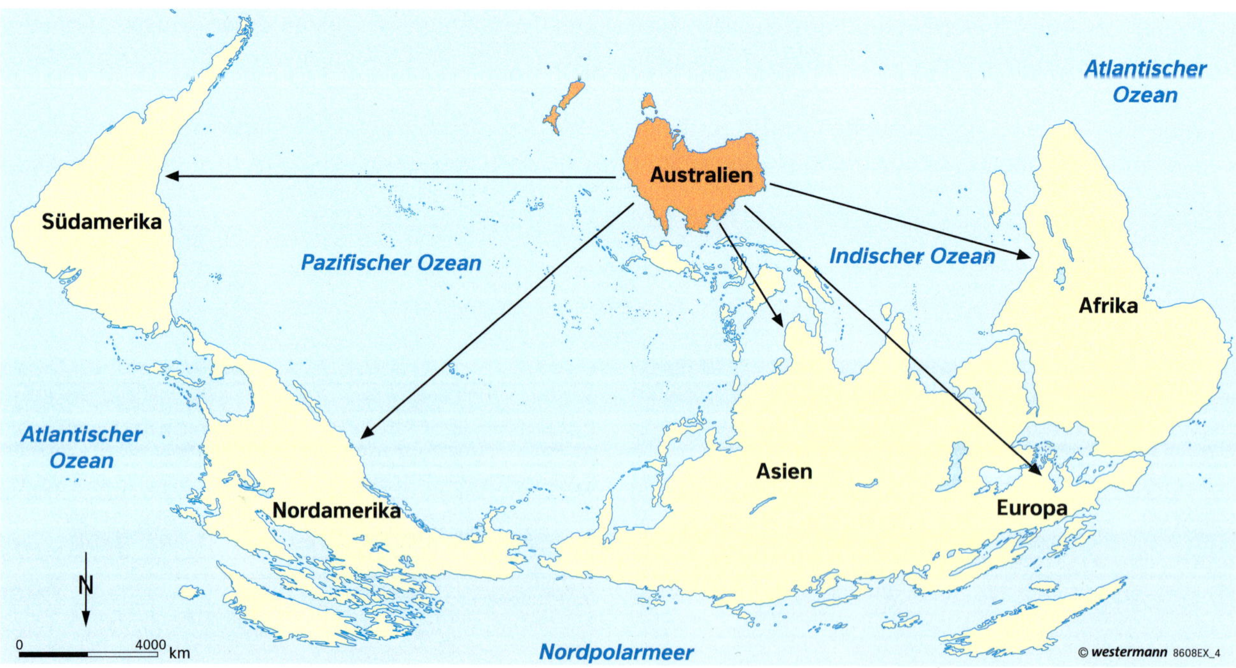

M1 Die Welt aus australischer Sicht

Australien ist nicht nur der kleinste, sondern auch flachste Kontinent mit nur wenigen Flüssen und Seen. Viele davon führen nicht ganzjährig Wasser. Die Landmasse des Kontinents kann man zu den geologisch ältesten der Erde zählen. Vor ca. 100 Millionen Jahren trennte sich Australien langsam vom Urkontinent Gondwana und bewegte sich innerhalb der Indisch-Australischen Platte nordwärts. Diese tektonische Bewegung, auch Drift genannt, hält bis heute an und prägt das Relief. Im Durchschnitt liegt das Land etwa 300 m über dem Meeresspiegel. Die Oberflächenform kann man als relativ einförmig bezeichnen.
Australien wird in drei Großräume gegliedert:

- das Westaustralische Tafelland,
- die Mittelaustralische Senke und
- das Ostaustralische Hochland.

M4 Die drei Großlandschaften Australiens

Das Westaustralische Tafelland gehört zu den ältesten Gesteinsformationen der Erde. Diese sind im Laufe von Jahrmillionen stark abgetragen worden. Wenige widerstandsfähige Gesteinsformationen haben diesem Prozess getrotzt und überragen das Tafelland. Zu ihnen gehört der Uluru im Uluru-Kata-Tjuta Nationalpark, besser bekannt als Ayers Rock. Der Sandsteinmonolith ist eines der Wahrzeichen des Kontinents.

M5 Kata Tjuta im Westaustralischen Tafeland

Die Mittelaustralische Senke ist ein beckenförmiges Tiefland, mit dem Flusssystem von Murray und Darling, sowie einer Vielzahl von periodischen Flüssen wie dem Cooper Creek, die nur zu bestimmten Jahreszeiten Wasser führen. Hier gibt es auch abflusslose Becken und Salzseen.
Bestandteil ist das Große Artesische Becken. Es ist eines der größten unterirdischen Wasserreservoire der Welt und nimmt knapp ein Viertel der Fläche des australischen Kontinents ein.

M6 Cooper Creek in der Mittelaustralischen Senke

Im Osten erstreckt sich entlang der Küste das Ostaustralische Hochland. Der Gebirgszug trennt die Küste vom Inland und hat als Wetterscheide bedeutenden Einfluss auf das Klima. Hier befinden sich die höchsten Berge des australischen Kontinents. Große Teile werden von Nationalparks und Naturschutzgebieten eingenommen.

M7 Mount Buffalo Nationalpark im Ostaustralischen Hochland

Australien – Fauna und Flora

Durch das Abdriften des heutigen Australien von anderen Landmassen wurde der Kontinent isoliert. Diese isolierte Lage führte zu einer einzigartigen Fauna und Flora. Warum sind diese heute stark gefährdet?

1. „In Australien stehen die Vegetationszonen auf dem Kopf". Erkläre diese Aussage (Atlas).

2. Australiens Pflanzen- und Tierwelt:
a) Begründe, warum in Australien eine einzigartige Pflanzen- und Tierwelt vorherrscht (M1).
b) Gestalte ein Plakat über die Besonderheiten ausgewählter Tiere oder Pflanzen (M1, M3, Internet).

4. Erläutere Zusammenhänge: isolierte Lage – einzigartige Tier- und Pflanzenwelt – Eingriffe des Menschen – gefährdete Arten (M1, M2, Info).

E **5.** Die Einfuhr von Pflanzen und Tieren nach Australien ist verboten. Bewerte diese Regelung.

6. Busch- und Waldbrände treten regelmäßig auf. Doch die Gefahr steigt. Beschreibe die Auswirkungen auf Mensch und Natur (M4, M5).

M2 „Rabbit Proof Fence"

INFO

Zäune quer durch Australien

Mitte des 19. Jahrhunderts brachte ein Engländer 24 Kaninchen im Reisegepäck mit nach Australien. Schon in wenigen Jahren hatten sie sich so vermehrt, dass sie in ganz Australien eine Plage darstellten. Um ihre Ausbreitung von Westen nach Osten zu verhindern, bauten die Australier einen über 3000 Kilometer langen Zaun, den „Rabbit Proof Fence".
Für die Schafzüchter sind die australischen Wildhunde, die Dingos, eine Plage. Sie töten ihre Schafe. Ein heute noch etwa 5000 Kilometer langer Zaun von Brisbane bis Ceduna in South Australia soll vor den Dingos schützen.

Viele Tiere Australiens sind nur auf diesem Kontinent beheimatet. Das betrifft 83 % der Säugetiere, 89 % der Reptilien, 93 % der Amphibien, 90 % der Süßwasserfische und Insekten.
Zu den bekanntesten Arten gehören Kängurus und Koalabären. Der Name Koala bedeutet so viel wie „trinkt nicht". Die Koalas verlassen auch in der Tat ihre Bäume nur selten. Einerseits brauchen sie bis zu 18 Stunden Schlaf pro Tag, andererseits verzehren die „Bären" täglich über ein Kilogramm Blätter ausgewählter Eukalyptusarten. Wegen des hohen Anteils an ätherischen Ölen in diesen Blättern brauchen sie nichts zu trinken.
Ein weiteres ungewöhnliches Tier ist das Schnabeltier. Es hat Schwimmhäute, legt Eier und zählt dennoch zu den Säugetieren.

Durch die lange Isolation des Kontinents konnten sich die Tiere und Pflanzen den vorherrschenden Bedingungen anpassen. Der isolierte Lebensraum führte jedoch zu einer extremen Anfälligkeit. Eingeführte Tiere vermehren sich mangels natürlicher Feinde unkontrolliert, Schädlinge und Krankheiten bedrohen die Bestände. Die Lebensräume vieler Tierarten sind bedroht. Die Siedlungen dehnen sich aus und die Wälder werden in landwirtschaftliche Nutzflächen umgewandelt.
So sind inzwischen viele Arten vom Aussterben bedroht.

M1 Die Tierwelt Australiens

Der Eukalyptusbaum ist vorwiegend in Australien heimisch. Die meisten Arten dieser immergrünen Bäume haben sich an die Trockenheit angepasst. Es gibt mehr als 700 Arten vom Busch bis zum Baumriesen. Der Baumbestand auf dem Kontinent besteht inzwischen zu 70 % aus Eukalyptusbäumen. Eukalypten sind die einzigen Futterpflanzen des Koalabären und anderer Beuteltiere.

Verbreitet sind neben vielen Akazienarten auch die extrem langsam wachsenden Grasbäume, die mehrere hundert Jahre alt werden.

Große Teile des Outback sind vom Spinifexgras, auch als Stachelschweingras bezeichnet, bedeckt. Es ist hart, stachelig und für die Tiere ungenießbar.

M3 Die Flora Australiens

Buschfeuer treten in Australien regelmäßig auf. Bei extremer Trockenheit und ungünstigen Windverhältnissen bedrohen sie Farmen und Siedlungen. Wald- und Buschbrände sind für viele Pflanzenarten positiv, auch für den Eukalyptusbaum. Viele Bäume überleben das Feuer und treiben schnell wieder aus. Das Feuer beseitigt Parasiten und hilft u. a. bei der Fortpflanzung. So platzt die harte Samenschale des Eukalyptus durch die Hitze des Feuers. Allerdings fördern der Ölgehalt im Holz und die abgeworfenen Äste am Boden die Ausbreitung des Feuers.

M4 Bäume nach einem Buschbrand

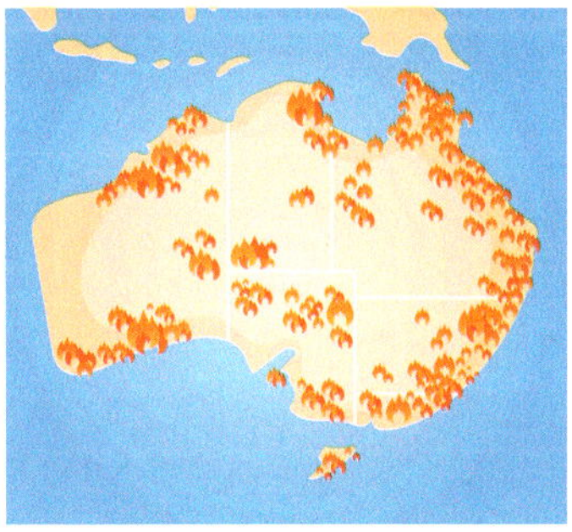

2019 war das heißeste und trockenste Jahr seit Beginn der Wetteraufzeichnungen. Schon die vorherigen drei Jahre herrschte eine außergewöhnliche Trockenheit. Die Landschaften sind vertrocknet. Eine der Ursachen sehen Wissenschaftler in der Tatsache, dass der Anstieg der Temperatur in Australien stärker als die durchschnittliche globale Erwärmung ausfällt. Blitzeinschläge entfachten neue Brände, Winde trugen die Funken weiter und trieben die Feuer vor sich her. Die Bilanz dieses Sommers war verheerend und von historischem Ausmaß. Bis Ende Februar 2020 starben mehr als eine Milliarde Nutz- und Wildtiere. Über zwölf Millionen Hektar Busch- und Ackerland verbrannten. Allein im Südosten wurden mit rund sechs Millionen Hektar mehr als ein Fünftel der Waldökosysteme Opfer der Flammen. Die Flammen kamen nahe an die Großstädte im Osten Australiens heran. Viele Einwohner verloren ihre Häuser. Über 30 Menschen kamen ums Leben.

M5 Feuersaison 2019/ 2020

Australien ist als das sechstgrößte Land der Erde nur dünn und ungleich besiedelt. Über 80 Prozent der Menschen leben in Städten. Die indigene Bevölkerung, die Aboriginal People, nimmt nur 2,5 Prozent der Gesamtbevölkerung ein. Warum spielte die Eröffnungsfeier der Olympischen Spiele im Jahr 2000 in Sydney bei der Aufarbeitung der australischen Geschichte eine wichtige Rolle?

1. Bevölkerungsverteilung in Australien:
   a) Beschreibe die Bevölkerungsverteilung in Australien (Info 1, Atlas).
   ✶ b) Vergleiche die Bevölkerungsverteilung und -dichte mit der auf einem Kontinent deiner Wahl (Atlaskarte: Erde – Bevölkerungsverteilung).
2. Begründe, warum Australien als verstädterter Kontinent bezeichnet wird (Info 1, Atlas).
3. Beschreibe die Besiedlung durch die Europäer (M3, Atlaskarte: Australien – Ureinwohner und Einwanderer).
4. Erkläre Konflikte zwischen Europäern und der indigenen Bevölkerung Australiens im Verlauf der Geschichte (M2 – M5, Internet).
5. Halte einen Vortrag, in dem du das Leben und die Kultur der Aboriginal People veranschaulichst. Wähle ein konkretes Thema:
   a) Die Traumzeit (M6, M7, Info 2).
   b) Das Leben der Aboriginal People heute (M4, M5, Info 2, Internet) .
   E c) Die Entstehung und Bedeutung des Commonwealth of Nations (Internet).

INFO 1

Bevölkerungsverteilung Australiens
Die großen Städte des Landes liegen in den Küstenregionen. Auch ein Großteil der Landbevölkerung siedelt in der Nähe der Küste. Demzufolge befindet sich hier auch der Großteil der Industriegebiete. Die Ursachen sind nicht nur beim Klima zu suchen, sondern auch in der Geschichte des Landes. Die Hafenstädte waren der Ausgangspunkt der Kolonialisierung und ermöglichten die Verbindung zum einstigen Mutterland. Später wurden aus diesen Verwaltungszentren die wirtschaftlichen und politischen Zentren des modernen Australiens.

M1 Eröffnungszeremonie der Olympischen Spiele in Sydney (2000)

M2 First Fleet in der Botany Bay

Australien wurde als letzter Kontinent im 17. Jahrhundert von Europäern entdeckt. Bereits in der Antike war jedoch ein Kontinent im Süden vermutet worden, den man als Terra Australis (Südland) bezeichnete. Als erster Europäer sichtete der Niederländer Willem Jansz mit dem Schiff Duyfken Australien. Diese Entdeckung geriet allerdings fast in Vergessenheit, bis James Cook im Jahr 1770 die Ostküste Australiens erreichte und das Land formal als New South Wales zur Kolonie der britischen Krone erklärte.
In dieser Zeit lösten sich die USA von Großbritannien und die britische Regierung brauchte Land, um neue Strafkolonien zu errichten. Der neue Kontinent bot sich auch zur Lösung des Sträflingsproblems an. Die erste Schiffsflotte („First Fleet") traf am 26.01.1788 an der Ostküste ein und gründete die erste Siedlung der Europäer, die heute größte australische Stadt Sydney. In einem Zeitraum von 80 Jahren wurden über 160 000 Gefangene hierher umgesiedelt. Die Einwanderung von freien Siedlern setzte etwas später ein. Das Land bot gute Voraussetzungen für die Landwirtschaft und verfügte über viele Bodenschätze.

M3 Geschichte der Besiedlung

M4 **Aboriginal People demonstrieren für ihre Rechte (2020)**

Die Ureinwohner Australiens kamen vermutlich vor ca. 60 000 Jahren über eine Landbrücke von Südostasien auf den „Roten Kontinent". Aborigine (englisch „Ureinwohner") leitet sich vom lateinischen „ab origine" ab und bedeutet so viel wie „von Beginn an". Sie selber finden diesen Begriff diskriminierend, weshalb sie besser „Aboriginal People" oder „Indigenous People" genannt werden sollten. Das Volk lebte meist in kleineren Stämmen (Clans).

Mit der Ankunft der Europäer verschlechterte sich die Lebenssituation der Ureinwohner verheerend. Die Einwanderer verstanden ihre Kultur nicht und betrachteten sie als minderwertig.

Die Aboriginal People wurden ihrer Lebensgrundlage beraubt. Man nahm ihnen das Land und siedelte sie in Reservate um. Die Europäer schleppten zudem bis dahin unbekannte Krankheiten ein. Erst 1949 erhielten die Aboriginal People offiziell die australische Staatsbürgerschaft. In den 1960er-Jahren wurden ihnen die gleichen Bürgerrechte zugestanden.

Die Folgen der langen Unterdrückung sind bis heute spürbar. Um die Situation besonders von jungen Menschen zu verbessern, spielt die Bildung eine große Rolle. Deshalb haben sie Vorteile bei der Bewerbung an Universitäten und müssen keine Studiengebühren zahlen.

Ein Zeichen der geschichtlichen Aufarbeitung war die Entzündung des olympischen Feuers in Sydney 2000 durch die Aborigine Cathy Freeman und vor allem die historisch bedeutsame Entschuldigung des Parlaments im Jahr 2008.

Der ehemalige Premierminister Australiens, Kevin Rudd, entschuldigte sich im Namen des Parlaments für: „den Schmerz und das Leid dieser gestohlenen Generationen, ihrer Nachfahren und ihrer Familien [...] für die Demütigung und Erniedrigung, die dadurch einem stolzen Volk und einer stolzen Kultur zugefügt wurden."

M5 **Kurzer geschichtlicher Abriss zu den Aboriginal People**

M6 **Uluru: Heimat der Regenbogenschlange**

In der Kultur der Aboriginal People gibt es die Traumzeit. Sie ist eine Art Paralleluniversum. Alle wichtigen vergangenen Ereignisse bleiben hier erhalten und wirken sich auf Gegenwart und Zukunft aus. Die Traumzeitlegenden wurden über die Generationen mündlich überliefert und mit Ritualen und Zeremonien lebendig erhalten. Tänze, Gesänge und die Begleitung durch Musikinstrumenten sind damit fest verbunden.

Immer mehr heilige Orte werden von ihnen wieder selbst verwaltet. So auch der Uluru – zweitgrößter Monolith der Erde und Heiliger Berg. Seit 2019 ist das Besteigen der Heimat der Regenbogenschlange, einem Schöpfungsgott in der Mythologie, nicht mehr möglich.

M7 **Traumzeit**

INFO 2

Didgeridoo

Das Blasinstrument gilt als das bekannteste Musikinstrument Australiens. In der Mythologie werden die erzeugten Töne als Vibration der Regenbogenschlange interpretiert.

PROBIER'S AUS!

Der Bumerang ist der bekannteste Gebrauchsgegenstand der Aboriginal People. Es gibt ihn mit zwei, drei oder vier Flügeln. Ein Bumerang fliegt – richtig geworfen – eine Kurve und kehrt zum Werfer zurück. Er wurde aus krummen Ästen geschnitzt und zu Jagd- und Kampfzwecken verwendet. Heute ist das Bumerangwerfen eine beliebte Sportart geworden.

Im Internet kann man verschiedene Bauanleitungen finden. Baue dir einen eigenen Bumerang und erprobe, ob er zu dir zurückkommt.

Leben im Outback

Die Australier bezeichnen die weiten, trockenen und fast unbesiedelten Gebiete im Inneren des Kontinents als Outback. Trotz der schwierigen Lebensbedingungen ist die Region aufgrund des Rohstoffreichtums bedeutend für den Wohlstand Australiens. Aber wie leben die Menschen in der dünn besiedelten Region?

1. Fertige eine Kartenskizze des Kontinents an und lokalisiere den Outback. Trage die größeren Städte und wichtigsten Verkehrsverbindungen ein (M1, Atlas, Info). S. 149

2. Beschreibe die Merkmale der Landschaftskomponenten Klima, Wasserhaushalt und Vegetation (M1, Atlas).

3. Die Wirtschaft im Outback:
a) Lokalisiere die Rohstoffvorkommen im Outback (Atlas).
b) Erkläre, warum es möglich ist, im Outback in der Region von Windorah Viehzucht zu betreiben (M2 – M4).
c) Beschreibe die Lebens- und Arbeitsbedingungen der Bevölkerung (M2 – M8).

4. Bildung und medizinische Versorgung im Outback:
a) Vergleiche den Einzugsbereich der School of the Air in Alice Springs und des Flying Doctor Service mit der Größe Deutschlands (M5 – M8, Atlas).
b) Vergleiche das Leben der Kinder im Outback mit deinem eigenen. Was würde dir an dieser Schulform gefallen (M5 – M7)?

INFO

Abgrenzung des Outback
Das Outback nimmt etwa drei Viertel des australischen Kontinents ein. Eine genaue Definition und Abgrenzung des Gebietes gibt es nicht. Die Australier bezeichnen formal alles, was nicht in Küstennähe liegt, als Outback.

M2 Viehtrieb im Outback

M3 Viehtransport mit einem Roadtrain

Die Region des Outback lebt von der Schaf- und Rinderzucht, vom Weizenanbau sowie vom Bergbau. Eine australische Farm ist im Durchschnitt 5 600 ha groß. Die größte Farm ist die Anna Creek Station, deren Größe in etwa der Fläche von Mecklenburg-Vorpommern entspricht. Auf dem offenen Weideland können die Tiere frei herumziehen. Nur so kann der Futterbedarf bei der spärlichen natürlichen Vegetation gedeckt werden. Eine geringe Zahl von Arbeitern bewirtschaftet den riesigen Betrieb bei William Creek mithilfe einer großen Maschinenflotte. Für schwer zugängliche Gebiete werden zwar auch noch Pferde genutzt, mittlerweile überwiegen beim Hüten der ca. 10 000 Rinder aber Motorräder und Hubschrauber oder Flugzeuge. Der Rinder werden mit Roadtrains in die Schlachthäuser gebracht. Per Schiff wird das Fleisch in alle Welt transportiert.

M4 Landwirtschaft im Outback

Australien ist reich an Grundwasserreserven. Nach Niederschlägen sammelt es sich in Hohlräumen unter der Erdoberfläche. So ist unter großen Teilen des Kontinents artesisches Wasser zu finden. Besonders große Grundwasservorkommen gibt es im Großen Artesischen Becken. Durch seine schüsselartige Form sammelt sich hier das Niederschlagswasser, das im regenreichen Ostaustralischen Hochland fällt.

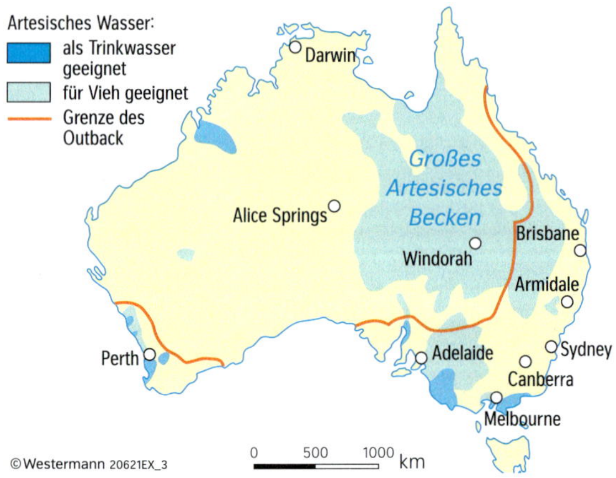

M1 Artesisches Grundwasser

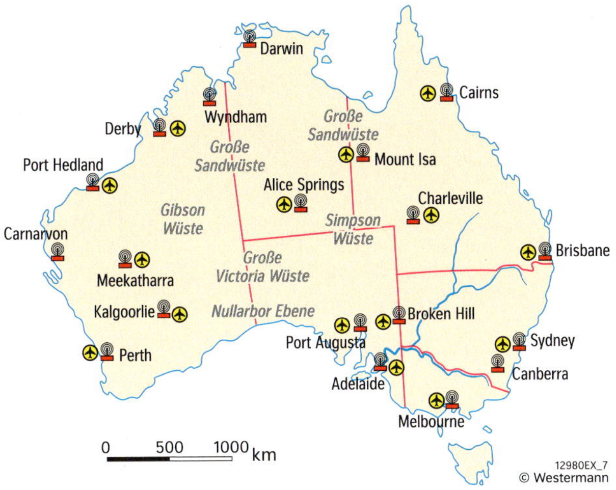

M5 Stationen der School of the Air (zum Teil an Stationen des RFDS angeschlossen)

School of the Air ist an die dünn besiedelten Regionen Australiens angepasst. Hier ist es aufgrund der großen Entfernungen unmöglich, täglich zur Schule zu fahren. Da die Kinder trotzdem eine gute Ausbildung erhalten sollen, wird der Lernstoff per Fernunterricht vermittelt. Jeder Schüler erhält pro Tag per Funk oder Internet bis zu drei Unterrichtslektionen in Fächern wie Sprachkunde, Mathematik, Geographie und Wissenschaft. Darüber hinaus erhalten sie weitere Materialien, mit denen sie unter Anleitung der Eltern und älteren Geschwister arbeiten. Zusätzlich werden sie von sogenannten Feldteams per Allradwagen besucht. Einmal im Jahr treffen sich Schüler und Lehrer in ihrer Schule. Mit dem Wechsel zur High School ziehen die Kinder in ein Internat.

Der Fernunterricht ist für die Kinder oft die erste Gelegenheit des Kontaktes mit Gleichaltrigen außerhalb der Familie. Im Zentrum des Outback, in Alice Springs, gibt es die bekannteste Schule dieser Art. Sie hat zwar keine Klassenräume, aber dafür drei Studios. Von hier aus werden etwa 130 Kinder auf einer Fläche von 1,3 Mio. km² unterrichtet. Die größte Entfernung zwischen Schule und Schüler beträgt 1000 km.

M6 School of the Air

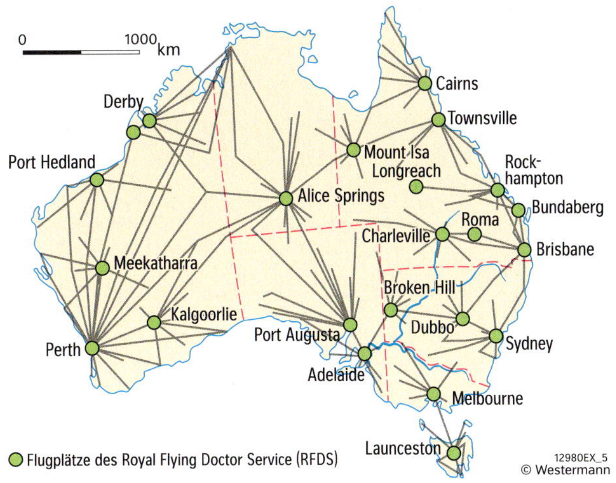

M7 Einsatzgebiete des Royal Flying Doctor Service

Nicht nur die Bildung ist in den großen Weiten des Kontinents eine Herausforderung, sondern auch die medizinische Versorgung.

Der Royal Flying Doctor Service of Australia gewährleistet für die Menschen in den wenig besiedelten Gebieten Australiens mithilfe von Flugzeugen die ärztliche Versorgung. Innerhalb von zwei Stunden kann jede Region erreicht werden. Dabei versorgt die Organisation die Bevölkerung auf einer Fläche von etwa 7,15 Mio. km². Das sind etwa zwei Drittel der Fläche Australiens.

Auch hier bietet die Lage von Alice Springs optimale Voraussetzungen. Dieser Stützpunkt ist allein für ein Gebiet von 1,25 Mio. km² mit einem Radius von 600 km zuständig, in dem etwa 16 000 Menschen leben. 90 Prozent von ihnen sind Aboriginal People.

Der Royal Flying Doctor Service kümmert sich von mehr als 20 Standorten aus mit fast 70 Flugzeugen und 1000 Mitarbeitern um die Gesundheit der Bevölkerung im Outback. Oft werden auch Medikamente, Blutkonserven oder medizinische Instrumente transportiert. In vielen Fällen werden per Telefon, Funk oder Internet ärztliche Ratschläge erteilt.

M8 Royal Flying Doctor Service

Die Polargebiete

Die Polargebiete sind die kalten und lebensfeindlichen Regionen der Erde. Ihre jährliche Durchschnittstemperatur beträgt gerade mal -10°C. Aber sind sie wirklich ohne Leben?

1. Beschreibe mithilfe des Atlas Lage und Ausdehnung der Arktis und der Antarktis (Atlas).

✶ **2.** Führe einen geographischen Vergleich der beiden Polargebiete durch (M1– M7, Atlas).

3. Löst die folgenden Aufgaben in Gruppen und stellt eure Ergebnisse vor:

A a) Nennt die Länder mit Anteilen an der Arktis und Antarktis und die Länder, die Gebietsansprüche in den Polargebieten stellen (Info 1, M7, Atlaskarte: Arktis/ Antarktis – Hoheitsansprüche).
b) Begründet das Interesse der Staaten an den Polargebieten (M7, Atlas).

B a) Erklärt die Behauptung, die Polargebiete gehörten zu den kältesten Gegenden der Erde mit den größten Eisflächen (M2, M3, M4, M6, Infos, Atlas).
b) Beschreibt, wie sich die Pflanzen und Tiere an die klimatischen Bedingungen angepasst haben (M1, M3 – M5).

E **4.** Fertige ein Poster zu einem der beiden Polargebiete an. Gehe dabei besonders auf die Anpassungen der Tier- und Pflanzenwelt ein (M1, M5, Internet).

INFO 1

Die Arktis

Die **Arktis** nimmt eine Fläche von etwa 21 Mio. km² ein. Zur Arktis zählen das von Eisschollen und Eisbergen bedeckte Nordpolarmeer sowie Grönland, Alaska, Nordkanada und Nordsibirien.
Trotz des lebensfeindlichen Klimas, das kaum Landwirtschaft zulässt, leben etwa vier Millionen Menschen in der Arktis, davon etwa 150 000 Inuit. Das sind die indigenen Bevölkerungsgruppen auf Grönland und im arktischen Kanada.
Ein großer Teil des arktischen Ozeans ist von Packeis bedeckt, das vom Wind angetrieben wird. Grönland dagegen ist von einer Inlandeiskappe aus gefrorenem Süßwasser bedeckt.

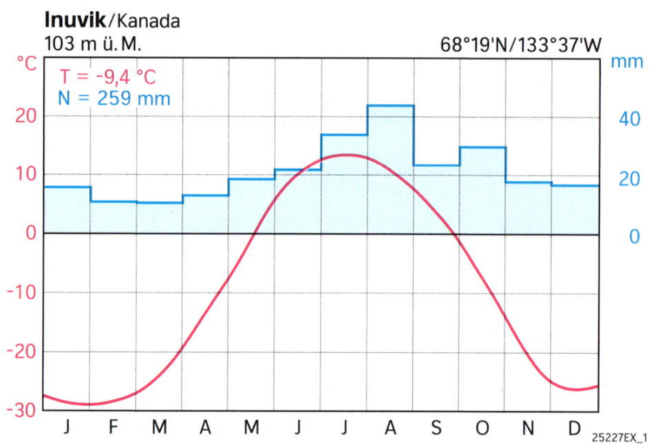

M3 Klimadiagramm Arktis

Fauna und Flora sind ebenso wie die Menschen an das Leben im „ewigen Eis“ angepasst. Die Tiere haben eine Isolierschicht aus Fett. Leben sie an Land, haben sie zusätzlich einen Pelz oder ein dichtes Federkleid. Einige Arten der Arktis wandern im Winter in wärmere Gebiete oder halten in Eishöhlen Winterschlaf. Fische besitzen eine große Anzahl weißer Blutkörperchen, um eine stärkere Durchblutung zu gewährleisten und so die Kälte auszuhalten.
Im Nordpolargebiet bildet sich auf dem Festlandsteil im Sommer Tundrenvegetation mit überwiegend Moosen und Flechten. Sie haben ein weitverzweigtes Wurzelnetz und werden nur wenige Zentimeter hoch. Die Nähe zum Boden bietet Schutz und Wärme.

M1 Flora und Fauna der Arktis

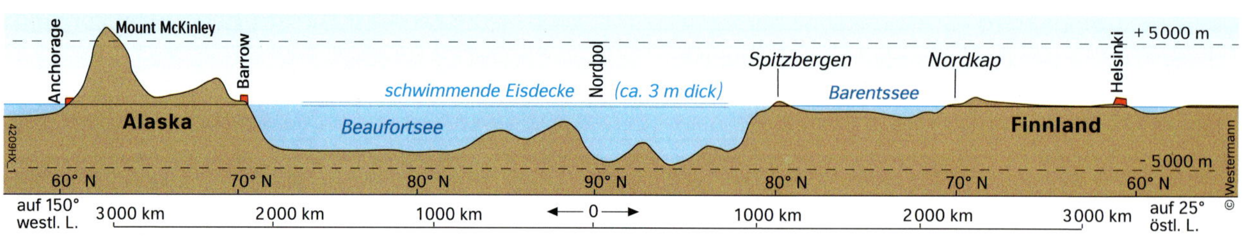

M2 Profil durch die Arktis

INFO 2

Die Antarktis

Die **Antarktis** ist das Gebiet von Antarktika und den umgebenden Meeren mit einer Fläche von ca. 14 Mio. km². Das Gebiet besteht aus einem Festlandssockel, der von einem Eisschild mit einer durchschnittlichen Eisdecke von 2300 m Dicke bedeckt ist. Die Eiskappe wird über den Rand des Kontinents ins Meer geschoben. So bildet sich bis zu 100 m dickes Schelfeis, welches mit dem Festland verbunden ist und gleichzeitig ins Meer hineinreicht. Am Rand können Eisberge abbrechen.
Die extremen natürlichen Bedingungen verhindern eine dauerhafte Besiedlung.

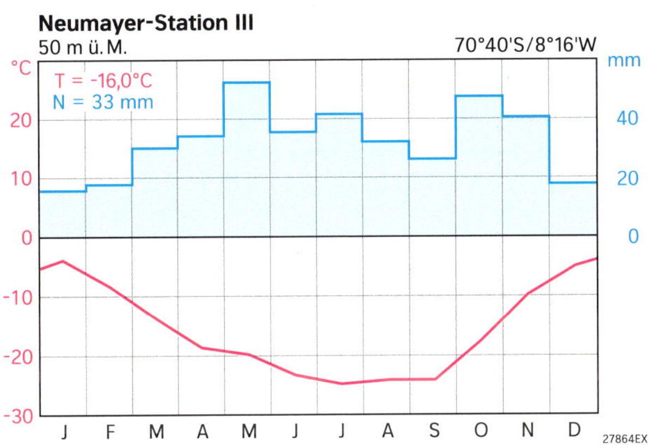

M4 Klimadiagramm Antarktis

Auf die Antarktis erheben mehrere Länder Anspruch. Aber wem gehört der Kontinent?
Im Antarktisvertrag einigten sich die Staaten, ihre Ansprüche bzw. Vorbehalte ruhen zu lassen und auf eine wirtschaftliche und militärische Nutzung zu verzichten. Er trat 1961 in Kraft und wurde 30 Jahre später verlängert. Die endgültigen territorialen Ansprüche und die Nutzung des Gebiets sollen nach Ablauf des Vertrages im Jahr 2041 geklärt werden. Das müsste aber dann einstimmig erfolgen. Bis dahin wird in der Antarktis nur Forschung betrieben.

M7 Gebietsansprüche in der Antarktis

Der Artenreichtum ist bei Tieren und Pflanzen in der Antarktis kleiner als der in der Arktis. In der Antarktis haben die Pflanzen aufgrund des Dauerfrostes noch schlechtere Bedingungen. Hier wachsen Flechten und Moose in Spalten und Vertiefungen auf felsigem Untergrund. Sie sind wahre Überlebenskünstler.
Im Meer sorgen Plankton und Krill für Nahrung. Robben, Wale und Pinguine sind die häufigsten Vertreter der Fauna. Pinguine kommen zur Paarung und zur Aufzucht der Kleinen an Land. Die einzigen echten Landraubtiere des Kontinents sind winzige Käfer. Auch eine Mückenart lebt permanent auf der

Antarktischen Halbinsel. Albatrosse, die Vögel mit den längsten Spannweiten der Flügel, suchen die Küste zum Brüten auf.

M5 Flora und Fauna der Antarktis

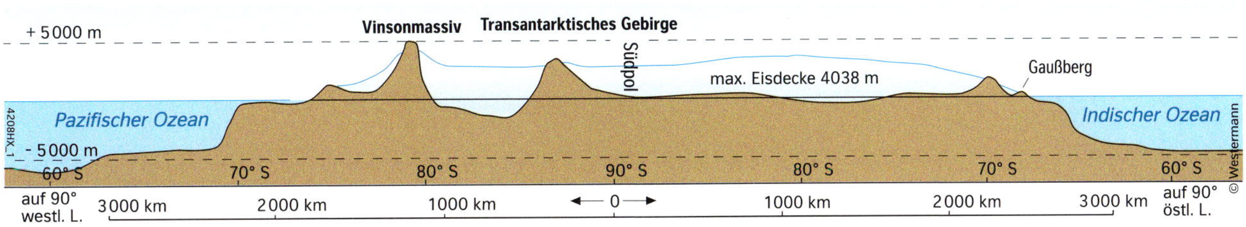

M6 Profil durch die Antarktis

Der Wettlauf um die Pole

Die meisten Länder und Kontinente waren bis Ende des 19. Jahrhunderts erforscht. „Weiße Flecken" auf der Weltkarte fanden sich nur noch in den Regionen um die beiden Pole. Es begann ein Wettlauf. Wer erreichte als Erster die Pole?

1. Nenne Möglichkeiten den Nordpol zu erreichen (Atlas, Internet, M1 – M4).
2. Bewerte die Eroberung des Nordpols durch Robert Peary und Frederick Cook (M1, Internet).
3. Der Wettlauf um den Südpol:
   a) Beschreibe die Routen der Expeditionen von Amundsen und Scott (M5, M6, Atlas).
   b) Nenne Faktoren, die über den Sieg bestimmten (M7 – M11, Internet).
4. Beurteile welche Rolle die Ausrüstung der Expeditionen für deren Verlauf spielte (M7 – M11).

M2 Eisbrecher im Nordpolargebiet

Seit Anfang des 20. Jahrhunderts gilt der Nordpol als bezwungen. Zwei Polarforscher nehmen diesen Erfolg für sich in Anspruch: Robert Edwin Peary (April 1909) und Frederick Cook (April 1908). Bei beiden gibt es Unstimmigkeiten in ihren Berichten. Auch wenn bis heute Edwin Peary mit seiner sehr gut vorbereiteten Expedition als der erste Mensch gilt, der am Nordpol war, ist die Streitfrage nicht geklärt. Dabei ist nicht einmal sicher, ob der Pol überhaupt erreicht wurde. Da sich die Eismassen ständig verschieben und so der nördlichste Punkt der Erde seine Lage an der Eisoberfläche stetig ändert, kann man keine eindeutige Antwort mehr finden.
Bewiesen ist der Flug über den Nordpol mit dem Luftschiff Norge 1926 von Roald Amundsen, Umberto Nobile und Lincoln Ellsworth. Seine ursprünglich geplante Nordpolexpedition lenkte Amundsen 1909 in die Antarktis um, nachdem er erfahren hatte, dass der Nordpol erreicht worden sei.
1937 flog eine Gruppe sowjetischer Wissenschaftler unter der Leitung von Iwan Papanin zum Nordpol, landete und betrat zweifelsfrei das Umfeld des Pols.
Der erste Mensch, der den Nordpol unbestreitbar und zu Fuß erreichte, war 1969 der Brite Walter William Herbert. Immer wieder gab es Versuche mit dem Schiff den Nordpol zu erreichen. 1958 gelang es das erste Mal den Pol mit einem U-Boot zu unterfahren.

M1 Eroberung des Nordpols

M3 Aufbruch von Nansen und Johansen vor der Fram

Fridtjof Nansen plante den Nordpol mit einem Schiff zu erreichen. Er brach im Juli 1893 mit seinem Schiff Fram auf. Nansen ging davon aus, dass er mit dem im Packeis eingefrorenen Schiff durch die Eisdrift in die Nähe des Nordpols kommen könnte. Das Expeditionsschiff Fram wurde extra dafür konstruiert, sodass der Schiffskörper dem Eisdruck standhalten konnte. Die durch die Meeresströmung verursachte Eisdrift entsprach allerdings weder in Richtung noch Geschwindigkeit Nansens Berechnungen. Die Reise sollte gemeinsam mit Fredrik Hjalmar Johansen auf Hundeschlitten und Kajaks im Gepäck weitergehen. Auf einer Breite von 86° mussten sie sich geschlagen geben und umkehren.

M4 Nansens Fram-Expedition

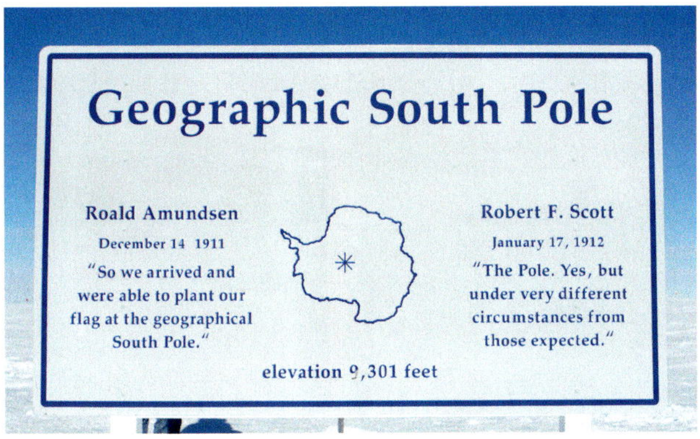

M5 Kennzeichen des geographischen Südpols

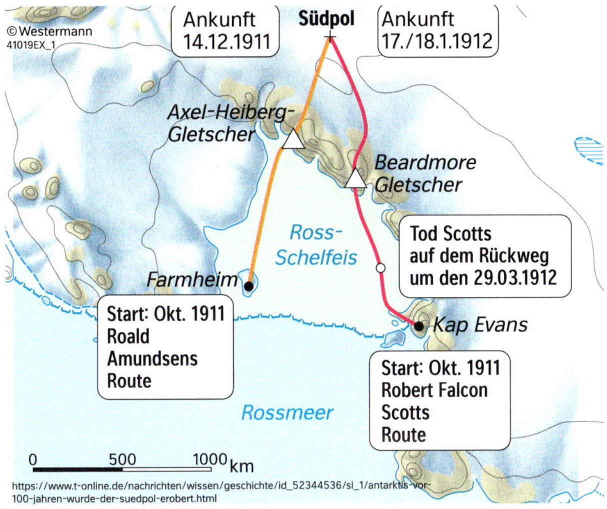

M6 Routen von Amundsen und Scott

Der Engländer Robert Falcon Scott und der Norweger Roald Amundsen lieferten sich einen gefährlichen Wettkampf um das Erreichen des Südpols. Beide Forscher brachen mit ihren Teams fast gleichzeitig auf. Amundsen setzte für den Marsch vor allem auf in Grönland erprobte Hundeschlitten. Sein Gegner verließ sich auf Ponys. Im Vergleich erwiesen sich Schlitten und Hunde als wendiger und zäher. Die Ponys waren durch die extremen Naturbedingungen so geschwächt, dass sie erschossen werden mussten.
Amundsen erreichte den südlichsten Punkt der Erde am 14.12.1911. Auch Scott erreichte das Ziel, allerdings erst am 18.01.1912. Zu diesem Zeitpunkt wehte bereits die norwegische Flagge am Südpol. Für Amundsen endete der Wettkampf mit Ruhm, für Scott wurde der Rückweg zur tödlichen Katastrophe. Das Scheitern der Männer dokumentierte er in seinem Tagebuch.
Heute erinnert die Amundsen-Scott-Südpolstation an die beiden Pioniere. Das ist eine Forschungstation der USA. Sie liegt nur wenige Hundert Meter vom geographischen Südpol entfernt.

M7 Wettlauf von Amundsen und Scott

M8 Amundsen Expedition – norwegische Flagge am Südpol

„Liebe und Stolz leuchteten aus den fünf Augenpaaren, die zusahen, wie die Flagge sich entfaltete und dann über dem Pol im Wind flatterte."

M9 Roald Amundsen in seinem Expeditionsbericht

11. November 1911
Ein märchenhaftes Land. Gipfel über Gipfel, Fels auf Fels - wild und zerklüftet liegt es vor uns, niemand hat es bis jetzt gesehen, kein Mensch je betreten. Es ist ein einzigartiges Gefühl, hier zu reisen.

08. Januar 1912
Ich zweifle, dass sich die Hunde gut machen werden. Dagegen arbeiten die Ponys mit außerordentlicher Sicherheit, marschieren flott und munter und folgen einander auf dem Fuß. Sie haben nur einen Nachteil, dass sie im weichen Schnee leicht einsinken und schon da durchbrechen, wo ein Menschenfuß kaum einen Eindruck auf die Oberfläche macht

18. Januar 1912
Das Furchtbare ist eingetreten – das Schlimmste, was geschehen konnte! Die Norweger waren vor uns hier. Eine furchtbare Enttäuschung.

M10 Auszüge aus Scotts Tagebuch

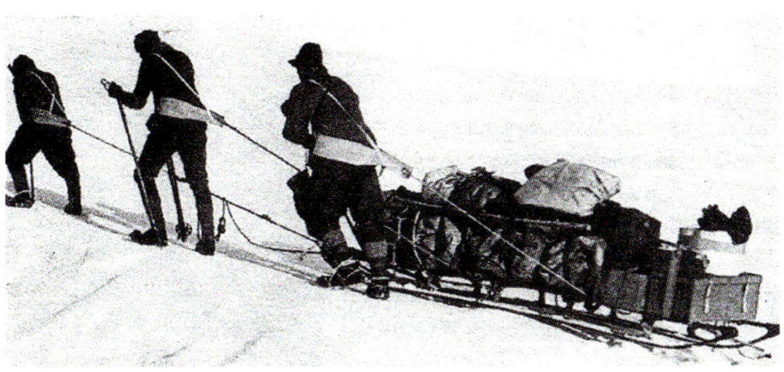

M11 Scotts Terra Nova Expedition 1911

Forschung im Zeichen des Klimawandels

Die Polargebiete sind stark vom Klimawandel betroffen. Die Forschungsstationen in der Antarktis und die Expeditionen in die Arktis dienen u. a. zur Erforschung der Klimaveränderungen und ihrer Folgen. Wissenschaftliche Untersuchungen belegen zum Beispiel, dass das Eis der Arktis schneller schmilzt als erwartet.
Wie können die lebensfeindlichen Polargebiete erforscht werden?

1. Die Polargebiete werden erforscht:
   a) Lokalisiere wichtige Forschungsstationen in der Antarktis und trage sie in eine Kartenskizze ein (Atlas).
   b) Nenne Aufgaben der Polarforschenden (M1 – M5, Internet).
   c) Beschreibe Methoden, die in der Polarforschung angewandt werden (M1, M3).
   d) Erläutere, mit welchen Problemen die Forscher zu kämpfen haben und was beim Bau von Stationen beachtet werden muss (M2, Internet).

2. Der deutsche Forschungseisbrecher Polarstern driftete ab Herbst 2019 ca. 390 Tage eingefroren durch das Nordpolarmeer:
   a) Erläutere die Aufgabe der bisher größten Arktisexpedition (M4 – M7, Internet).
   b) Zeichne mithilfe der Koordinaten die Route der Polarstern in eine Kartenskizze der Arktis ein. Vergleiche mit der Drift der Fram (M5, Atlas, S. 140/ M4, Internet).
   E c) Nenne Forschungsergebnisse dieser Expedition. Beschreibe Schlüsse, die gezogen werden konnten (M4, M5, Internet).

Neben der Erfassung der aktuellen Wetterdaten, u. a. mit Wetterballons, ist die Untersuchung von Eiskernen ein wichtiges Instrument der Klimaforschung. Das sind etwa zehn Zentimeter dicke, durch Bohrungen gewonnene Stangen aus den Eisschilden der Antarktis und Grönlands. Sie stammen aus Tiefen bis über 3000 m. Über Jahrtausende lagern sich unzählige Schichten Schnee ab, die Gase und Schwebstoffe aus der Atmosphäre einschließen und im daraus entstehenden Eis konservieren. Aus diesem einmaligen Archiv können Rückschlüsse auf die Zusammensetzung der Atmosphäre und auf Klimamerkmale vergangener Zeit gezogen werden. Weiter werden Veränderungen der Größe und Mächtigkeit des Inlandeises und des Meereises untersucht.

M1 Methoden der Polarforschung

Die Neumayer III ist eine ganzjährig bewohnbare Forschungsstation des Alfred-Wegener-Institutes in der Antarktis auf etwa 200 Meter dickem Schelfeis in der Atka-Bucht. Ihr Fundament bilden 16 Grundplatten. Darauf stehen hydraulische Stelzen, die regelmäßig angehoben werden, um ein Einsinken in den Schnee zu verhindern. Zwischen den Stelzen ist genügend Platz für die gesamte Fahrzeugflotte und für Lagerräume. Die Fahrzeuge können die Garage über eine Rampe befahren. Wohn- und Arbeitsräume befinden sich über der Eisdecke.
Die Versorgung mit Energie erfolgt über Dieselgeneratoren und zunehmend mit Windenergie. Abfälle werden aufbereitet und per Eisbrecher abtransportiert. Die Station wird später nicht im Eis versunken zurückgelassen, sondern kann vollständig zurückgebaut werden.
Im Winter müssen die Frauen und Männer ohne Nachschub ausharren, 63 Tage davon im Dunkeln. Dann herrscht Polarnacht. Die Vorräte müssen also genau geplant werden.
Von 2015 bis 2019 betrieb das Institut für Raumfahrtsysteme das Gewächshaussystem EDEN ISS in der Nähe der Neumayer-Station III. Das Gewächshaus besitzt einen geschlossenen Luft- und Wasserkreislauf. Die Pflanzen wachsen ohne Erde, Tageslicht und Schädlingsbekämpfungsmittel. Dieses Projekt diente z. B. der Forschungsfrage, wie Lebensmittel auf dem Mars produziert werden können.

M2 Neumayer-Station III

M3 Wissenschaftler mit Eisbohrkern

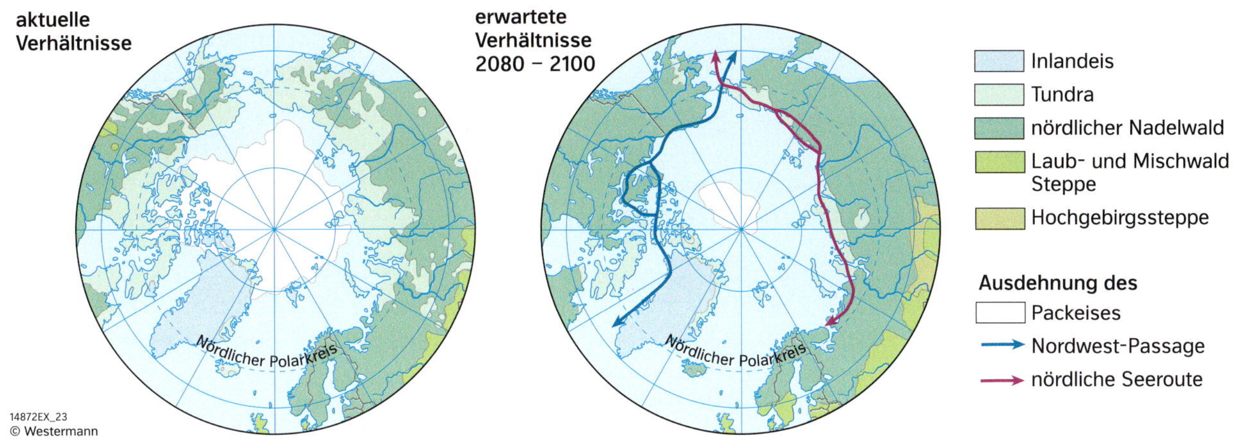

M4 Prognose zu den Veränderungen in der Arktis

Die MOSAiC-Expedition startete unter der Leitung des Alfred-Wegener-Institutes im Herbst 2019 in die zentrale Arktis. Der Forschungseisbrecher Polarstern ließ sich einfrieren und driftete durch das Nordpolarmeer. Auf „ihrer" Eisscholle bauten die Wissenschaftlerinnen und Wissenschaftler ein Forschungscamp mit einem kilometerweiten Netz von Messstationen auf.
Keine Region der Erde hat sich in den letzten Jahrzehnten so stark erwärmt wie die Arktis. Wichtig ist deshalb, den Einfluss der Region auf das globale Klima zu kennen und zu verstehen.
Bis zu diesem Projekt wurde das Verständnis durch den Mangel an Beobachtungsmöglichkeiten, gerade im Winter und Frühjahr, behindert. Durch die Beobachtung über 13 Monate hinweg erlangte man auch umfangreiches Material über die Prozesse im Nordpolarmeer.

Die Schwerpunkte des Projektes:
- Zustand der Atmosphäre bis in 35 km Höhe
- Meereis und Schnee
- Ozean mit seinen Strömungen
- Austausch von Energie und Feuchtigkeit zwischen Ozean und Atmosphäre
- Ökosystem der Arktis

M5 MOSAIC-Expedition auf dem Forschungseisbrecher Polarstern

20.09.2019	69°44'n. Br.	19°80'ö. L.	Tag 1
25.09.2019	81°30'n. Br.	108°37'ö. L.	
29.09.2019	85°60'n. Br.	137°54'ö. L.	
31.12.2019	86°36'n. Br.	118°10'ö. L.	
18.02.2020	88°90'n. Br.	76°10'ö. L.	
07.03.2020	88°30'n. Br.	26°50'ö. L.	
06.06.2020	78°14'n. Br.	15°37'ö. L.	
30.06.2020	81°46'n. Br.	08°51'ö. L.	
05.08.2020	78°29'n. Br.	04°10'w. L.	
16.08.2020	87°80'n. Br.	37°15'w. L.	
22.09.2020	86°22'n. Br.	93°24'ö. L.	
30.09.2020	81°17'n. Br.	02°50'ö. L.	
12.10.2020	53°32'n. Br.	08°33'ö. L.	Tag 389

M6 Koordinaten der Polarstern

Wusstest du, dass ...
- an diesem Projekt 20 Nationen beteiligt sind,
- sich über den Zeitraum von 389 Tagen 442 Teilnehmer an Bord abwechselten,
- die Polarstern mehr als zehn Monate eingefroren war,
- die Durchschnittsgeschwindigkeit der Eisdrift bei etwa sieben Kilometer pro Tag liegt,
- die geringste Entfernung zum Nordpol 156 km betrug,
- das Schiff rund 3 400 km zurücklegte,
- sechs weitere Eisbrecher und Schiffe aus Russland und Deutschland die Polarstern versorgten und den Austausch der Besatzung sicherten,
- eine Landebahn für Versorgungsflugzeuge auf dem Meereis präpariert wurde,
- eine „Eisbärwache" für die Sicherheit der Forscherinnen und Forscher eingeteilt wurde und mehr als 60 Eisbären gesichtet wurden,
- die Polarnacht auf der Tour 150 Tage dauerte,
- die niedrigste gemessene Temperatur -42,3 °C betrug?

M7 MOSAiC-Expedition

Mit modernen Verkehrsmitteln, besonders den großen und komfortablen Kreuzfahrtschiffen, ist es immer mehr Menschen möglich, die Polargebiete zu besuchen und kennenzulernen. Sie wollen etwas Einzigartiges erleben und sind Bewunderer der Natur. Wie beeinflusst die Anwesenheit der Menschen die bis jetzt fast unberührte Natur?

1. Stelle eine Liste darüber zusammen, was die Touristen besichtigen können und welche Aktivitäten angeboten werden (M4, M5, Atlas, Internet).
2. Ⓔ Recherchiere, welche Regionen nur mit dem Schiff erreicht werden können (Atlas, Internet).
3. ✶ Gib für die Arktis und Antarktis den jeweils günstigsten Reisezeitraum an und begründe (Atlas).
4. Untersuche die Auswirkungen des wachsenden Tourismus auf die jeweilige Region. Lege dazu eine Positionslinie an und trage deine Informationen ein. Formuliere eine begründete Gesamteinschätzung (M1 – M5, Internet).

Tourismus in der Arktis und Antarktis

Pro | *Kontra*

Unentschieden

M1 Positionslinie

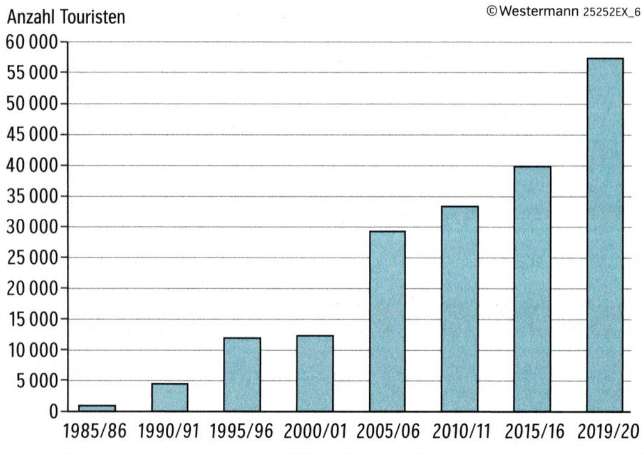

M2 Entwicklung der Touristenzahlen in der Antarktis

Die Tourismus-Saison der Antarktis fällt mit der Brut- und Aufzuchtphase der meisten Tierarten zusammen. Seeelefantenkühe unterbrechen bei Störungen die Milchabgabe, sodass die regelmäßige und notwendige Nahrung für die Jungtiere ausfällt.

Um die Touristen zu schützen, setzen die Reiseunternehmer auf den Ausflügen auf Eisbärenwächter.

In Grönland versucht die Politik neben dem Fischereiwesen auch andere Wirtschaftszweige wie Tourismus und Landwirtschaft auszubauen.

Noch vor wenigen Jahren waren die Gebiete um Nord- und Südpol der Forschung vorbehalten. Nun werden diese Gegenden zunehmend auch für Touristen erreichbar. Die meisten kommen mit dem Schiff. Umweltschützer und Wissenschaftler befürchten, dass die sensible Umwelt, in der der Mensch bisher kaum eine Rolle gespielt hat, leiden könnte.

Die Touristen hinterlassen Trittschäden im Moos. Aufgrund der niedrigen Temperaturen benötigen die Pflanzen viele Jahre, um sich zu regenerieren.

M3 Meldungen zum Polartourismus

Für Völker wie die Inuit in Grönland gibt es neben dem Fischfang kaum andere Verdienstmöglichkeiten. Landwirtschaft spielt aus klimatischen Gründen eine untergeordnete Rolle, Bergbau und Industrie sind nur gering entwickelt.
Der Tourismus bringt ihnen Einkommen, muss aber nachhaltig organisiert werden. Neben dem Verdienst spielt auch die Erhaltung der Kultur eine Rolle. So werden zum Beispiel das Fahren mit Hundeschlitten und Fertigkeiten der traditionellen Jagd weitergegeben. Diese Kenntnisse hätten sonst für die nächste Generation keine Bedeutung mehr. Viele Touristen interessiert aber genau das: Sie wollen wissen, wie die alte Kleidung der Inuit funktioniert und wollen im Iglu schlafen. Wander- und Trekkingtouren im Sommer bieten ihnen neben einer einzigartigen Natur auch einen Einblick in die Lebensgewohnheiten der Inuit.

M4 Tourismus in der Arktis

Eisbären beobachten in der Hudson Bay

Port Lockroy Postamt auf Wienke Island

Schneemobil-Verleih in Longyearbyen/ Spitzbergen

Robbensichtung in Spitzbergen

Polarlichter bestaunen in Kanada

Antarktistourismus mit Kreuzfahrtpassagieren

Kreuzfahrtschiffe für die Antarktis und Ausflugsboote in Ushuaia/ Feuerland/ Argentinien

M5 Ziele des Polartourismus

Arbeit mit dem Gradnetz der Erde

Die Lage eines Ortes wird durch seine geographische Breite und Länge angegeben. In deinem Atlas kannst du die Breitengrade am linken und rechten, die Längengrade am oberen und unteren Kartenrand ablesen. Beachte, dass bei Karten, die ein größeres Gebiet darstellen (zum Beispiel „Afrika – physische Übersicht"), die Längen- und Breitenkreise nicht parallel zum Kartenrand verlaufen. Die Linien sind leicht gebogen, da die Erde eine Kugelform hat.

Schrittfolge zur Bestimmung der geographischen Lage mit Atlaskarten

① Lokalisieren im Atlas
Suche den Ort, den du bestimmen möchtest, auf einer Atlaskarte, z.B. Mittweida.

② Einordnen des Ortes in das Koordinatensystem
Betrachte die Atlasseite 10.1. Entscheide, ob der Ort auf der Nord- oder Südhalbkugel bzw. auf der Ost- oder Westhalbkugel liegt.

③ Koordinaten ermitteln
Verfolge den Breitengrad, auf dem der Ort liegt, bis zum Kartenrand und lies die Zahl ab. Liegt der Ort nicht genau auf einem Breitengrad, dann wähle den nächst gelegenen Breitengrad aus. Verfahre in gleicher Weise bei der Bestimmung des Meridians.

④ Koordinatenangabe benennen
Gib nun die vollständige geographische Lage an. Beispiel: Die geographische Lage von Mittweida ist 51°n.Br., 13°ö.L. (gesprochen: einundfünfzig Grad nördlicher Breite und dreizehn Grad östlicher Länge). Vereinfacht wird auch die Schreibweise gewählt: 51°N/13°O.

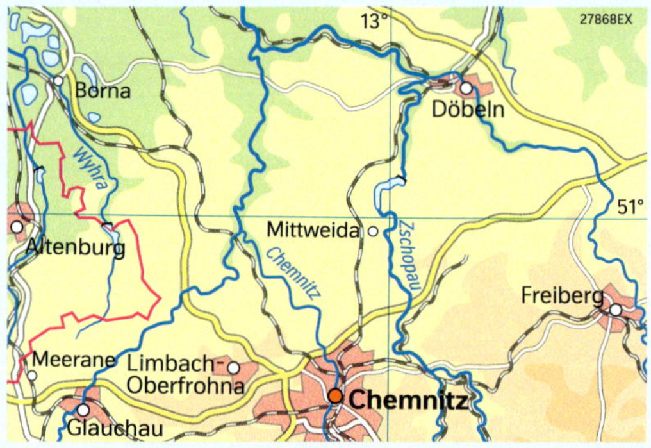

Schrittfolge zur Lokalisieren eines Ortes mithilfe von Koordinaten

① Lage lokalisieren
Lokalisiere die ungefähre Lage der gegebenen Koordinaten (z.B. 35°s.Br., 55°w.L.) auf der Weltkarte und wähle eine entsprechende Regionalkarte, zum Beispiel Südamerika.

② Breitenkreis suchen
Suche den angegebenen Breitenkreis. Ist er nicht eingezeichnet, musst du die Lage mithilfe benachbarter Breitenkreise abschätzen. 35°s.Br. liegt zwischen dem 30. und 40. Breitenkreis auf der Südhalbkugel.

③ Längenkreis suchen
Verfahre ebenso mit dem angegebenen Längenkreis.

④ Schnittpunkt aufsuchen und Ort in der Karte Ablesen
Im Schnittpunkt von Breitenkreis und Meridian liegt der gesuchte Ort. Es handelt sich um Montevideo, die Hauptstadt Uruquays.

INFO

Orientieren mit GPS
Unter GPS (Global Positioning System) wird ein satellitengestütztes Navigationssystem zur weltweiten Positionsbestimmung verstanden. Das GPS wurde ursprünglich für das Militär entwickelt. Das GPS besteht aus 31 Satelliten (2017), die in 20 Kilometer Höhe ständig die Erde umkreisen und ständig Signale zur Erde senden. Diese Signale werden mit speziellen Geräten empfangen. Dabei wird die Zeit gemessen, die die Signale vom Satelliten bis hin zur Erde brauchen. Um die geographischen Koordinaten eindeutig bestimmen zu können, wird der Kontakt zu mindestens drei Satelliten benötigt. Zusätzlich wird ein weiteres Signal von einem vierten Satelliten für die genaue Zeit gebraucht.
Mittlerweile wird das GPS in der See- und Luftfahrt, aber auch im Alltag zur Orientierung genutzt.

Profilzeichnung anfertigen

Die Oberfläche der Erde und entsprechende Ausschnitte von ihr sind durch ein bestimmtes Relief charakterisiert. Dieses kann in einer Profilzeichnung verdeutlicht werden. Ein Profil ist ein senkrechter Schnitt durch einen Teil der Erdoberfläche. In einer Karte wird das Profil als Strecke zwischen mindestens zwei Punkten markiert. Mithilfe von Profilen können verschiedene Geländeformen, Höhenunterschiede, Hangformen, aber auch Lageverhältnisse von topografischen Objekten veranschaulicht werden.

Schrittfolge zum Zeichnen eines Profils

1. **Festlegen der Profilstrecke**
   Ermittle in einer physischen Karte die Endpunkte des Profils. Verbinde sie durch eine Linie, die Profilstrecke.

2. **Übertragen der Profilstrecke**
   Falte ein kariertes DIN-A-4-Blatt oder Millimeterpapier quer. Lege die Faltkante auf die Profilstrecke deiner Karte. Markiere beide Endpunkte A und B und verbinde sie. Du erhältst die Profilgrundlinie. Gib den Längenmaßstab des Profils an. Orientiere dich dazu an der Maßstabsleiste in der Karte.

3. **Höhenschnittpunkte übertragen**
   Markiere die Schnittpunkte der einzelnen Höhenlinien auf der Faltkante deines Blattes.

4. **Höhenmaßstab übertragen**
   Falte das Blatt auf. Errichte über den Endpunkten zwei Senkrechten. Trage auf ihnen den Höhenmaßstab ein. Wähle dazu eine geeignete Überhöhung (siehe Info).

5. **Höhenlinie zeichnen**
   Markiere nun für jeden Schnittpunkt die genaue Höhenlage auf deinem Blatt. Verbinde die Höhenpunkte miteinander. So erhältst du die Höhenlinie. Beachte: Für die Verbindungslinie wird kein Lineal verwendet.

6. **Profil beschriften**
   Beschrifte das Profil mithilfe der Karte in Druckschrift. Benenne auffällige topografische Objekte wie Gebirge, Berge, Tiefländer, Städte, Gewässer. Gib deiner Profilzeichnung eine geeignete Überschrift. Trage die Himmelsrichtungen für den Verlauf deines Profils ein.

M1 Schritt 3

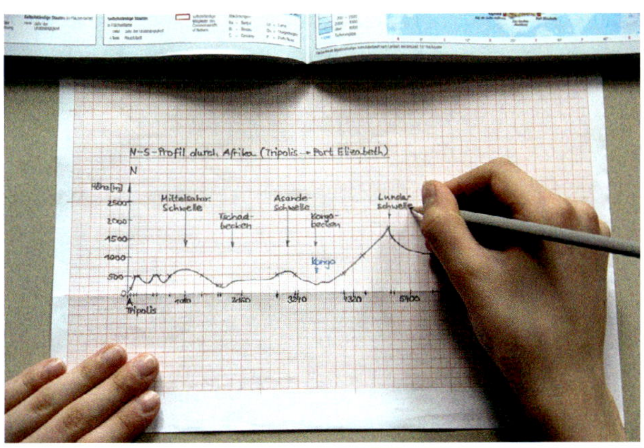

M2 Schritt 6

INFO

Überhöhung von Oberflächen

Die Überhöhung ist eine Übertreibung der Höhenverhältnisse zur Verdeutlichung von Höhenunterschieden. Sie errechnet sich aus dem Verhältnis von Längenmaßstab zu Höhenmaßstab. Das Ergebnis zeigt das Vielfache des Höhenmaßstabs gegenüber dem Längenmaßstab an.

Bsp.: Längenmaßstab: 1:25 000 (1 cm = 250 m)

Höhenmaßstab: 1:10 000 (1 cm = 100 m)

Überhöhung: $\frac{25\,000}{10\,000} = 2{,}5$

Wirkungsgefüge erstellen

Mit einem Wirkungsgefüge können komplizierte Zusammenhänge übersichtlich verdeutlicht werden. Ursachen und Wirkungen werden dabei über Begriffe und mit Pfeilen dargestellt.

Schrittfolge zur Erstellung eines Wirkungsgefüges

1 Text erfassen
Lies den Text aufmerksam. Unterstreiche wichtige Begriffe und Aussagen.

2 Stichpunkte festlegen
Notiere die Aussagen in Kurzform auf kleine Zettel.

3 Ursachen und Wirkungen ordnen
Ordne die Zettel so an, dass eine logische Abfolge zu sehen ist – Ursache und Wirkung folgen aufeinander. Überlege, ob mehrere Ursachen für eine Wirkung verantwortlich sind.

4 Erstellen des Wirkungsgefüges
Schreibe die Stichwörter auf und verbinde die Aussagen mit Pfeilen. Ein Pfeil bedeutet: „hat zur Folge" oder „bewirkt". Mit unterschiedlicher Dicke der Pfeile kann die Wichtigkeit der Aussage verdeutlicht werden.

5 Präsentieren
Stelle deiner Klasse dein Wirkungsgefüge vor.

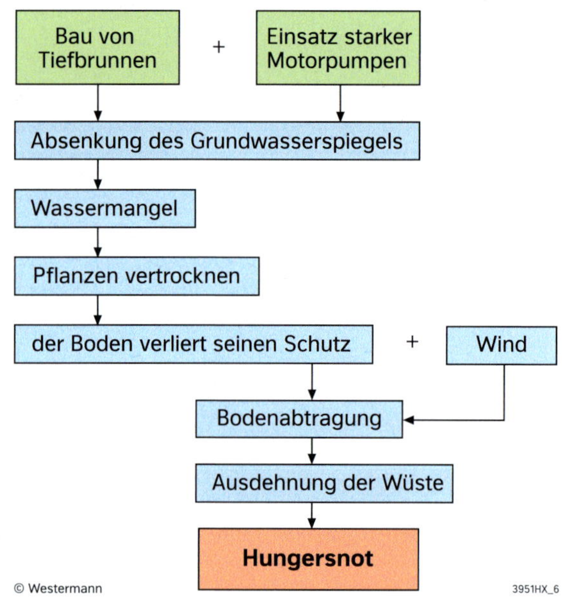

M2 Wirkungsgefüge zum Bau von Tiefbrunnen

Grundwasserspiegel sinkt.

Wasser fehlt

Hungersnot

Büsche, Gräser vertrocknen.

Boden ist schutzlos dem Wind ausgeliefert.

Boden wird abgetragen.

Wüste dehnt sich aus.

Bau von Tiefbrunnen

Motorpumpen fördern viel Wasser.

Wenn der Grundwasserspiegel sinkt

Mit Sorge blicken die Dorfältesten einer kleinen Siedlung in Samba, einer Provinz Burkina Fasos, in den einzigen Brunnen, der sie und ihre Nachbarn in einem Umkreis von zehn Kilometern mit Wasser versorgt. Seit Jahren **sinkt der Wasserspiegel** beständig.

„In meiner Jugend förderten wir Wasser aus 20 Metern Tiefe. Heute müssen die Brunnen mindestens 60 Meter tief gegraben werden", sagt einer der Ältesten. „Wann wird unser Brunnen versiegen? Fehlt das Brunnenwasser, dann können wir unsere Gärten nicht bewässern, und ohne Gärten droht eine Hungersnot. Die Mango- und Papayabäume, die wir vor 20 Jahren gepflanzt haben, beginnen bereits an Wassermangel zu leiden und tragen kaum noch Früchte. Wenn der Grundwasserspiegel weiter sinkt und die Büsche und Gräser vertrocknen, dann ist der Boden schutzlos und dem heißen Wüstenwind ausgeliefert. Der Boden wird abgetragen. Die Wüste dehnt sich aus.

Viele glauben, dass der Bau von Tiefbrunnen in benachbarten Dörfern und Kleinstädten für die Absenkung des Grundwasserspiegels verantwortlich ist. Die starken Motorpumpen fördern nämlich viel Wasser, mehr, als durch die Regenfälle nachfließen kann."

M1 Text zum Bau von Tiefbrunnen erfassen

Kartographische Skizzen anfertigen

Mithilfe von kartographischen Skizzen lassen sich geographische Sachverhalte und ihre Verbreitung im Raum darstellen. Diese Art von Skizzen kann einen Überblick unter anderem zu Lagemerkmalen und -beziehungen sowie Objekten im Raum (z. B. Städte) geben.

Schrittfolge zur Anfertigung einer kartographischen Skizze

1. **Überblick verschaffen**
   Verschaffe dir mithilfe des Atlas einen Überblick über den Raum der Kartenskizze.

2. **Auffallende Formen einprägen**
   Betrachte die Umrisse des Raumes. Stelle fest, ob die Begrenzungen einprägsame Formen darstellen.

3. **Umrisse einzeichnen**
   Zeichne vereinfachte Umrisse des Gebietes freihändig.

4. **Signaturen einfügen**
   Kennzeichne in der Umrisskarte wichtige Inhalte mit geeigneten Farben, Symbolen, Linien, Zahlen und Buchstaben (M1).

5. **Legende zur Kartenskizze erstellen**

6. **Überschrift zur Kartenskizze ergänzen**

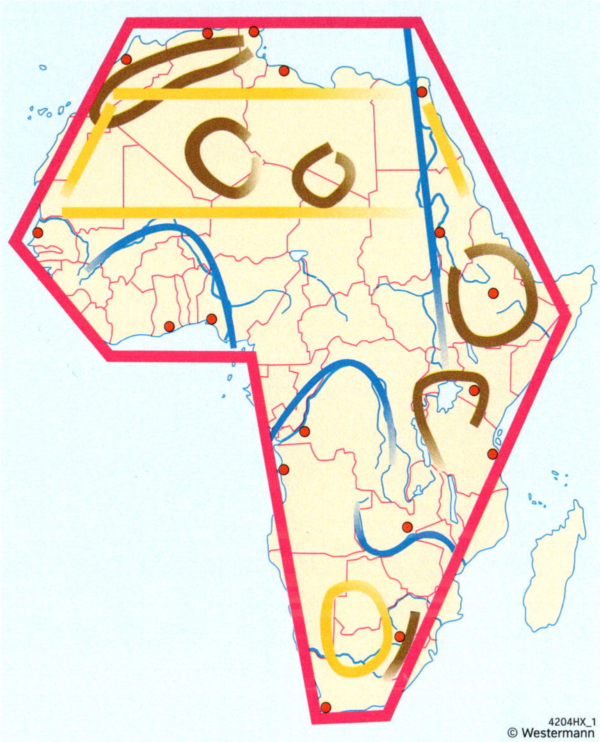

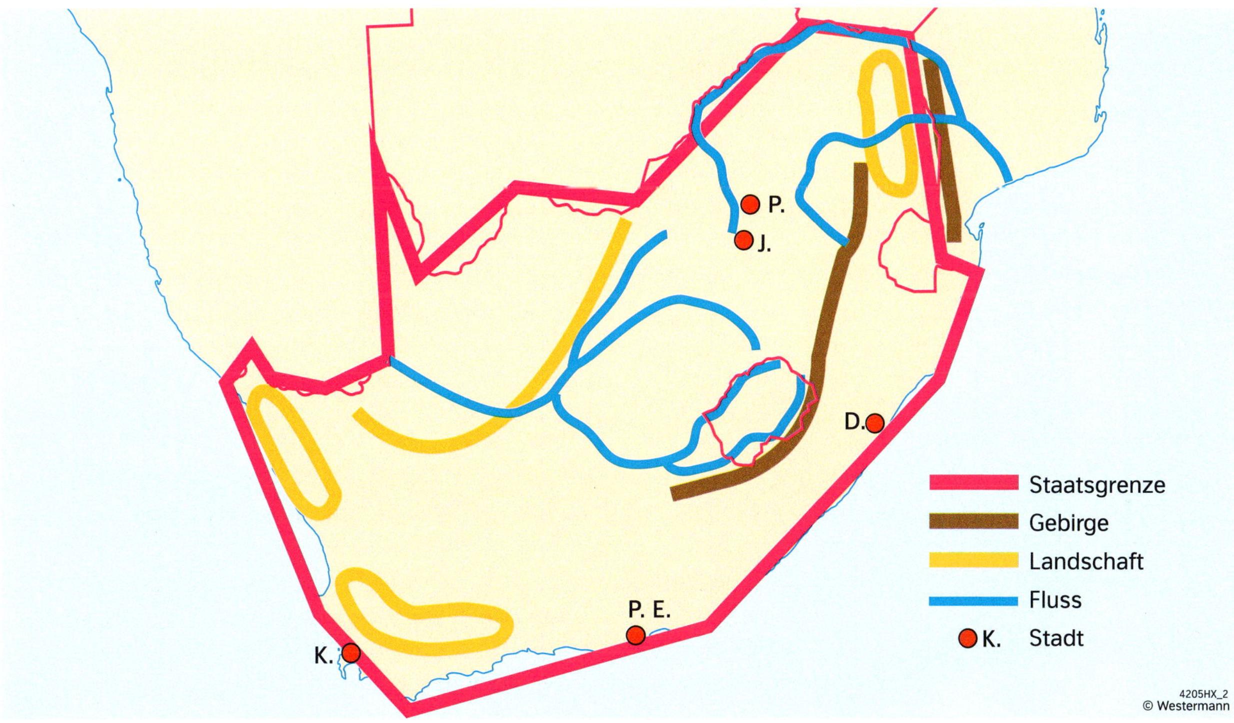

M1 Kartographische Skizze der Republik Südafrika mit Beispielsignaturen

Zeichnen und Auswerten von Klimadiagrammen

Schrittfolge zum Zeichnen von Klimadiagrammen

① Zeichnen und Beschriften der Achsen und der Grundlinie (Nulllinie)
Der höchste Niederschlagswert eines Monats gibt an, wie viel Platz du nach oben benötigst. Nimm diesen Wert und addiere 40 mm dazu. Bei negativen Temperaturen musst du pro minus 5 °C einen Zentimeter mehr Platz nach unten einplanen.

Zeichne auf einem Blatt Millimeterpapier die Grundlinie (Nulllinie) = 12 cm (pro Monat 1 cm). Beschrifte die einzelnen Monate unter der Grundlinie mit dem Anfangsbuchstaben des jeweiligen Monats.

Zeichne vom Anfangs- und Endpunkt der Grundlinie Linien nach oben bzw. bei negativen Temperaturen auch nach unten.

Beschrifte die linke Linie mit einer Skala für die Temperaturen (1 mm entsprechen 1 °C) und die rechte Linie mit einer Skala für den Niederschlag (1 mm entspricht 2 mm N).

Beschrifte die Skalen mit °C bzw. mm.

② Zeichnen der Temperaturkurve
Markiere die Temperaturwerte aus der Tabelle jeweils in der Mitte der Monatsspalte mit einem Punkt.
Verbinde die Punkte zu einer Linie.

③ Zeichnen der Niederschlagssäulen
Markiere mit einem waagerechten Strich in der jeweiligen Monatsspalte die Höhe des durchschnittlichen Monatsniederschlags.
Vervollständige die markierten Striche zu Säulen und male sie mit einem Buntstift blau aus.

④ Benennung des Klimadiagramms
Notiere über dem Klimadiagramm den Namen der Station (des Ortes) und die Höhenlage, die Koordinaten, die Jahresmitteltemperatur und den Jahresniederschlag

⑤ Darstellung der Trockenzeit
Wenn die Temperaturkurve oberhalb der Niederschlagssäulen verläuft, so kann der Bereich zwischen der Temperaturkurve und den Niederschlagssäulen mit einem gelben Buntstift ausgemalt werden

Schrittfolge zur Auswertung von Klimadiagrammen

① Überblick über die Lage der Station geben
Höhenlage, Lage zum Meer, Koordinaten (Atlas)
Lage innerhalb des Kontinents/des Landes

② Merkmale der Temperatur bestimmen
Bestimmen der Jahresmitteltemperatur
Ermittlung und Beschreibung der Monate mit der höchsten und der niedrigsten Temperatur
Berechnung und Beschreibung der Jahresschwankung
Beschreiben des Temperaturverlaufes innerhalb des Jahres

③ Merkmale des Niederschlags bestimmen
Bestimmen und Beschreibung des Jahresniederschlags
Ermittlung der Monate mit dem höchsten und dem geringsten Niederschlag
Beschreiben der Niederschlagsverteilung innerhalb eines Jahres
Ermittlung der Monate, in denen es arid bzw. humid ist

④ Einordnung und Bewertung des Klimas
Zuordnung zu einer Klima- und einer Vegetationszone (Atlas)

E Beschreiben von Auswirkungen des Klimas auf die Vegetation und/oder auf das Leben der Menschen

Eine Pro- und Kontra-Diskussion führen

Schrittfolge zur Durchführung einer Diskussion

① **Vorbereitung**
Vor einer Diskussion musst du dich über den Sachverhalt genau informieren und recherchieren. Nur so kannst du überzeugende Argumente und anschauliche und konkrete Beispiele zu den Argumenten finden.

② **Durchführung**
Während der Diskussion müssen alle die üblichen Gesprächsregeln befolgen. Am besten, es wird ein Diskussionsleiter gewählt, der darüber wacht.

③ **Ergebnisse feststellen**
Wer hat wen überzeugt? Kann eine gemeinsame Entscheidung getroffen werden?

Eine Karikatur beschreiben und interpretieren

Schrittfolge zum Beschreiben und Interpretieren von Karikaturen

① **Beschreibung**
Wer und was ist dargestellt (z. B. Personen, Orte, Probleme)?
Wie ist es dargestellt? Wieso wirkt die Karikatur übertrieben und witzig? (Was ist anders, z. B. größer/kleiner dargestellt als in Wirklichkeit?)
Welche Bedeutung hat die Bildunterschrift?

② **Interpretation**
Auf welche Probleme oder Sachverhalte soll aufmerksam gemacht werden?
Welche Meinung wird vertreten?
Was soll mit der Karikatur bei Betrachtern erreicht werden?

③ **Eigene Stellungnahme**
Was sagst du selbst zu dem Dargestellten? (Bist du genügend über das Thema informiert oder benötigst du zusätzliche Informationen?)

Ein Säulendiagramm erstellen

Schrittfolge zur Erstellung eines Säulendiagramms

① **Vorbereitung**
- Ordne die Zahlen.
- Zeichne sowohl eine waagerechte als auch eine senkrechte Achse auf kariertes Papier.
- Lege für die Skalierung einen passenden Maßstab fest, indem du dich am niedrigsten und höchstem Wert orientierst. Lass noch etwas Platz nach oben, damit das Diagramm nicht direkt mit dem höchsten Wert endet.
- Wähle eine Überschrift für das Säulendiagramm.
- Schreibe unter das Diagramm die Quelle (Herkunft) der Zahlenwerte.

② **Durchführung**
- Beschrifte die Achsen:
  - Beschrifte die senkrechte Achse mit Werten in dem Abstand, der im Maßstab festgelegt wurde.
  - Beschrifte die waagerechte Achse mit den verschiedenen Kategorien.
- Zeichne die Säulen entsprechend den Werten aus deiner Quelle in das Diagramm ein.
- Male die Säulen mit unterschiedlichen Farben aus.

Klimastationen		J	F	M	A	M	J	J	A	S	O	N	D	Jahr
Addis Abeba, 2324 m	°C	16	17	18	18	18	17	16	16	16	16	15	15	17
(Äthiopien)	mm	19	49	72	92	86	123	257	271	172	40	10	9	1200
Annaba, 4 m	°C	11	12	13	15	18	21	25	25	23	19	15	12	17
(Algerien)	mm	90	76	67	48	33	15	2	8	32	70	76	102	619
Antananarivo, 1276 m	°C	21	21	20	19	17	15	14	15	16	19	20	20	18
(Madagaskar)	mm	271	265	201	75	24	8	11	11	12	72	184	318	1452
Assuan, 200 m	°C	16	18	22	27	31	33	33	33	31	28	22	17	26
(Ägypten)	mm	0	0	0	0	0	0	0	0	0	0	0	0	0
Bangui, 366 m	°C	25	27	27	27	26	25	25	25	25	25	25	26	26
(Zentralafr. Rep.)	mm	15	32	105	128	155	167	191	229	193	202	73	27	1517
Beira, 16 m	°C	27	28	27	26	23	21	21	21	23	25	26	27	25
(Mosambik)	mm	250	292	273	132	84	43	33	40	27	41	112	246	1573
Dakar, 611 m	°C	21	21	21	21	23	26	27	27	27	27	25	23	24
(Senegal)	mm	2	1	0	0	0	10	60	162	138	33	1	1	409
Damaskus, 611 m	°C	6	8	11	16	20	25	27	26	23	19	12	8	17
(Syrien)	mm	35	32	24	12	5	1	0	0	0	12	27	46	194
Kapstadt, 44 m	°C	20	20	19	17	14	13	12	12	14	16	18	20	16
(Südafrika)	mm	15	18	21	41	68	94	82	77	41	33	16	17	523
Kufra, 408 m	°C	13	15	19	25	28	31	31	30	29	24	19	14	23
(Libyen)	mm	1	1	0	0	0	0	0	0	0	0	0	0	2
Livingstone, 987 m	°C	24	23	23	22	19	16	16	19	24	26	25	24	22
(Sambia)	mm	186	145	77	26	6	1	0	0	2	26	74	170	713
Nairobi, 1624 m	°C	19	20	21	20	19	18	17	17	19	20	19	19	19
(Kenia)	mm	62	45	72	199	138	35	14	22	26	49	134	93	889
N'Djamena, 295 m	°C	23	26	30	33	33	30	28	26	28	29	26	24	28
(Tschad)	mm	0	0	0	14	24	58	151	198	90	21	0	0	556
Pretoria, 1330 m	°C	22	22	21	18	15	11	12	15	19	20	21	22	18
(Südafrika)	mm	133	77	79	56	13	7	3	5	21	73	102	106	675
Walfischbai, 3 m	°C	18	18	20	16	16	15	14	13	13	14	15	17	16
(Namibia)	mm	1	2	5	1	1	2	0	0	0	0	1	0	13
?????????	°C	25	24	23	21	17	14	14	17	21	24	25	24	21
(XXX)	mm	99	94	51	28	8	2	0	1	8	30	60	90	471
Kalgoorlie, 380 m	°C	26	25	23	19	15	12	11	12	15	18	21	24	18
(Australien)	mm	24	27	24	18	22	25	24	23	13	14	15	13	244
Sydney, 42 m	°C	22	22	21	18	15	13	12	13	15	17	19	21	17
(Australien)	mm	104	125	129	101	115	141	94	83	72	80	77	86	1207
Südpol, 2800 m	°C	-29	-40	-54	-58	-57	-56	-59	-59	-59	-51	-38	-28	-49
(Antarktika)	mm	0	0	0	0	0	0	1	1	0	0	0	0	2
Murmansk, 13 m	°C	-11	-11	-6	-2	4	10	13	11	7	1	-5	-9	0
(Russland)	mm	31	22	19	22	30	54	61	63	53	46	43	37	481
Nordpol, 148 m	°C	-24	-20	-12	-1	9	15	16	13	7	-4	-15	-23	-3,4
(Arktis)	mm	26	21	14	9	19	40	54	52	37	25	23	24	344
Leipzig, 113 m	°C	2	4	9	15	19	22	25	25	20	14	9	4	14
(Deutschland)	mm	19	12	14	10	16	15	25	16	15	17	17	23	199

S. 056

Ⓐ Oase Tinerhir (Marokko): An welchen Meeren liegt das Land?

Ⓑ Sandsturm in der Sahara: Nenne drei Sahara-Staaten.

1 – 10 Länder
● 1 – 10 Hauptstädte
a – i Flüsse, Seen, Kanal
A – D Ozeane, Meere
①–③ Insel, Halbinsel
A – I Landschaften
▲ Berg
—— Staatsgrenze

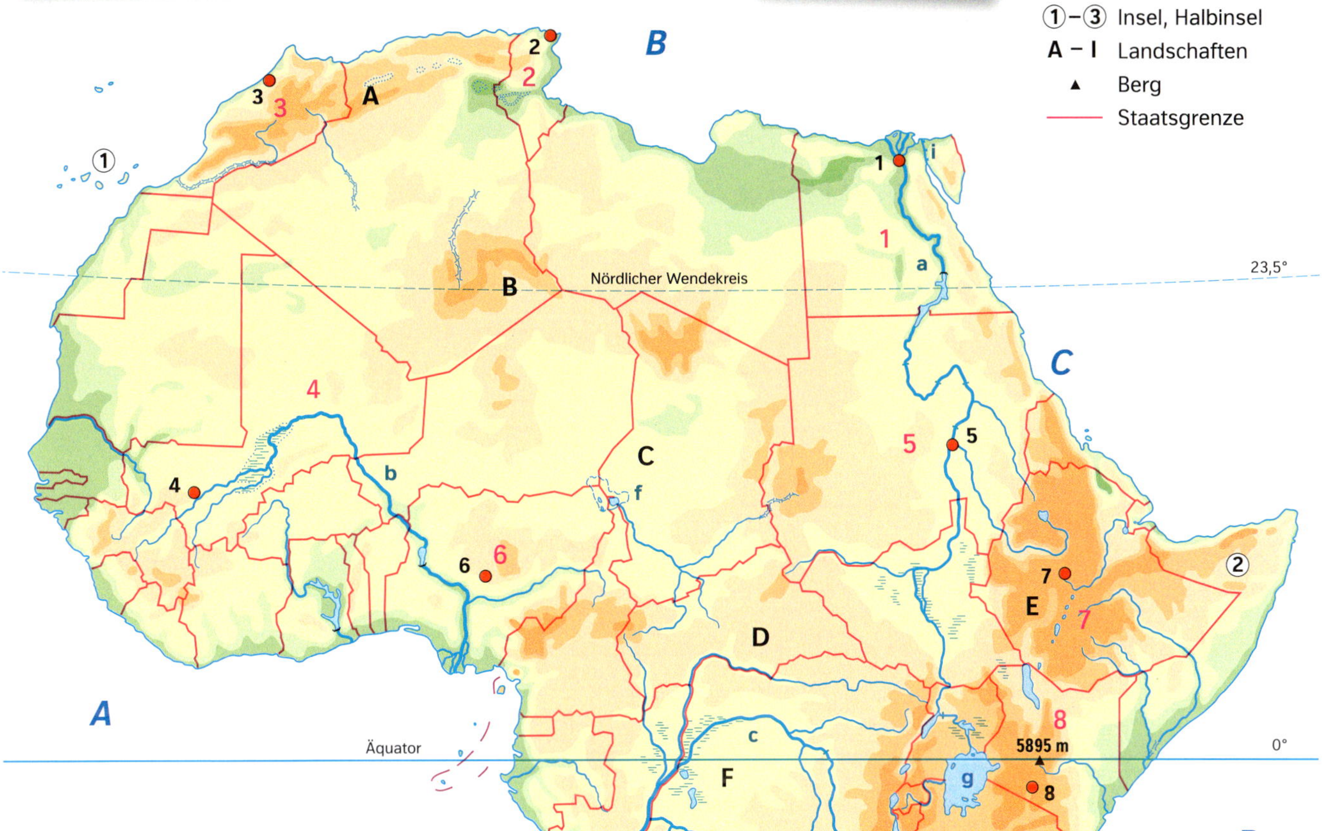
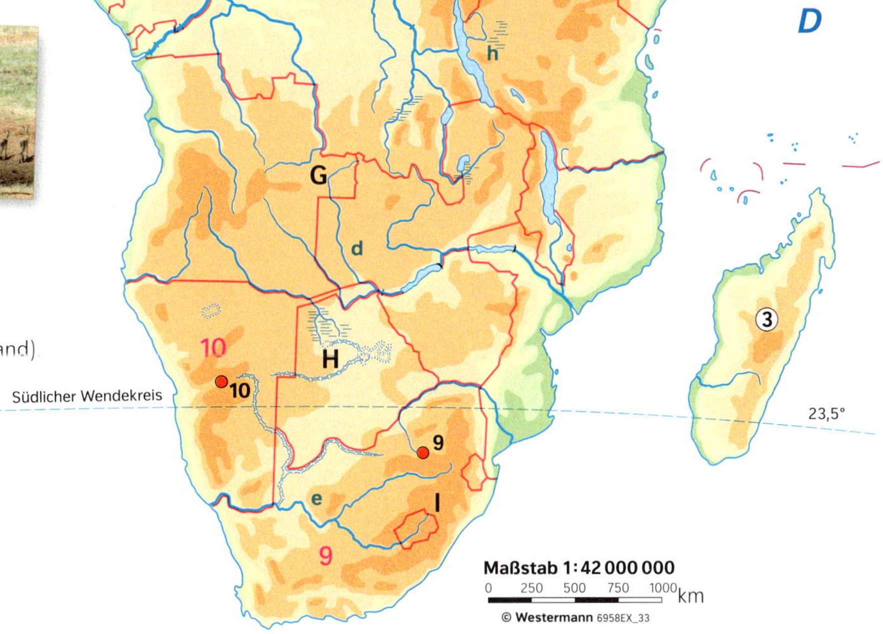

Ⓒ Savanne in Ghana: Wie heißt die Hauptstadt des Landes?

Ⓓ Wüste Namib: Beschreibe ihre Lage (Ozean, Land)

Ⓔ Größtes Binnendelta Afrikas: Wie heißt es und in welchem Land liegt es?

Ⓕ Kilimandscharo-Massiv: Wie hoch ist der höchste Gipfel?

Ⓖ Landschaft auf Madagaskar: Wie heißt die Hauptstadt des Landes?

Kapitel 1

S. 10 Aufg. 1a
Beachte den Verlauf der Längenkreise und der Zeitzonen. Denke auch daran, dass sich die Erde in 24 Stunden einmal um die eigene Achse dreht.

S. 12 Aufg. 4
Führe ein Experiment mit einer Taschenlampe und einem Globus zur Simulation der Erdrevolution durch (Wiederholung Klasse 6). Drehe den Globus von West nach Ost. Beobachte wie sich die hellen und dunklen Bereiche auf dem Globus verändern. Halte den Globus ab und zu an und überlege wo gerade Tag oder Nacht bzw. Sonnenaufgang oder Sonnenuntergang ist.

S. 18 Aufg. 2b
Vom Erdinneren wird die Gesteinsschmelze erhitzt, das erwärmte Material steigt nach oben.

S. 18 Aufg. 3c
Denke an die Lithosphärenplatten, die sowohl aus ozeanischer und kontinentaler Erdkruste, aber auch nur aus ozeanischer Erdkruste bestehen.

S. 20 Aufg. 2a
Beschreibe z. B. die Merkmale Relief und Lage in den Ozeanen.

S. 22 Aufg. 1d
Erinnere dich an den Aufbau eines Schichtvulkans im Lehrbuch Klasse 6. Zeichen die Elemente: Krater, Schlot, Magma, Lava, Asche, Erdkruste. Beachte bei deiner Skizze auch ob der Vulkankegel flach oder steil ist.

Kapitel 2

S. 30 Aufg. 4
Handelt es sich um eine positive oder negative Berichterstattung. Achte darauf, welche Sprache verwendet wird (z. B. Superlative, Sensationelles, Neutralität).

S. 34 Aufg. 3a
Nenne z. B. die Lage in Afrika, die Hauptstadt, die Einwohnerzahl, die Flächengröße des Landes und das Länderkennzeichen. Diese Informationen findest du z. B. im Atlas auf Seite 285.

S. 36 Aufg. 5
Notiere dir zuerst die gewählten Ereignisse und den jeweiligen Zeitpunkt. Überlege dir dann eine sinnvolle Zeiteinteilung. Du kannst deinen Zeitstrahl auch mit kleinen Skizzen versehen.

S. 38 Aufg. 3
Trage aus den Materialien und einer Wirtschaftskarte Afrikas im Atlas zunächst positive und anschließend negative Einflussfaktoren für die wirtschaftliche Entwicklung Ruandas zusammen. Nun kannst du mithilfe dieser Übersicht Stärken und Schwächen der Wirtschaftsentwicklung des Landes bewerten.

S. 42 Aufg. 1
Denke zum Beispiel an das Gefälle, die Fließrichtung sowie die verschiedenen „Tätigkeiten“ von Flüssen in ihren Teilabschnitten vom Ober- bis zum Unterlauf.

Kapitel 3

S. 48 Aufg. 2
Wie ist die Struktur des Vergleichs. Wie würdest du einen Vergleich übersichtlicher gestalten können?

S. 48 Aufg. 3
Finde Gemeinsamkeiten und Unterschiede auf den Bildern, in den Klimadiagrammen oder in den Statistiken. Du kannst auch eine Tabelle anlegen.

S. 50 Aufg. 4b
Sieh dir die Definitionen im Info-Kasten an. Auf S. 152 findest du die Klimadaten für Leipzig. Beziehe auch deine Lösung aus 4a ein.

S. 50 Aufg. 5.
In M6 findest du einen Hinweis, zwischen welchen Breitengraden ein Tageszeitenklima herrscht.

S. 52 1b
Schätze die Länge, Breite und Höhe deines Klassenzimmers. Nutze die Formel für das Volumen eines Quaders.

S. 54 Aufg. 3b
Steht die Sonne im Zenit, dann ist ihr Einstrahlungswinkel 90°. In dieser Region ist dann die Einstrahlungsenergie am größten. Der Zenitstand wandert im Jahresverlauf aber zwischen den Wendekreisen. Nutze für die Beantwortung die Abbildung M4.

S. 56 Aufg. 1b
Nutze die entsprechende Atlaskarte zum Klima in Europa oder Klimatabellen im Anhang dieses Buches. Du kannst vergleichen: Jahrestemperatur, Jahresniederschlag, Verlauf der Monatstemperaturen und der Monatsniederschläge, Zeiten mit und ohne Frost, Regen- und Trockenzeiten.

S. 58 Aufg. 1c
Wenn die Tiere in den von dir in 1b ermittelten Klimazonen gut leben können, weißt du, wie die Temperaturen und Niederschläge für sie günstig sind. Erinnere dich an die Eigenschaften in diesen Klimazonen und vergleiche mit den Informationen zu den Gehegen, in denen die Tiere leben.

S. 68 Aufg. 3a
Pflanzen können wachsen, wenn die Monatsmitteltemperaturen über 5°C liegen. Für Bäume müssen es über 10°C sein. Außerdem benötigen die meisten Pflanzen ausreichend Wasser. Diese Informationen kannst du aus den Klimadiagrammen in M5 entnehmen.

Kapitel 4

S. 78 Aufg. 2b
Nutze hierfür deine Erkenntnisse aus Kapitel 3 (S. 54/55).

S. 82 Aufg. 1
Beginnt mit zwei bis drei Sätzen, die in das Thema einführen. Überlegt euch zielgerichtet Fragen und verständliche Antworten. Fasst die Erkenntnisse in einem abschließenden Satz zusammen. Achtet auf kurze, klar formulierte Sätze.

S. 84 Aufg. 4a
Überlege, inwiefern der tropische Regenwald „beraubt" und „abgebaut" wird. Beziehe in deine Begründung auch Aspekte der Nachhaltigkeit ein.

S. 86 2c
Lege für den Vergleich eine Tabelle an. Überlege dir logische Vergleichspunkte z. B. Arbeitsaufwand, Nachhaltigkeit, Anbauprodukte. Nutze auch eine Gliederung anhand der Dimensionen der Nachhaltigkeit.

S. 92 und 94 Aufg. 1
Beziehe dabei folgende Aspekte ein: Lage, Klima, Naturraum, strukturell-gesellschaftliche Daten.

Kapitel 5

S. 100 Aufg. 1b
Such beispielsweise nach großen Städten und langen Flüssen.

S. 100 Aufg. 1e
Beacthe, dass auf der angegebenen Atlaskarte nicht alle dazugehörigen Länder benannt sind (z. B. Katar).

S. 102 Aufg. 1c
Orientiere dich am Landschaftskomponentenmodell. Nutze eine ähnlich Darstellung wie auf S. 59/ M6.

S. 104 Aufg. 5
Versuche bei der Webseite einer Suchmaschine im Internet z. B. mit verschiedenen Begriffen in Kombination mit dem Namen deines Heimatortes herauszufinden woher dein Trinkwasser kommt: a) Wasserversorgung + Dresden, b) Herkunft Trinkwasser + Leipzig, c) Talsperren + Sachsen, d) Trinkwasserversorgungsgebiete in Sachsen

S. 108 Aufg. 3
Im Diercke-Atlas findest du z. B. auf S. 180 die Karte „Damaskus – orientalische Stadt im Wandel". Vergleiche diese indem du auf der Webseite einer Suchmaschine Stadtplan in Kombination mit einem Ort in Nordafrika eingibst, z. B. Stadtplan Kairo.

S. 110 Aufg. 1. a
Nutze für die Skalierung der senkrechten Achse die folgenden Werte: 0, 200 000, 400 000, 600 000, 800 000, 1 000 000 und 1 200 000.

S. 112 Aufg. 2
Achte beim Topic-Foto auf den Hintergrund. Wie konnte mitten in der Wüste eine solche Stadt entstehen?

S. 116 Aufg. 2b
Sammle aus den Materialien alle Informationen über die Schulbildung in verschiedenen Staaten. Nenne auf Grundlage dessen Gemeinsamkeiten und Unterschiede. Überlege mögliche Gründe, warum manche Länder mehr Geld in die Bildung von Schulkindern investieren können als andere?

Kapitel 6

S. 122 Aufg.
Überlegt euch vorab Kategorien (z. B. Reiseziele, Aufenthaltsdauer) und gebt Antwortmöglichkeiten vor. Diese könnt ihr dann z. B. in einem Säulendiagramm (X-Achse = Reiseziele; Y-Achse = Häufigkeit der Nennungen) oder mit Prozentangaben ein einem Kreisdiagramm darstellen.

S. 126 Aufg. 5
Denke an Dienstleistungen, Gewerbe, Freizeitmöglichkeiten und Verkehrsträger.

S. 128 Aufg. 4
Achte darauf, wo welche Bevölkerungsgruppen wohnten (Stadtrand, Innenstadt, in der Nähe von Industrie, informellen Siedlungen).

S. 134 Aufg. 1b
Vergleiche z. B. wie hoch die Bevölkerungsdichte im Landesinneren ist.

S. 138 Aufg. 2
Orientiere dich an den Informatioen zum geographischen Vergleich auf den S. 48/49. Finde Besonderheiten der Arktis und Antarktis und stelle diese gesondert heraus.

S. 144 Aufg. 3
Denke auch an Beleuchtungszonen und thermische Jahreszeiten.

Afrikanisches Jahr (Seite 37)
1960 erlangten 17 afrikanische Kolonien ihre Unabhängigkeit. Das Jahr gilt als „Afrikanisches Jahr."

Agroforstwirtschaft (Seite 82)
Eine Form der nachhaltigen Landwirtschaft im tropischen Regenwald und in Oasen trockener Gebiete. Es werden Feldfrüchte unter Bäumen angebaut. Die Bäume dienen als Schattenspender und verhindern Bodenerosion. Deren Laub düngt den Boden.

African National Congress (Seite 129)
Der African National Congress ist eine politische Partei in Südafrika, die für die Abschaffung der Apartheid steht.

Antarktis (Seite 139)
Gebiet um den geographischen Südpol. Unter den dortigen Eismassen befindet sich im Gegensatz zur Arktis eine Landmasse. Diese umfasst eine Gesamtfläche von 12,4 Mio. km². Der Kontinent wird auch als Antarktika bezeichnet.

Apartheid (Seite 128)
Das Wort ist abgeleitet vom niederländischen Wort „apart", was in etwa „getrennt", „einzeln" oder „anders" bedeutet. Der Begriff umschreibt das menschenverachtende Gesellschaftssystem der Rassentrennung zwischen Weißen und Nicht-Weißen in Südafrika im 20. Jahrhundert.

Arktis (Seite 138)
Gebiet um den geographischen Nordpol. Es umfasst das zum Teil von Eis bedeckte Nordpolarmeer sowie angrenzende Kontinentteile und Inseln.

artesischer Brunnen (Seite 105)
Brunnen in Trockengebieten, aus dem Grundwasser unter Druck austritt

Asthenosphäre (Seite 17)
Schicht im oberer Teil des Erdmantels, die bis in eine Tiefe von etwa 300 Kilometern reicht. Das Gestein in diesem Bereich ist verformbar und wird über lange Zeiträume umgewälzt (Magma). Auf der Asthenosphäre „treiben" die Lithosphärenplatten.

Basar (Seite 108)
Persischer Begriff für den Markt. Der Basar ist das Geschäfts- und Handelszentrum einer orientalischen Stadt. Er wird im Arabischen auch als Souk bezeichnet.

Becken (Seite 40)
Große Hohlform in der Landschaft, die von Gebirgen/ Schwellen umrahmt wird. Der für Afrika typische Wechsel zwischen den zwei Landschaftsformen wird als Becken- und Schwellenstruktur bezeichnet.

Binnendelta (Seite 42)
Mündungsform von Flüssen in Trockengebieten innerhalb eines Kontinents. Aufgrund zu geringen Zuflusses und starker Verdunstung gabelt sich der Fluss in einzelne Flussarme auf, die sich wiederum verzweigen und verästeln, bis das Wasser schließlich versickert oder verdunstet.

Bodenerosion (Seite 81)
Abtragung des Bodens vor allem durch Wasser und Wind, die besonders dann auftritt, wenn die schützende Pflanzendecke fehlt.

Bodenschatz (Seite 37)
Nutzbarer Rohstoff, der in oder an der Erdkruste lagert. Wichtige Bodenschätze sind z. B. Erdöl, Erdgas, Kohle, Metallerze, Kies und Sand. Sie werden im Tagebau oder Untertagebau (Bergwerke) abgebaut.

Brandrodung (Seite 86)
Rodungsform. Oft werden zuerst die Bäume gefällt und anschließend mit der Restvegetation verbrannt. Ziel ist die Gewinnung neuer Flächen, zum Beispiel für den Ackerbau.

Breitenkreise (Seite 8)
Gedachte Linien, die parallel zum Äquator um die Erde verlaufen. Zusammen mit den Längenkreisen bilden sie das Gradnetz der Erde.

Cash Crops (Seite 80)
Agrarprodukte, die nicht zur Ernährung der einheimischen Bevölkerung angebaut werden, sondern überwiegend für den Export bestimmt sind. Sie werden meist großflächig auf Plantagen angebaut, wie z. B. Kaffee, Erdnüsse oder Baumwolle.

Datumsgrenze (Seite 11)
Im Rahmen der Zeitzoneneinteilung wurde entlang des 180. Längengrades die Datumsgrenze festgelegt. Überschreitet man diese Linie von West nach Ost, gilt das gleiche Datum zwei Tage lang, während bei umgekehrter Reiserichtung ein Tag im Kalender übersprungen wird.

Desertifikation (Seite 80)
Landschaftswandel in Trockengebieten, der vor allem durch falsche oder zu intensive Nutzung des Raumes ausgelöst wird und ein Vordringen der Wüste verursacht

Erdgas (Seite 113)
Brennbares Gas, das oft zusammen mit Erdöl vorkommt. Erdgas ist ein wichtiger, nicht erneuerbarer Energieträger.

Erdkern (Seite 17)
Innerster Teil des Erdkörpers. Der Erdkern reicht von etwa 2900 km Tiefe bis zum Erdmittelpunkt in 6371 km Tiefe. Man unterscheidet zwischen einem äußeren flüssigen und einem inneren festen Kern.

Erdkruste (Seite 17)
Äußere verfestigte Schale der Erde, die etwa fünf bis 60 km mächtig sein kann. Man unterscheidet die fünf bis 10 km mächtige ozeanische Erdkruste und die 25 bis 60 km mächtige kontinentale Erdkruste.

Erdmantel (Seite 17)
Zwischen Erdkruste und Erdkern gelegene, mächtige Schale des Erdkörpers. Es wird zwischen einem oberen und einem unteren Erdmantel unterschieden. Die Grenze liegt bei etwa 700 km.

Erdöl (Seite 112)
Energieträger und Rohstoff für die chemische Industrie. Erdöl ist ein nicht erneuerbarer Rohstoff.

erneuerbare Energie (Seite 38)
Energiequellen, die durch natürliche Energiespender ständig erneuert werden und somit unerschöpflich sind (z. B. Wind, Wasserkraft und Sonnenenergie)

Food Crops (Seite 79)
Agrarprodukte, die zur Ernährung der einheimischen Bevölkerung angebaut werden, wie z. B. Hirse.

Fremdlingsfluss (Seite 43)
Ein Fremdlingsfluss (z. B. Nil) entspringt in einem niederschlagsreichen Gebiet und fließt anschließend durch ein Trockengebiet. Sein Wasser erhält der Fluss also aus einem „fremden Gebiet".

Fruchtbarer Halbmond (Seite 102)
Raum, der sich sichelförmig um die Syrische Wüste erstreckt. Der Fruchtbare Halbmond ist eines der ältesten und wichtigsten Landwirtschaftsgebiete des Orients.

Grabenbruchsystem (Seite 41)
Durch die Bewegung von Erdplatten driftet im Osten Afrikas ein Teil des Kontinents in eine andere Richtung. Dadurch entstanden Gräben, die sich bis heute vergrößern. Das Grabenbruchsystem reicht vom Roten Meer bis nach Mosambik und ist etwa 6000 km lang.

Gradnetz (Seite 8)
Darstellungen der Erde (Globus, Karte) sind mit einem Netz von Linien überzogen. Sie verlaufen von Norden nach Süden (Längenkreise) und von Westen nach Osten (Breitenkreise). Das Gradnetz dient der Ortsbestimmung auf der Erde.

Hochdruckgebiet (Seite 53)
Gebiet, in dem der Luftdruck in gleicher Höhe gegenüber der Umgebung erhöht ist

Hochkultur (Seite 29)
kulturell weit fortgeschrittene Gesellschaft, mit Merkmalen wie Arbeitsteilung, Schriftkultur, organisierte Landwirtschaft, Verwaltung und der Existenz von Städten

Innertropische Konvergenzzone (ITC) (Seite 54)
Zone in den inneren Tropen mit tiefen Luftdruck am Boden. In diesem Bereich treffen die Passate der Nord- und Südhalbkugel zusammen. Das führt zu schnell aufsteigenden Luftmassen und zur Wolkenbildung mit Niederschlägen.

Jahreszeitenklima (Seite 50)
Klima, mit stärkeren Schwankungen der Durchschnittstemperatur im Jahr als an einem Tag. Kalte und warme Jahreszeiten sind deutlich unterscheidbar.

Kasbah (Seite 108)
arabische Burg, die sich meist in der Altstadt traditionell orientalischer Städte befindet

Kolonialzeit (Seite 37)
Als Kolonialzeit bezeichnet man den Zeitraum der Herrschaft von Kolonialmächten über ihre Kolonien.

Kolonie (Seite 37)
auswärtiges Gebiet eines Staates, das wirtschaftlich und politisch abhängig ist

Landschaftskomponente (Seite 58)
Landschaftskomponenten wie Klima, Boden, Relief, geologischer Bau, Wasserhaushalt und Vegetation (Bios). In jeder Landschaft haben die Landschaftskomponenten bestimmte Merkmale ausgeprägt.

Längenkreis (Seite 8)
Teil des Gradnetzes der Erde. Die Längenkreise verlaufen in N-S-Richtung und schneiden die Breitenkreise im rechten Winkel. Es gibt 180 Längenkreise.

Lithosphäre (Seite 17)
Feste Gesteinshülle der Erde bis ca. 100 km Tiefe. Die Lithosphäre umfasst die Erdkruste und den oberen Teil des Erdmantels.

Luftdruck (Seite 52)
Das Gewicht, das eine Luftsäule vom Erdboden bis zur Obergrenze der Atmosphäre auf eine bestimmte Fläche ausübt. Der Luftdruck nimmt mit der Höhe ab.

Luftmasse (Seite 57)
mächtiges „Luftpaket", welches typische Eigenschaften wie Temperatur oder Feuchtigkeit durch das Verharren in einem Raum angenommen hat

Maghreb (Seite 100)
Bezeichnung für eine Gruppe nordafrikanischer Länder; großer Maghreb: Libyen, Mauretanien, Algerien, Tunesien, Marokko; kleiner Maghreb: Algerien, Marokko, Tunesien

Mantelkonvektion (Seite 17)
Wärmetransport durch aufsteigendes Magma im Erdmantel

Medina (Seite 108)
Bezeichnung für die orientalische Altstadt

Meridian (Seite 8)
ein halber Längenkreis

Mesopotamien (Seite 102)
Kulturlandschaft im Zweistromland zwischen den Flüssen Euphrat und Tigris (heute weitgehend das Gebiet des Irak)

Minarett (Seite 108)
Turm einer Moschee, von dem aus ein Gebetsausrufer die Gläubigen zum Gebet ruft

mittelozeanischer Rücken (Seite 20)
lang gestreckter Gebirgszug in Ozeanen, an dem neuer Ozeanboden entsteht

Monokultur (Seite 88)
Anbau einer Kulturpflanze auf einer größeren zusammenhängenden Fläche

Nomaden (Seite 78)
Menschen einer Volksgruppe oder eines Stammes, die mit ihrem Vieh und dem gesamten Besitz von einer Weide zur nächsten ziehen. Sie betreiben Tauschhandel.

Oase (Seite 104)
Gebiet in der Wüste mit ausreichender Wasserversorgung. Das vorhandene Grund- oder Flusswasser nutzen die Bewohner zum Anbau von Getreide, Obst oder Gemüse. Man unterscheidet zwischen Quell-, Grundwasser- und Flussoasen sowie Oasen mit artesischem Brunnen

Outback (Seite 130)
Bezeichnung für das fast unerschlossene Gebiet im Inneren des australischen Kontinents

Passat (Seite 54)
Windsystem zwischen Subtropen und Äquator. Die Passate sind bodennahe Nordostwinde (Nordhalbkugel) oder Südostwinde (Südhalbkugel). Sie wehen beständig zwischen den subtropischen Hochdruckgebieten und der äquatorialen Tiefdruckrinne .

Plantage (Seite 88)
Landwirtschaftlicher Großbetrieb in den Tropen. In ihm werden vor allem Cash Crops (z. B. Kakao) in Monokultur für den Export angebaut.

Plattentektonik (Seite 18)
Theorie, nach der die Lithosphäre aus verschieden großen und kleineren Platten besteht, die sich auf der Asthenosphäre bewegen

Randschwelle (Seite 40)
lang gestreckter Höhenzug am Rande eines Kontinents (z. B. Große Randstufe in Namibia)

Rohstoff (Seite 37)
Ein Rohstoff ist ein unverarbeiteter Stoff, so wie er in der Natur vorkommt (z. B. Holz, Eisenerz, Rohöl). Rohstoffe werden bearbeitet und weiterverarbeitet.

Sahel (Seite 78)
Bezeichnung für einen südlich an die Wüste Sahara grenzenden Raum mit durchschnittlichen Jahresniederschlägen zwischen 100 und 600 mm. Der Sahel umschließt somit Teile der Halbwüste sowie der Dorn- und Trockensavanne. Die von Nomaden genutzte Region ist durch häufige Dürren geprägt.

Savanne (Seite 64)
Vegetationsform der wechselfeuchten Tropen zwischen Wüste / Halbwüste und tropischem Regenwald. Unterschieden werden die Typen der Feucht-, Trocken- und Dornstrauchsavanne.

Schichtvulkan (Seite 22)
Ein kegelförmiger Vulkan mit steilen Flanken ist ein Schichtvulkan. Er besteht aus sich abwechselnden Lava- und Ascheschichten (z. B. Ätna).

Schildvulkan (Seite 22)
Vulkan mit flachen, weit auslaufenden Flanken. Er entsteht durch Ausströmen dünnflüssiger Lava (z. B. Mauna Loa auf Hawaii).

Schwelle (Seite 40)
Schwellen sind Gebirgszüge, die Becken umranden (Bsp. Becken-Schwellen-Relief in Afrika).

Sekundärwald (Seite 86)
Wald, der nach der Rodung des tropischen Regenwaldes nachwächst. Er ist artenärmer, kleinwüchsiger und hat über eine lange Zeit keine Edelhölzer.

stetiges Klima (Seite 57)
Klima, welches durch eine gleichbleibende Luftmasse geprägt wird

Stockwerkbau (Seiten 66, 104)
Begriff für die Schichtung der Vegetation. Im tropischen Regenwald wachsen im Untergeschoss Sträucher, Kräuter und junge Bäume, die mit wenig Licht auskommen müssen. Das Zwischengeschoss prägen vor allem Bäume, die bis etwa 40 m hoch wachsen. Das Obergeschoss wird von bis zu 70 m hohen Baumriesen gebildet.
Auch die künstlich erzeugte Schichtung, z. B. in einer Oase, wird als Stockwerkbau bezeichnet. Das „Dach" bilden die Kronen der Dattelpalmen. Im mittleren Stockwerk wachsen z. B. Obstbäume. Im untersten Stockwerk werden vor allem Getreide, Gemüse, Gewürze und Tee angebaut.

Subduktion (Seite 21)
Vorgang, bei dem eine Lithosphärenplatte unter eine andere in den Erdmantel abtaucht. Dabei sind die Dichteverhältnisse von Bedeutung. So tauchen dichte ozeanische Platten unter weniger dichte kontinentale Platten ab.

subsaharischer Raum (Seite 32)
bezeichnet die Länder Afrikas südliche der Sahara

Subsistenzwirtschaft (Seite 86)
Wirtschaften mit dem Ziel der Selbstversorgung. Subsistenzwirtschaft ist in Entwicklungsländern weit verbreitet.

Tageszeitenklima (Seite 50)
Klima, das insbesondere durch Schwankungen von Temperatur im Tagesverlauf gekennzeichnet ist. Die Tagesschwankungen der Temperatur sind größer als die Temperaturschwankungen über das Jahr.

thermische Jahreszeit (Seite 12)
Jahreszeit, die durch unterschiedlich intensive Sonneneinstrahlung über das Jahr hervorgerufen wird.

Tiefdruck (Seite 52)
relativ warme Luft drückt mit geringem Gewicht auf die Erdoberfläche

Tiefdruckgebiet (Seite 53)
Gebiet, in dem der Luftdruck niedriger ist als in der Umgebung in gleicher Höhe

Tiefseerinne (Seite 21)
Das sind lang gestreckte, meist rinnenförmige Einsenkungen im Meeresboden mit Tiefen bis zu 11 034 m (Witjas-Tief).

tropischer Regenwald (Seite 66)
Immergrüner Wald in der äquatorialen Klimazone. Charakteristisch sind die Artenvielfalt und der Stockwerkbau.

Übernutzung (Seite 80)
Menschen bewirtschaften ein Gebiet auf eine Weise, die kurzfristig hohe Erträge abwirft und beuten z.B. den Boden oder ein Gewässer dort aus. Langfristig schädigt das die Umwelt und das Gebiet kann oft nicht mehr wirtschaftlich genutzt werden. Ebenso können Tierbestände übernutzt und ausgebeutet werden.

Überweidung (Seite 80)
Zustand, bei dem zu viel Vieh auf einer Weide steht. Dadurch können sich die Pflanzen nicht mehr erholen und der Boden ist erosionsanfälliger.

Vegetationszone (Seite 62)
Region mit ähnlichen Pflanzengesellschaften. Die Vegetationszonen werden von den klimatischen Bedingungen (z.B. Temperatur und Niederschlag) bestimmt.

Versalzung (Seite 106)
Das ist die Salzanreicherung im oder auf dem Boden durch intensive Verdunstung und aufsteigendes Bodenwasser.

Vulkan (Seite 22)
Ein Vulkan ist eine kegel- oder schildförmige Erhebung, die durch den Austritt von Lava, Asche, Gesteinsbrocken und Gasen aus dem Erdinneren entsteht.

Wadi (Seite 63)
Das ist ein Flussbett in der Wüste oder in trockenen Savannen, das den größten Teil des Jahres trocken ist und nur bei starken Regenfällen Wasser führt.

Wanderfeldbau (Seite 86)
Englisch: shifting culitvation. Der Wanderfeldbau ist eine traditionelle Anbauform in den Tropen. Wenn der Boden erschöpft ist und die Erträge zurückgehen, werden die Felder und die Häuser verlegt. Neue Anbauflächen werden oft durch Brandrodung gewonnen.

Wechselklima (Seite 57)
Der Wechsel von Regen- und Trockenzeit wird als Wechselklima bezeichnet.

Wendekreise (Seite 12)
Die beiden Wendekreise der Erde befinden sich auf 23,5° Nord und Süd. Zwischen den Wendekreisen wandert scheinbar der Zenitstand der Sonne.

Wind (Seite 53)
Ausgleichsströmung der Luft von Gebieten mit höherem zu niedrigem Luftdruck.

Wüste (Seite 62)
Gebiet mit Vegetationsarmut bzw. Vegetationslosigkeit. Man unterscheidet Wüsten nach der vorherrschenden Korngröße des Gesteins: Sandwüste, Kieswüste sowie Stein- und Felswüste.

Zeitzone (Seite 10)
Aus praktischen Gründen ist die Erde in 24 Zeitzonen eingeteilt. In einer Zeitzone gilt dieselbe Uhrzeit. Von Zone zu Zone verändert sich die Zeit um eine Stunde.

Zenit (Seiten 12, 51)
Gedachter Himmelspunkt, der sich senkrecht über einem Punkt der Erdoberfläche befindet. Zwischen den Wendekreisen steht die Sonne zweimal im Jahr im Zenit, das heißt, ihre Strahlen treffen senkrecht auf die Erdoberfläche.

|123RF.com, Hong Kong: byrdyak 29.1, 153.6; Pierre-Yves Babelon 34.1; tobi 52.1. |akg-images GmbH, Berlin: 37.2. |Alamy Stock Photo, Abingdon/Oxfordshire: Allstar Picture Library Ltd 134.1; ARCTIC IMAGES 142.2; Bachman, Bill 137.1; Boethling, Joerg 30.2, 39.1, 79.2; Cavan Images 123.4; Duthie, Karin 95.2; Harvey, Martin 28.3, 123.3; Idealink Photography 111.2; Ievgen Chepil 133.4; imageBROKER 145.7; Jackson, F. Jack 29.5; Jenkins, Darrin 108.2; Niday Picture Library 36.1; Paul Springett 04 57.3; public domain sourced / access rights from Lakeview Images 134.2; Tetra Images 57.2; Tse, Patty 139.2; Warneck, Jeff 141.1. |Alamy Stock Photo (RMB), Abingdon/Oxfordshire: AA World Travel Library 119.3; AfriPics.com 86.1; Andrew McConnell 153.2; Cavan 106.1; Charles O. Cecil 82.2; Charles Stirling (Travel) 119.4; de Ruiter, Bert 81.1; imageBROKER 81.4, 82.1; Joerg Boethling 83.1; Paul Mayall 132.1; robertharding 86.2. |Astrofoto, Sörth: 10.5. |Bräuer, Kerstin, Leipzig: 31.1, 147.1, 147.2. |Colourbox.com, Odense: Maryankova, Anastasiya 145.5. |Ditter, Raimund: 87.1. |dreamstime.com, Brentwood: Anacoimbra 153.5; De Caro, Giovanni 93.1; Distinctiveimages 116.2. |fotolia.com, New York: A. Edelmann 42.1; Ashley Whitworth 133.1; byrdyak 92.4; Eric Isselée 132.3; Ernst, Daniel 103.2; forcdan 153.3; guentermanaus 90.1; Haider Yousuf 114.2; Krüger, Carsten 153.4; lucaar 41.2; mystock 115.3; PRILL Mediendesign 29.6; Reimer/Pixelvario 11.1; Schwier, Christian 73.1. |Getty Images, München: 84.1; Andia 34.3; Bettmann 115.1; Bloomberg 127.4; David Turnley 129.2; DEA/ARCHIVIO J. LANGE 104.2; George Steinmetz 96.4, 101.6; Lowy, Benjamin 88.3; Monirul Bhuiyan/AFP 95.1; Pettersson, Per-Anders 85.1; Popperfoto 114.1; Soltan, Frédéric 129.4. |Güttler, Peter - Freier Redaktions-Dienst (GEO), Berlin: 100.3. |Haus der Geschichte der Bundesrepublik Deutschland, Bonn: Jupp Wolter/Künstler 90.2. |Hebel, Anja, Hinterzarten: 52.2. |HüttenWerke, Klaus Kühner, Hamburg: 105.1. |Imago, Berlin: All Canada Photos 145.2; Lange, Harald 60.1; McPHOTO/Bäsemann 143.1; Nature Picture Library 31.3. |iStockphoto.com, Calgary: 32.1, 35.3, 45.1, 45.2, 45.3, 45.4, 45.5, 49.2, 89.1, 92.3, 94.2, 124.1; 1001slide Titel, 120.1; agafapaperiapunta 93.2; alisha_hime 125.4; Andrew_Rybalko 144.1; Avatar_023 125.3; Bakker, Daphne 29.4; baytunc 135.4; BrianAJackson 112.3; brytta 95.4; cinoby 29.3; Claudiad 35.2; CraigRJD 60.2; ekavector 97.1, 97.2, 97.3, 97.4, 97.5; Espinosa, Oscar 76.1; fiondavi 81.2; flamigni, simona 28.4; fotoVoyager 50.2; Friedhuber, Sepp 140.1; GCShutter 85.3; Green, Anna 136.1; grynold 112.2; guenterguni 125.2; Hadyniak, Bartosz Titel; hadynyah 125.5; hapaphoto 16.1; Harlz 136.2; intsys 40.1; javarman3 127.1; Kolesnyk, Kateryna 29.2; ksena32 112.4; leonello 139.1; lexan 70.1; lovleah 133.2; Marina113 106.2; michaeljung 120.2; micheldenijs 145.3; narvikk 39.2; neyro2008 12.1; nicolamargaret 53.2; Odareeva, Elena 111.1; Peacock, Andrew 121.2; Peter Malsbury 153.7; PhotoBylove 30.1; pop_jop 31.2, 49.3, 130.1; rotofrank 13.1, 13.2, 13.3, 13.4; simonbradfield 121.1, 131.2; Sloot 44.1; Smileus 132.2; Soft_Light 125.1; Steve Corrigan 128.1; StreetFlash 21.1; talevr 112.1; THEGIFT777 127.3, 129.3; tracielouise 133.3; Vac1 132.4; Vallenari, Flavio 89.2; Visual Generation Inc. 122.1; WLDavies 37.1. |Junge, Bernd, Pattensen bei Hannover: 96.1. |Karto-Grafik Heidolph, Dachau: 62.1, 71.1, 91.1, 110.2, 112.5. |Kartographie Michael Hermes, Hardegsen Hevensen: 87.2. |laif, Köln: Rosenthal, Daniel 96.3; Ulutunok 96.2. |mauritius images GmbH, Mittenwald: 88.1; alamy 140.2; Fabian von Poser/imagebroker 101.2; Photononstop 107.1. |Mithoff, Stephanie, Gehrden: 14.1, 64.1, 64.2, 66.1, 89.3, 92.1, 94.1, 100.1, 104.1, 108.1, 126.1, 130.2, 162.1. |Morgeneyer, Frank, Leipzig: 53.1, 57.1, 61.1, 74.1, 116.1. |NASA, Washington: 69.5. |OKAPIA KG - Michael Grzimek & Co., Frankfurt/M.: Sohns 34.2. |p(e)d - world e.V., Gaiberg: www.ped-world.org 82.3. |PantherMedia GmbH (panthermedia.net), München: H., Ingrid 153.1. |Picture-Alliance GmbH, Frankfurt/M.: Alfred-Wegener-Institut/Cieluch, Ude 142.1; AP Photo/Tobias Hase 72.1; augenklick/Fotoagentur Kunz 112.6; dieKLEINERT.de/Schwarwel 73.2; dpa/Biber, Mehmet 103.1; epa/Nic Bothma 81.3; Frank May 81.5; Hrusa 128.2; Koene, Ton 78.1; landov 93.3; Landov/A. Boswell 35.1; Martin Harvey 85.2; Okapia 127.2; Schmidt, Hendrik 60.3; Ton Koene 79.1; www.flyingdoctor.org 137.2; ZUMAPRESS.com 118.1. |Plaßmann, Thomas, Essen: 72.2. |Ringel, Florian, Berlin: 41.3, 69.1, 111.3. |Schonauer-Kornek, Sabine, Wolfenbüttel: 10.1, 10.2, 10.3, 10.4. |Schwarzstein, Yaroslav, Hannover: 150.1, 150.2. |Shutterstock.com, New York: Aranas, Uwe 135.2; Camhi, Franck 124.2; Everett Historical 8.1; Holli 135.1; kajornyot wildlife photography 115.2; Ken Phung 145.6; Laughinghouse, Amy 101.4; Lucian Coman 94.3; ModelHub 95.3; napolitano, giulio 86.3; oneinchpunch 98.1; Red_Shadow 115.4; SARI MUSTIKA 51.2; ThinAir 119.2; Zurijeta 103.3. |stock.adobe.com, Dublin: 169169 131.3; Andronov, Leonid 49.1; aussieanouk 138.1; BEN MCRAE 42.3; Brave, Greg 131.4; Bürkle, Wolfgang 57.7; Charles, Kristina 67.2; chattange 101.3; Chica, Jon 109.2; Correia, Patrice 54.1; cranach 109.1; Czekajewski, Maciej 123.2; Edelmann, Andreas 28.2; efesenko 101.1; Emil 57.9; evenfh 61.3; ExQuisine 88.2; fahmi 22.1; fivepointsix 129.1; forcdan 65.1; frizio 100.2; Haase, Nadine 54.2; hecke71 57.8; Henry Schmitt 59.1; HLPhoto 133.5; Ilmberger, Andy 61.2; Infinity Nostalgia 57.4; Ivanov, Anton 145.1; Janelle 28.1; Jorge 48.1; JUAN CARLOS MUÑOZ ROBREDO 42.2; Juulijs 141.3; Kayihan 101.5; kidsasarin 57.5; Kondrachov, Vladimir 65.2; krasyuk 50.1; Lillian 145.4; luckybusiness 119.1; marabelo 41.1; Maridav 6.1; Masnovo, Alberto 63.3; Matthieu ,Louis 83.2; Mayer, Riccardo 117.1; michael kraus/EyeEm 92.2; Newtown Sketch 48.2; nokturnal 113.1; Paul 67.3; Philippe 46.1; philipus 109.3, 110.1; Pichugin, Dmitry 63.1; Pixeltheater 69.4; poco_bw 26.1; Pothin, Stephane 69.2, 69.3; raresb 51.1; Reeff, Patrick 63.2; RS.Foto 20.2; Sanders, Gina 36.2; schwabenblitz 131.1; Schwier, Christian 49.4; serg_dibrova 20.1; Shahrai, Anton 70.2; Speedfighter 126.2; Studio-FI 67.1; supertramp8 57.6; Vladislav Gajic 135.3; WitR 123.1. |Tomicek/www.tomicek.de, Werl: 119.5. |ullstein bild, Berlin: 141.2; Fotoagentur imo 33.1. |Wissenschaftliche Buchgesellschaft (wbg), Darmstadt: 21.2.

Wir arbeiten sehr sorgfältig daran, für alle verwendeten Abbildungen die Rechteinhaberinnen und Rechteinhaber zu ermitteln. Sollte uns dies im Einzelfall nicht vollständig gelungen sein, werden berechtigte Ansprüche selbstverständlich im Rahmen der üblichen Vereinbarungen abgegolten.

Afrika – physisch

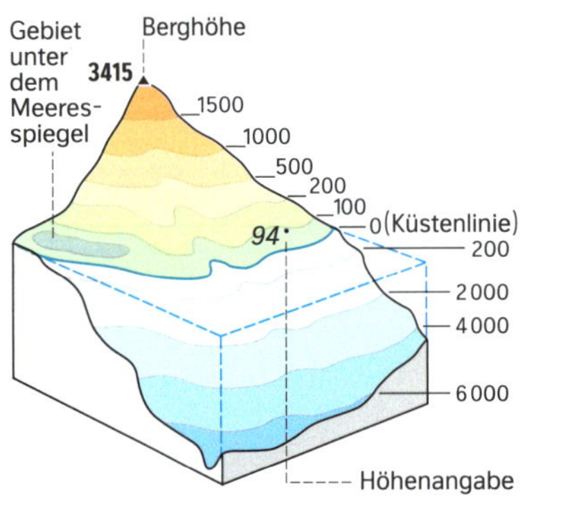

Gewässer

- Fluss
- Wasserfall, Stromschnelle
- Wadi (Trockental)
- Kanal
- See
- Stausee, Staumauer
- Sumpf, Moor
- Salzpfanne
- Oase

0 200 400 600 800 1000 km

Maßstab 1: 30 000 000